国家出版基金项目
NATIONAL PUBLICATION FOUNDATION

主　编　周　钟
副主编　杨静熙　张　敬　蔡德文
　　　　蒋　红　廖成刚　游　湘

大国重器

中国超级水电工程·锦屏卷

地下厂房洞室群围岩破裂及变形控制

周钟　廖成刚　邢万波　张建海　黄书岭　等　编著

中国水利水电出版社
www.waterpub.com.cn
·北京·

内 容 提 要

　　本书系国家出版基金项目——《大国重器　中国超级水电工程·锦屏卷》之《地下厂房洞室群围岩破裂及变形控制》分册。全书依托锦屏一级地下厂房洞室群工程，围绕复杂地质条件下极低强度应力比和不良地质体引起的围岩破裂、时效变形等现象，以及导致的变形稳定控制难题，分析了地质条件和地应力场特征；通过三轴加卸载试验和流变试验，研究了大理岩破裂及时效力学特性，提出了洞室群布置和支护设计方案；综合采用围岩稳定耗散能、围岩破裂扩展、动态监测反馈和围岩长期稳定等多种分析方法，揭示了锦屏一级地下厂房围岩渐进破裂演化机制和能量耗散规律，形成了洞室群围岩变形稳定控制的成套技术，评价了洞室群围岩-支护结构系统的施工期稳定性和长期运行安全性。本书是锦屏一级地下厂房洞室群设计建设的成功经验和创新成果的系统总结。

　　本书可供水利水电工程、地下工程、岩土工程等相关专业的工程技术人员、科研人员和大专院校相关专业师生参阅。

图书在版编目（CIP）数据

地下厂房洞室群围岩破裂及变形控制 / 周钟等编著
. -- 北京：中国水利水电出版社，2022.3
（大国重器　中国超级水电工程. 锦屏卷）
ISBN 978-7-5226-0586-9

Ⅰ. ①地… Ⅱ. ①周… Ⅲ. ①水利水电工程－地下洞室－围岩控制－研究－凉山彝族自治州 Ⅳ. ①TV5

中国版本图书馆CIP数据核字(2022)第052031号

书　　名	大国重器　中国超级水电工程·锦屏卷 **地下厂房洞室群围岩破裂及变形控制** DIXIA CHANGFANG DONGSHIQUN WEIYAN POLIE JI BIANXING KONGZHI
作　　者	周钟　廖成刚　邢万波　张建海　黄书岭　等 编著
出版发行	中国水利水电出版社 （北京市海淀区玉渊潭南路 1 号 D 座　100038） 网址：www.waterpub.com.cn E-mail：sales@mwr.gov.cn 电话：(010) 68545888（营销中心）
经　　售	北京科水图书销售有限公司 电话：(010) 68545874、63202643 全国各地新华书店和相关出版物销售网点
排　　版	中国水利水电出版社微机排版中心
印　　刷	北京印匠彩色印刷有限公司
规　　格	184mm×260mm　16 开本　17.75 印张　432 千字
版　　次	2022 年 3 月第 1 版　2022 年 3 月第 1 次印刷
定　　价	**160.00 元**

《地下厂房洞室群围岩破裂及变形控制》
编 撰 人 员

主　　编　周　钟

副 主 编　廖成刚　　邢万波　　张建海　　黄书岭

参编人员　幸享林　　汤雪峰　　侯东奇　　刘忠绪

锦绣山河，层峦叠翠。雅砻江发源于巴颜喀拉山南麓，顺横断山脉，一路奔腾，水势跌宕，自北向南汇入金沙江。锦屏一级水电站位于四川省凉山彝族自治州境内，是雅砻江干流中下游水电开发规划的控制性水库梯级电站，工程规模巨大，是中国的超级水电工程。电站装机容量3600MW，年发电量166.2亿 kW·h，大坝坝高305.0m，为世界第一高拱坝，水库正常蓄水位1880.00m，具有年调节功能。工程建设提出"绿色锦屏、生态锦屏、科学锦屏"理念，以发电为主，结合汛期蓄水兼有减轻长江中下游防洪负担的作用，并有改善下游通航、拦沙和保护生态环境等综合效益。锦屏一级、锦屏二级和官地水电站组成的"锦官直流"是西电东送的重点项目，可实现电力资源在全国范围内的优化配置。该电站的建成，改善了库区对外、场内交通条件，完成了移民及配套工程的开发建设，带动了地方能源、矿产和农业资源的开发与发展。

拱坝以其结构合理、体形优美、安全储备高、工程量少而著称，在宽高比小于3的狭窄河谷上修建高坝，当地质条件允许时，拱坝往往是首选的坝型。从20世纪50年代梅山连拱坝建设开始，到20世纪末，我国已建成的坝高大于100m的混凝土拱坝有11座，拱坝数量已占世界拱坝总数的一半，居世界首位。1999年建成的二滩双曲拱坝，坝高240m，位居世界第四，标志着我国高拱坝建设已达到国际先进水平。进入21世纪，我国水电开发得到了快速发展，目前已建成了一批300m级的高拱坝，如小湾（坝高294.5m）、锦屏一级（坝高305.0m）、溪洛渡（坝高285.5m）。这些工程不仅坝高、库大、坝身体积大，而且泄洪功率和装机规模都位列世界前茅，标志着我国高拱坝建设技术已处于国际领先水平。

锦屏一级水电站是最具挑战性的水电工程之一，开发锦屏大河湾是中国几代水电人的梦想。工程具有高山峡谷、高拱坝、高水头、高边坡、高地应力、深部卸荷等"五高一深"的特点，是"地质条件最复杂，施工环境最恶劣，技术难度最大"的巨型水电工程，创建了世界最高拱坝、最复杂的特高拱坝基础处理、坝身多层孔口无碰撞消能、高地应力低强度比条件下大型地下洞室群变形控制、世界最高变幅的分层取水电站进水口、高山峡谷地区特高拱坝施工总布置等多项世界第一。工程位于雅砻江大河湾深切高山峡谷，地质条件极其复杂，面临场地构造稳定性、深部裂缝对建坝条件的影响、岩体工程地质特性及参数选取、特高拱坝坝基岩体稳定、地下洞室变形破坏等重大工程地质问题。坝基发育有煌斑岩脉及多条断层破碎带，左岸岩体受特定构造和岩性影响，卸载十分强烈，卸载深度较大，深部裂缝发育，给拱坝基础变形控制、加固处理及结构防裂设计等带来前所未有的挑战，对此研究提出了复杂地质拱坝体形优化方法，构建了拱端抗变形系数的坝基加固设计技术，分析评价了边坡长期变形对拱坝结构的影响。围绕极低强度应力比和不良地质体引起的围岩破裂、时效变形等现象，分析了三轴加卸载和流变的岩石特性，揭示了地下厂房围岩渐进破裂演化机制，提出了洞室群围岩变形稳定控制的成套技术。高拱坝泄洪碰撞消能方式，较好地解决了高拱坝泄洪消能的问题，但泄洪雾化危及机电设备与边坡稳定的正常运行，对此研究提出了多层孔口出流、无碰撞消能方式，大幅降低了泄洪雾化对边坡的影响。高水头、高渗压、左岸坝肩高边坡持续变形、复杂地质条件等诸多复杂环境下，安全监控和预警的难度超过了国内外现有工程，对此开展完成了工程施工期、蓄水期和运行期安全监控与平台系统的研究。水电站开发建设的水生生态保护，尤其是锦屏大河湾段水生生态保护意义重大，对此研究阐述了生态水文过程维护、大型水库水温影响与分层取水、鱼类增殖与放流、锦屏大河湾鱼类栖息地保护和梯级电站生态调度等生态环保问题。工程的主要技术研究成果指标达到国际领先水平。锦屏一级水电站设计与科研成果获1项国家技术发明奖、5项国家科技进步奖、16项省部级科技进步奖一等奖或特等奖和12项省部级优秀设计奖一等奖。2016年获"最高的大坝"吉尼斯世界纪录称号，2017年获中国土木工程詹天佑奖，2018年获菲迪克（FIDIC）工程项目杰出奖，2019年获国家优质工程金奖。锦屏一级水电站已安全运行6年，其创新技术成果在大岗山、乌东德、白鹤滩、叶巴滩等水电工程中得到推广应用。在高拱坝建设中，特别是在300m级高拱坝建设中，锦屏一级水电站是一个新的里程碑！

本人作为锦屏一级水电站工程建设特别咨询团专家组组长，经历了工程建设全过程，很高兴看到国家出版基金项目——《大国重器　中国超级水电工程·锦屏卷》编撰出版。本系列专著总结了锦屏一级水电站重大工程地质问题、复杂地质特高拱坝设计关键技术、地下厂房洞室群围岩破裂及变形控制、窄河谷高拱坝枢纽泄洪消能关键技术、特高拱坝安全监控分析、水生生态保护研究与实践等方面的设计技术与科研成果，研究深入、内容翔实，对于推动我国特高拱坝的建设发展具有重要的理论和实践意义。为此，推荐给广大水电工程设计、施工、管理人员阅读、借鉴和参考。

中国工程院院士

2020 年 12 月

千里雅江水，高坝展雄姿。雅砻江从青藏高原雪山流出，聚纳众川，切入横断山脉褶皱带的深谷巨壑，以磅礴浩荡之势奔腾而下，在攀西大地的锦屏山大河湾，遇世界第一高坝，形成高峡平湖，它就是锦屏一级水电站工程。在各种坝型中，拱坝充分利用混凝土高抗压强度，以压力拱的型式将水推力传至两岸山体，具有良好的承载与调整能力，能在一定程度上适应复杂地质条件、结构形态和荷载工况的变化；拱坝抗震性能好、工程量少、投资节省，具有较强的超载能力和较好的经济安全性。锦屏一级水电站工程地处深山峡谷，坝基岩体以大理岩为主，左岸高高程为砂板岩，河谷宽高比1.64，混凝土双曲拱坝是最好的坝型选择。

目前，高拱坝设计和建设技术得到快速发展，中国电建集团成都勘测设计研究院有限公司（以下简称"成都院"）在20世纪末设计并建成了二滩、沙牌高拱坝，二滩拱坝最大坝高240m，是我国首座突破200m的混凝土拱坝，沙牌水电站碾压混凝土拱坝坝高132m，是当年建成的世界最高碾压混凝土拱坝；在21世纪初设计建成了锦屏一级、溪洛渡、大岗山等高拱坝工程，并设计了叶巴滩、孟底沟等高拱坝，其中锦屏一级水电站工程地质条件极其复杂、基础处理难度最大，拱坝坝高世界第一，溪洛渡工程坝身泄洪孔口数量最多、泄洪功率最大、拱坝结构设计难度最大，大岗山工程抗震设防水平加速度达0.557g，为当今拱坝抗震设计难度最大。成都院在拱坝体形设计、拱坝坝肩抗滑稳定分析、拱坝抗震设计、复杂地质拱坝基础处理设计、枢纽泄洪消能设计、温控防裂设计及三维设计等方面具有成套核心技术，其高拱坝设计技术处于国际领先水平。

锦屏一级水电站拥有世界第一高拱坝，工程地质条件复杂，技术难度高。成都院勇于创新，不懈追求，针对工程关键技术问题，结合现场施工与地质条件，联合国内著名高校及科研机构，开展了大量的施工期科学研究，进行科技攻关，解决了制约工程建设的重大技术难题。国家出版基金项目——《大国重器 中国超级水电工程·锦屏卷》系列专著，系统总结了锦屏一级水电站重大工程地质问题、复杂地质特高拱坝设计关键技术、地下厂房洞室群围岩破裂及变形控制、窄河谷高拱坝枢纽泄洪消能关键技术、特高拱坝安全监控分析、水生生态保护研究与实践等专业技术难题，研究了左岸深部裂缝对建坝条件的影响，建立了深部卸载影响下的坝基岩体质量分类体系；构建了以拱端抗变形系数为控制的拱坝基础变形稳定分析方法，开展了抗力体基础加固措施设计，提出了拱坝结构的系统防裂设计理念和方法；创新采用围岩稳定耗散能分析方法、围岩破裂扩展分析方法和长期稳定分析方法，揭示了地下厂房围岩渐进破裂演化机制，评价了洞室围岩的长期稳定安全；针对高拱坝的泄洪消能，研究提出了坝身泄洪无碰撞消能减雾技术，研发了超高流速泄洪洞掺气减蚀及燕尾挑坎消能技术；开展完成了高拱坝工作性态安全监控反馈分析与运行期变形、应力性态的安全评价，建立了初期蓄水及运行期特高拱坝工作性态安全监控系统；锦屏一级工程树立"生态优先、确保底线"的环保意识，坚持"人与自然和谐共生"的全社会共识，协调水电开发和生态保护之间的关系，谋划生态优化调度、长期跟踪监测和动态化调整的对策措施，解决了大幅消落水库及大河湾河道水生生物保护的难题，积极推动了生态环保的持续发展。这些为锦屏一级工程的成功建设提供了技术保障。

锦屏一级水电站地处高山峡谷地区，地形陡峻、河谷深切、断层发育、地应力高，场地空间有限，社会资源匮乏。在可行性研究阶段，本人带领天津大学团队结合锦屏一级工程，开展了"水利水电工程地质建模与分析关键技术"的研发工作，项目围绕重大水利水电工程设计与建设，对复杂地质体、大信息量、实时分析及其快速反馈更新等工程技术问题，开展水利水电工程地质建模与理论分析方法的研究，提出了耦合多源数据的水利水电工程地质三维统一建模技术，该项成果获得国家科技进步奖二等奖；施工期又开展了"高拱坝混凝土施工质量与进度实时控制系统"研究，研发了大坝施工信息动态采集系统、高拱坝混凝土施工进度实时控制系统、高拱坝混凝土施工综合信息集成系统，建立了质量动态实时控制及预警机制，使大坝建设质量和进度始终处于受控状态，为工程高效、优质建设提供了技术支持。本人多次到过工程建设现场，回忆起来历历在目，今天看到锦屏一级水电站的成功建设，深感工程建设的艰辛，点赞工程取得的巨大成就。

本系列专著是成都院设计人员对锦屏一级水电站的设计研究与工程实践的系统总结，是一套系统的、多专业的工程技术专著。相信本系列专著的出版，将会为广大水电工程技术人员提供有益的帮助，共同为水电工程事业的发展作出新的贡献。

欣然作序，向广大读者推荐。

中国工程院院士　钟登华

2020 年 12 月

前　言

我国水力资源大多分布在西南崇山峻岭、深山峡谷大江大河之中，如金沙江、雅砻江、大渡河、怒江、澜沧江、乌江、红水河等，水能资源理论蕴藏量为 694400MW，技术可开发装机容量为 541640MW，均居世界首位。然而西南区域地质条件十分复杂，自然生态环境异常脆弱，在强烈内外动力作用下，形成了特有的高山峡谷地貌景观，山高坡陡，地面空间非常有限，地下空间的利用可有效解决枢纽布置的难题，地下厂房洞室群成为水电建筑物枢纽布置的首选。而西南地区特有的高地应力环境和复杂地质构造，导致洞室群围岩稳定控制的问题突出，给工程建设带来了巨大的挑战。

20 世纪 50 年代以来，我国水电站地下厂房建设从艰难起步到如今发展壮大，已建在建的地下厂房超过 120 座，其中已建的装机容量超过 1200MW、主厂房跨度超过 25m 的大型地下厂房洞室群工程有 30 余座，包括二滩、瀑布沟、龙滩、三峡（右岸）、拉西瓦、溪洛渡、官地、锦屏一级、糯扎渡、猴子岩等水电站地下厂房洞室群工程，其中，锦屏一级地下厂房洞室群工程是首座在极低强度应力比条件下建成的技术难度最高的、最具代表性的工程。这些工程积累了丰富的科研、设计、施工和运行管理的实践经验，形成了具有世界领先水平的大型地下洞室群工程建设技术体系。

锦屏一级水电站装机容量为 3600MW，地下厂房洞室群由主厂房、主变室和尾水调压室等 40 余个洞室组成，主厂房长 276.99m，最大跨度为28.90m，高 68.80m；尾水调压室最大直径为 41.00m，高 80.50m，在世界建成运行的圆筒形尾水调压室中直径最大。厂区最大主应力为 35.7MPa，岩石强度应力比为 1.5～4，属于极高地应力-极低强度应力比条件下的大型地下厂房洞室群工程。工程施工过程中，洞室群围岩变形量大（实测变形量多在50～100mm，最大变形量达 245mm）、卸荷松弛深度深（平均深度为 9m，最大深度达 16m）、锚索负载水平高，超出国内外工程界与学术界已有认知水平和经验。极低强度应力比条件下大型地下厂房洞室群围岩变形控制问题复杂，技术难度高，成为制约工程建设的重大关键技术问题之一，引起了水电工程、岩石力学、工程地质、地下空间和地质灾害防治等行业专家、学者的广泛关注和高度重视。

本书紧密围绕工程需求，开展了大量的理论方法、科学试验、工程设计等研究工作，解决了高地应力条件下地下厂房洞室群围岩破裂与时效变形的技术难题，形成了洞室群围岩变形稳定控制的成套技术。全书由9章组成，第1章介绍了水电站地下厂房洞室群研究现状，分析了锦屏一级地下厂房洞室群的工程技术难点；第2章分析了厂区基本地质条件和岩体地质结构特征，进行了厂区围岩分类，揭示了厂区地应力分布规律及特征；第3章试验研究了不同应力路径下大理岩的破坏特性，研讨了大理岩脆—延转换力学特征，开展了大理岩时效力学特征及施工期围岩劣化过程研究，揭示了开挖过程中大理岩力学特性演化规律；第4章拟定了地下厂房洞室群布置原则，开展了地下厂房布置方案、格局比较、支护强度等研究，论述了地下厂房开挖、支护设计及围岩稳定性；第5章创建了围岩稳定耗散能分析理论及方法，揭示了洞室群围岩变形破坏能量耗散的变化规律，提出了围岩支护的合理时机及预应力锚索锁定系数；第6章整理分析了洞室群围岩破裂现象及卸载松弛特征，提出了围岩破裂与扩展分析方法，揭示了围岩渐进破裂的演化机理，分析评价了洞室群围岩的稳定性；第7章建立了主从式并行遗传算法的位移反分析方法，开展了施工期围岩稳定的数值反馈分析，提出了高地应力条件下洞室围岩变形的控制技术；第8章分析了支护结构长期安全性的影响因素，提出了非定常黏弹塑性模型及围岩时效变形稳定分析方法，评价了洞室群围岩长期稳定性及支护结构长期安全性；第9章总结了锦屏一级地下厂房洞室群围岩破裂与变形控制的关键技术，并提出了类似工程应关注的问题及研究方向。

本书第1章由周钟、邢万波撰写，第2章由邢万波、黄书岭、刘忠绪撰写，第3章由黄书岭、张建海、周钟撰写，第4章由廖成刚、周钟、汤雪峰、张建海撰写，第5章由张建海、廖成刚、邢万波撰写，第6章由邢万波、黄书岭、廖成刚撰写，第7章由廖成刚、幸享林、侯东奇撰写，第8章由周钟、廖成刚、黄书岭撰写，第9章由周钟、廖成刚撰写。全书由周钟负责组织策划与审定，由廖成刚、邢万波统稿，由清华大学李仲奎教授审稿。

本书总结、凝练了锦屏一级水电站可行性研究、招标施工图设计阶段的各项设计及科研专项等研究成果，参与科研的单位有长江水利委员会长江科学院、四川大学、加华地学（武汉）数字技术有限公司［原依泰斯卡（武汉）咨询有限公司］和清华大学。锦屏一级水电站施工期科研项目由雅砻江流域水电开发有限公司资助。各项成果的形成得到了各级主管部门、水电水利规划设计总院以及雅砻江流域水电开发有限公司等单位的大力支持和帮助，在此谨对以上单位表示诚挚的感谢！

本书在编写过程中得到了中国电建集团成都勘测设计研究院有限公司各级领导和同事的大力支持与帮助，中国水利水电出版社为本书的出版付出了诸多辛劳，在此一并表示衷心感谢！

鉴于作者水平有限，加之编写时间仓促，书中的缺点和遗漏在所难免，敬请读者批评指正。

作者

2020 年 12 月

目 录

第 1 章

概述

1.1　地下厂房洞室群研究现状

1.1.1　水电站地下厂房建设概况

20 世纪 50 年代，我国水电站地下厂房建设开始起步。1956 年，新中国第一座水电站（古田溪一级）地下厂房建成；70—80 年代，白山（装机容量 900MW，1974 年投产发电）和刘家峡（装机容量 1225MW，1984 年投产发电）等一批水电站地下厂房陆续建成，地下水电站装机容量步入 1000MW，单机容量达到 300MW，设计和施工技术得到了较大发展；90 年代，二滩（装机容量 3300MW，1998 年投产发电）、广蓄一期（装机容量 1200MW，1993 年投产发电）、广蓄二期（装机容量 1200MW，1999 年投产发电）等一批水电站地下厂房的成功建设极大地推动了我国地下厂房设计、建设和安全控制技术的发展，也标志着我国水电站地下厂房洞室群建设技术达到国际先进水平。

2000 年后，溪洛渡（装机容量 13860MW）、龙滩（装机容量 6300MW）、锦屏二级（装机容量 4800MW）、三峡右岸（装机容量 4200MW）、锦屏一级（装机容量 3600MW）、向家坝（装机容量 3200MW）等一大批水电站超大型地下厂房的建成投产，标志着我国水电站地下厂房洞室群建设技术居于世界领先地位。

据不完全统计，全世界已建成地下式水电站超过 600 座，其中挪威 200 余座，是世界上地下式水电站数量最多的国家，且有 2 座地下水电站装机容量超过 1000MW。我国至 2015 年年底已建成 120 余座地下式水电站；装机容量超过 1000MW 的地下式水电站有 40 余座，其中主厂房跨度超过 25m 的超大型地下厂房洞室群水电站有 27 座。表 1.1－1 列出了世界已建装机规模前 10 的地下式水电站，除加拿大的拉格朗德二级和丘吉尔瀑布外，其余 8 座均在我国；溪洛渡装机容量 13860MW，为世界第一大地下式水电站，洞室群规模最大；向家坝地下厂房单机容量 800MW，是世界上已建单机容量最大的地下式水电站。目前，正在建设中的乌东德地下式水电站总装机容量 10200MW，其单机容量达 850MW；正在建设中的白鹤滩地下式水电站总装机容量 16000MW，单机容量达 1000MW，主厂房跨度为 34m，单机容量、主厂房跨度和洞室群规模均为世界第一。

表 1.1－2 列出了我国已建百万千瓦以上装机水电站的地下厂房洞室群特征参数（截至 2019 年）。

表 1.1－1　　　　　　　　世界已建装机规模前 10 的地下式水电站

序号	电站名称	国家	装机容量/MW	单机容量×台数/(MW×台)	厂房尺寸（长×宽×高）/(m×m×m)	岩性	建成年份
1	溪洛渡	中国	13860	770×（左 9＋右 9）	左 439.74×31.9×77.6	玄武岩	2014
					右 443.34×31.9×77.6		
2	龙滩	中国	6300	700×9	388.5×30.3×74.5	砂岩、泥板岩	2009
3	糯扎渡	中国	5850	650×9	418×29×79.6	花岗岩	2014

序号	电站名称	国家	装机容量/MW	单机容量×台数/(MW×台)	厂房尺寸（长×宽×高）/(m×m×m)	岩性	建成年份
4	拉格朗德二级	加拿大	5280	330×16	490×26.3×47.2	花岗岩	1980
5	丘吉尔瀑布	加拿大	5225	475×11	300×24.5×45.5	辉长岩	1971
6	锦屏二级	中国	4800	600×8	352.4×28.3×72.2	大理岩	2014
7	三峡右岸	中国	4200	700×6	311.3×32.6×87.3	花岗岩	2009
8	小湾	中国	4200	700×6	298.4×30.6×79.3	片麻岩	2012
9	拉西瓦	中国	4200	700×6	311.7×30×73.8	花岗岩	2011
10	锦屏一级	中国	3600	600×6	276.99×28.9×68.8	大理岩	2014

表 1.1-2　我国已建百万千瓦以上装机水电站的地下厂房洞室群特征参数表（截至 2019 年）

序号	电站名称	装机容量/MW	单机容量×台数/(MW×台)	厂房尺寸（长×宽×高）/(m×m×m)	主变室尺寸（长×宽×高）/(m×m×m)	调压室尺寸（长×宽×高）/(m×m×m)	岩性	建成年份
1	溪洛渡	13860	770×18	左 439.74×31.9×77.6 右 443.34×31.9×77.6	349.3×19.8×33.22 352.9×19.8×33.22	317×26.5×95.5 317×26.5×95.5	玄武岩	2014
2	龙滩	6300	700×9	388.5×30.3×74.4	408.2×19.5×22.5	67×18.5×82.7、75.4×21.9×62.7、94.7×21.9×62.7	砂岩、泥板岩	2009
3	糯扎渡	5850	650×9	418×29×79.6	348×19×22.6	3φ38×94	花岗岩	2014
4	锦屏二级	4800	600×8	352.4×28.3×72.2	374.6×19.8×31.4	192.3×26.3×23.9	大理岩	2014
5	三峡右岸	4200	700×6	311.3×32.6×87.3	—	—	花岗岩	2009
6	小湾	4200	700×6	298.4×30.6×79.3	257×22×32	2φ38×91.02	片麻岩	2012
7	拉西瓦	4200	700×6	311.7×30×73.8	354.75×29×53	2φ32×69.3	花岗岩	2011
8	锦屏一级	3600	600×6	276.99×28.9×68.8	197.1×19.3×32.7	φ41×80.5/φ37×79.5	大理岩	2014
9	构皮滩	3600	600×6	230.4×27×75.3	207.1×15.8×21.34	—	灰岩	2011
10	瀑布沟	3300	550×6	294.1×30.7×70.1	250.3×18.3×25.6	178.87×17.4×54.15	花岗岩	2010
11	二滩	3300	550×6	280.3×30.7×65.3	214.9×18.3×25	203×19.8×69.8	正长岩、玄武岩	2000
12	向家坝右岸	3200	800×4	255.4×33.4×85.2	192.3×26.3×23.9	—	砂岩，夹少量泥岩	2014

序号	电站名称	装机容量/MW	单机容量×台数/(MW×台)	厂房尺寸(长×宽×高)/(m×m×m)	主变室尺寸(长×宽×高)/(m×m×m)	调压室尺寸(长×宽×高)/(m×m×m)	岩性	建成年份
13	长河坝	2600	650×4	228.8×30.8×73.35	150×19.3×26.15	144×22.5×79	花岗岩	2017
14	官地	2400	600×4	243.4×31.1×76.3	197.3×18.8×25.2	205×21.5×72.5	玄武岩	2013
15	鲁地拉	2160	360×6	267×29.8×77.2	203.4×19.8×24	184×24×75	变质砂岩	2014
16	水布垭	1600	400×4	168.5×23×65.4	—	—	灰岩、页岩	2009
17	黄登	1900	475×4	247.3×32×80.5	185.9×19.3×24.5	—	变质砾岩、凝灰岩	2018
18	彭水	1750	350×5	252×30×68.5	—	—	灰岩、灰质页岩	2008
19	猴子岩	1700	425×4	219.5×29.2×68.7	139×18.8×25.2	140.5×23.5×75	灰岩	2017
20	大朝山	1350	225×6	234×26.4×63	157.65×16.2×17.95	271.4×22.4×73.6	玄武岩	2003
21	小浪底	1200	300×4	251.5×26.2×61.44	174.7×14.4×17.85	175.8×16.6/ϕ×20.6	砂岩、黏土岩	2001
22	思林	1050	262.5×4	177.8×27×73.5	130×19.3×37.7	—	灰岩	2009

注 ϕ 为圆形调压室直径。

1.1.2 地应力场分析

初始地应力是工程岩体变形与破坏的原动力，它主要是岩体重力和地球构造运动引发的结果，是多因素相互作用的复杂应力系统。深切峡谷地下工程初始地应力场更为复杂，合理分析和评价初始地应力场对围岩稳定控制与工程顺利建设有十分重要的作用。随着我国西部高地应力区复杂地质条件下大型地下厂房工程建设的展开，地应力研究愈来愈得到重视。如何合理可靠地确定工程区初始地应力场，仍是工程设计建设所面临的关键技术难题，该领域的研究工作主要集中在地应力测试技术和地应力场分析技术。

经过数十年的研发和实践，地应力测试技术已取得了长足的进展，主要包括水压致裂法、应力解除法、声发射测量法、应力恢复法等。国际岩石力学学会于2003年给出了建议方法，而得到广泛认可和使用的方法为水压致裂法和应力解除法。这些地应力测试技术为研究地应力场特征和分布规律提供了有效的测试手段，但由于问题本身的复杂性和技术经济条件的限制，地应力场测点数量有限，测试成果变异大，再考虑测试方法本身的误差，需要采用基于实测资料的地应力场分析方法来获取满意的地应力场成果。

地应力场分析方法是随着计算机和试验测试技术发展而产生和不断完善的。地应力场主要分析方法有现场信息的地应力估计方法（如钻孔破坏、岩芯饼化、围岩脆性破坏等）、数学力学理论分析方法、拟合回归法、数值反演分析方法等。其中在以拟合回归和反演演化为核心的数值反演分析方法的基础上，又进一步发展出了地应力场的多元回归法、趋势函数分析方法、多项式应力函数拟合分析方法、河谷演化过程数值模拟分析方法以及遗传算法、神经网络等非线性方法等，在工程中得到了广泛应用。

1.1.3 高地应力岩体破裂扩展现象

高应力区工程岩体在开挖卸载条件下往往会呈现出复杂的破坏现象，如围岩的片帮剥落、劈裂破坏、弯折内鼓等，甚至出现岩爆这一剧烈的脆性破坏现象。某些特殊地质条件和高地应力情况下，还可能出现完整脆性岩体随时间发展而出现破裂，且破裂随时间逐步扩展这一现象。

20世纪70年代，在瑞典Furka隧道工程的临时施工支洞中，出现了完整围岩的严重破裂鼓胀变形现象，首次发现了完整坚硬的围岩可以在外界条件"不变"的情况下产生破裂，且破裂程度随时间不断发展，类似于软岩流变的现象。加拿大Subdury深埋矿山巷道围岩的破裂扩展现象十分普遍。巷道开挖支护后围岩完整性良好，巷道运行一段时间后，锚网支护的网内出现数量不等的岩石碎片，是围岩破裂扩展后的结果。加拿大高放核废料深埋隔离处理的地下试验室URL处于坚硬花岗岩中，埋深400m洞段围岩也出现了随时间不断扩展的破裂"松弛"现象。这些硬岩破裂现象在当时并未引起工程界的特别关注。

在锦屏一级和锦屏二级深埋洞室开挖过程中，大理岩中也出现了形似流变的问题，导致滞后安装的锚杆应力随时间不断增大，甚至出现超限，这一现象引起了工程界和学术界的广泛关注。普遍认为，开挖以后一段时间完整大理岩出现了严重破损，表现为微裂纹随时间不断扩展，地质力学上表现为岩体质量随时间不断衰减，直到残余值。

岩体破裂扩展问题涉及岩体质量随时间衰减模型和破裂过程模拟的非连续力学关系，研究工作难度大，计算工作量大，对工程分析而言，有效地简化分析方法是一种可行的方式。

1.1.4 岩石峰后力学特性

众所周知，岩石材料是一种具有复杂力学性质的非均匀准脆性材料。当岩体达到强度极限后，其应力会随着变形的增加而降低，这种现象通常被称为"应变软化"。由于应变软化的影响，结构变形稳定发展到一定程度之后，会突然失去变形的稳定性，导致结构的动态破坏失效，甚至造成灾难。如地下工程开挖施工中的岩爆现象就是由于岩体强烈脆性失稳引起的。另外，地下洞室群工程部分围岩实际上处于应力峰后状态，破裂岩体仍具有一定的残余承载力。因此，研究岩石峰后特性并合理描述这一特征对工程设计与施工具有重要意义。

图1.1-1是大理岩代表性的室内三轴试验成果。试验表明，在较低的围压水平下岩石的脆性特征明显，随着围压增高，岩石的延性特征增强，当围压达到40MPa左右时转换成理想弹塑性状态，表现出脆—延转换特性。对于质量相对良好的大理岩岩体（Ⅱ类及以上），大理岩岩体呈现出弹塑性状态的围压水平在15～20MPa，Ⅲ类大理岩则为10MPa

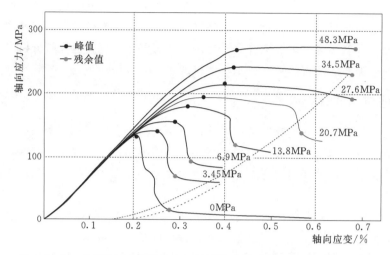

图 1.1-1 大理岩代表性的室内三轴试验成果（据 Fairhurst 等，1970）

左右。显然，在高地应力大型地下洞室群工程中，峰后岩石的脆—延转换特性将会显著影响围岩二次应力分布，在稳定分析环节不可忽视。

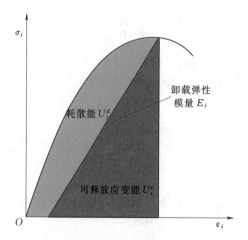

图 1.1-2 岩体单元应力应变关系曲线

准确描述岩体强度与变形破坏过程是工程稳定性和安全性评价的基础。岩体是典型的非均匀非连续介质，其破坏力学行为与赋存环境作用方式密切相关。岩石的变形破坏过程是围岩能量的储存和耗散过程。岩体的强度和允许极限变形均是能量存储能力和耗散特征的体现。研究并建立岩石破坏过程中的能量耗散规律及其与强度和整体破坏之间的联系，更有利于反映外载作用下岩石强度变化与整体破坏的本质特征。图 1.1-2 为岩体单元应力应变关系曲线，面积 U_i^d 表示单元发生损伤和塑性变形时所消耗的能量，绿色块面积 U_i^e 表示单元存储的可释放应变能，该部分能量为岩体单元卸载后释放的弹性应变能。E_i 为卸载弹性模量。能量耗散是单向和不可逆的，而能量储存及释放在满足一定条件时是可逆的。长期以来，以经典弹塑性理论为基础的岩石强度与破坏准则一直是判断围岩破坏的依据，难以有效分析岩石复杂强度变化与破坏行为。因此，有必要从耗散能理论出发来分析地下工程岩体力学行为。

1.1.5 岩体破裂数值模拟方法

地下工程中用于围岩稳定分析的数值方法可分为三类：连续变形分析方法（如有限元法、有限差分法、边界元法）、非连续变形分析方法（如离散元法、非连续变形 DDA）、连续和非连续变形耦合方法（数值流形元分析方法等）。以有限元和有限差分为代表的连续变形分析方法发展至今天，已较为成熟，成为求解复杂岩石力学及岩土工程问题的有力工具，且已被工程技术人员所熟悉并接受，可求解弹塑性、流变、动力、渗流、多场耦合等复杂的非线性问题，成为岩石力学领域应用最广泛的数值分析手段。随着近十年来计算机技术的发展，以离散元和DDA为代表的非连续变形数值分析方法迅猛发展，出现了多款较为成熟的商业应用软件，且在工程实践中得到应用，在处理多断层构造、大变形和接触等方面体现出了明显优势。

连续变形分析方法虽然在处理接触和大变形方面存在不足，但能够准确获取材料破坏前的应力应变特征，且计算量较离散元法小。因此，不少学者将连续和非连续变形分析方法耦合起来分析岩石力学问题，让两种方法相互取长补短，分析岩石材料全过程的变形、破坏、断裂和破碎问题。其中，石根华提出的数值流形方法NMM使用了数学覆盖系统，使得连续体、非连续体的整体平衡方程都可以用统一的形式来表达，由于其能统一处理连续、不连续问题，因此得到了众多学者的关注，在求解算法上得到快速发展，是近年来数值分析方法的研究热点，由于发展还不够成熟，在工程上的应用不多。

国内外学者对岩体破裂过程的研究往往是建立在均匀介质假设基础之上，对由于岩石非均匀性特征导致的非均匀性应力分布和深部洞室围岩峰后非连续性破裂失稳的演化规律研究较少。有研究提出运用耦合数值计算方法或扩展有限元等数值方法构建三维的数值模型，选择合适的损伤破坏演化方程来研究岩石的破坏规律和机理，模拟微裂纹扩展、贯通引起的破裂过程，进而探究岩石破裂机理以及地下洞室围岩支护问题。

1.2　工程技术难点及研究思路

1.2.1　工程概况

锦屏一级水电站位于四川省凉山彝族自治州木里县和盐源县境内，是雅砻江干流下游河段的控制性水库梯级电站。坝址和地下厂房等枢纽工程位于普斯罗沟与手爬沟间1.5km长的河段上，河流流向约N25°E，河道顺直，河谷狭窄；枢纽工程区两岸山体雄厚，谷坡陡峻，基岩裸露，相对高差千余米，为典型的深切V形谷；岩层走向与河流流向一致，左岸为反向坡，右岸为顺向坡。

电站枢纽建筑物由双曲拱坝（高305m）、引水发电建筑物、泄洪建筑物等组成。引水发电建筑物布置于右岸，由引水洞、地下厂房、母线洞、主变室、尾水调压室（以下简称"尾调室"）和尾水洞等建筑物组成，厂内安装6台600MW机组，总装机容量3600MW。引水系统单机单管供水，6条引水隧洞平行布置；主厂房轴线方位为N65°W，厂房全长276.99m，吊车梁以下开挖跨度为25.60m，以上开挖跨度为28.90m，开挖高度为68.80m；主变室长197.10m，宽19.30m，高32.70m，主厂房和主变室之间的岩柱厚度为45m；尾水系统采用"三机一室一洞"布置型式，设置两个圆筒形调压室，上室直径分别为 41m 和 37m，下室直径分别为 38m 和 35m，洞室高度分别为 80.5m 和 79.5m，两调压室中心线相距 95.1m。锦屏一级水电站枢纽区主要建筑物如图 1.2-1 所示。

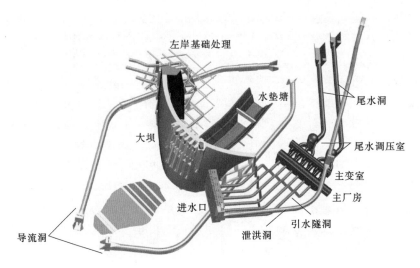

图 1.2-1　锦屏一级水电站枢纽区主要建筑物

1.2.2　主要工程技术难题

锦屏一级水电站地下厂房布置有 40 余条洞室，洞室密集，规模巨大，纵横交错，空间布置极为复杂，建设难度大。由于厂区地质条件复杂，高地应力低强度围岩，断层、煌斑岩脉等结构面对地下洞室群的围岩稳定影响大，围岩变形稳定问题突出，开挖后局部应力集中引起的围岩变形破坏成为制约洞室围岩稳定的关键技术问题，其技术难度和建设过程中遇到的问题是前所未见的，引起了水电工程、岩石力学、工程地质、地下空间和地质灾害防治等行业专家、学者的广泛关注和高度重视。

该工程洞室群主要工程技术难题如下：

（1）地质条件复杂，地应力水平高，厂房布置设计难度大。厂区围岩以层状大理岩为主，岩石单轴强度为 60～75MPa，局部夹顺层绿片岩透镜体，发育有 f_{13}、f_{14}、f_{18} 3 条结构性断层，f_{18} 断层伴生有规模较大的煌斑岩脉；厂区实测最大主应力最大值为 35.7MPa，岩石强度应力比仅为 1.5～4.0，为高—极高地应力区；地应力场呈典型的高山峡谷区"驼峰状"分布形态，初始地应力场分布较为复杂，表现为最大主应力方向和倾角较固定，而中、小主应力方向和倾角均存在不同程度的变化；洞室群功能多、规模大，复杂的地质条件、高—极高地应力水平以及有限的布置空间，导致洞室群的布置格局、洞室间距、洞室形状等的确定难度极大，围岩稳定问题突出，给工程设计带来了挑战。

（2）围岩变形影响因素多，开挖卸载围岩破坏机理复杂。地下厂房洞室群多布置在深埋山体内，岩体处于三向受压状态，开挖后围岩卸载，洞周应力发生演化和重分布，局部应力集中，拱座、岩柱、洞室交叉区等部位的洞周围岩易发生破坏。这一过程的围岩力学行为复杂，而工程厂区高地应力水平、低岩石强度、复杂的地质构造、大规模的洞群结构等多种因素进一步加剧了洞室群围岩破坏力学行为的复杂性，施工期呈现出多种围岩破坏现象及特征，如片帮剥落、劈裂破坏、局部塌方、强卸载松弛等，传统单轴试验下的岩石特性和理想弹塑性分析方法无法完整解释这些围岩力学行为和变形特征。因此，需要进行复杂应力条件下的岩体破裂及时效力学特性试验，开展围岩的卸载力学、峰后非线性力学特征和破裂扩展机制的研究，深刻认识工程围岩破裂与扩展机理。

（3）围岩变形大，卸载深，支护问题突出，支护结构和参数设计难度大。我国已建的二滩、小浪底、小湾、瀑布沟、龙滩和向家坝等水电站为大型地下厂房洞室群的支护设计积累了较为丰富的经验，但极低强度应力比条件下的大型地下厂房洞室群围岩变形特征认知较少，设计尚无相关经验。锦屏一级水电站建设过程中出现了强卸载，平均卸载深度为9m，最大卸载深度达16m；围岩实测变形多在50～100mm，最大变形达245mm，变形量大，局部围岩破坏严重；锚杆和锚索负荷大，超限比率较高。这些现象超出当时理论及工程实践认知，有必要研究新的支护理论和围岩稳定耗散能分析方法，解决围岩支护结构和支护参数设计（如支护时机、锚索锁定吨位确定等）的难题。

（4）围岩变形破坏时空特征复杂，稳定控制难度大，动态调控要求高。施工期随着逐层开挖下卧，f_{13}、f_{14}、f_{18}断层破碎带和煌斑岩脉等不良地质体逐步出露，洞室上游边墙中下部、下游拱腰拱座、主厂房与主变室之间的岩柱等部位出现了严重的岩体破坏现象，且破坏由表及里向岩体深部扩展，围岩变形、破坏现象和范围超过常规认知，应结合施工期多源信息，开展监测反馈与围岩稳定分析，研究洞室群变形稳定的动态控制技术，动态调整开挖与支护设计方案，评价围岩稳定状况，确保施工期围岩稳定可控。

（5）围岩时效变形特征显著，长期稳定及安全性评价难。工程所处的特殊的高地应力、低岩石强度和复杂地质条件，叠加超大规模洞室群布置，伴随着应力调整过程，围岩出现劈裂破坏、近开挖面岩体结构不断演化，宏观上表现为围岩变形量大、变形和松弛深度持续增长、岩体内部裂缝张开与扩展等，进而导致二次应力场调整时间较长、屈服区范围不断向深部延伸，由应力调整过程与屈服区渐进发展引起的时效变形占据了围岩变形相当的比重。声波及钻孔电视检测也表明围岩松弛圈较深并伴有深部拉裂，高地应力条件下洞室群围岩发生了"结构性流变"现象，洞室群围岩变形收敛缓慢，某些部位甚至长达2年，需开展岩体流变力学特性和围岩的长期稳定分析，评价洞室群围岩与支护结构的长期安全性。

1.2.3 研究思路

地下厂房洞室群围岩破裂及变形控制研究思路如图1.2-2所示。首先从厂区地质环境及地应力分析开始，采用三轴MTS岩石力学试验系统，研究大理岩破裂及时效力学特性，综合各种因素确定洞室群工程的布置及支护设计；根据施工期开挖揭露的地质信息、变形应力监测信息、岩体声波物探成果等，开展围岩稳定耗散能分析、围岩破裂与扩展分析，提出围岩支护时机；再结合物探和监测成果，开展围岩稳定动态反馈分析，提出高地应力洞室群围岩变形控制技术，并评价洞室群围岩的长期稳定性及支护结构的长期安全性。

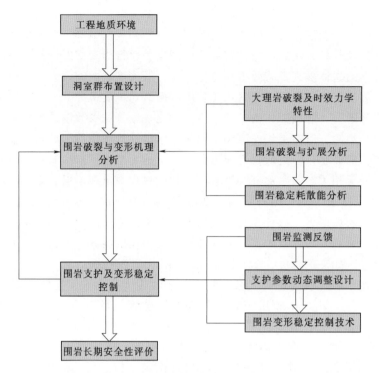

图 1.2-2 地下厂房洞室群围岩破裂及变形控制研究思路

第 2 章

厂区地质环境及地应力场分析

2.1 厂区基本地质条件

锦屏一级地下厂房位于大坝下游约 350m 的右岸山体内，山体地形较完整，基岩裸露，临河地形陡峻，高程 1770.00m 以下坡度为 70°～90°，以上坡度约 40°。主厂房水平埋深 100～380m，垂直埋深 160～420m。

地下厂区出露地层主要为三叠系中上统杂谷脑组第二段第 2～4 层大理岩（见图 2.1-1）。第 2 层，既有中—厚层状大理岩，又有薄层状大理岩，夹顺层绿片岩，中硬与坚硬岩相间分布；第 3 层，以条纹状大理岩、同色角砾状大理岩为主，夹极少量薄层绿片岩；第 4 层，岩性为杂色角砾状大理岩、灰白色大理岩，零星分布有透镜状绿片岩。除第 2 层大理岩局部层面裂隙发育，层间结合差，属薄—中厚状结构外，多属厚层块状结构，岩体新鲜，较完整—完整，岩层产状 N40°～60°E/NW∠15°～35°，走向与厂房轴线大角度相交。在第一副厂房、主变室、尾调室等部位分布有后期侵入的云斜煌斑岩脉（X），总体产状

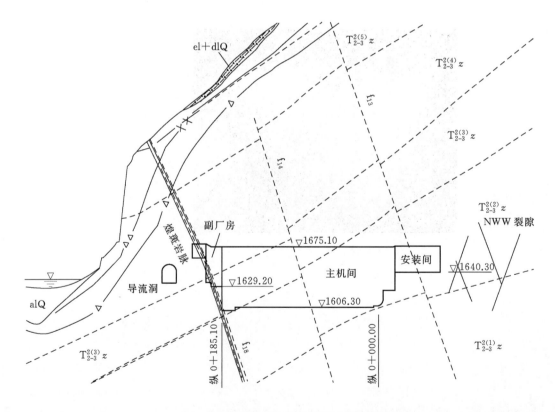

图 2.1-1 地下厂房纵轴线地质剖面图

N60°～80°E/SE∠70°～80°，脉宽一般为 2～4m，岩脉与大理岩接触面多发育成小断层，脉体一般破碎，自稳能力差。

厂区发育有 f_{13}、f_{14}、f_{18} 等 3 条 NE 向断层，斜穿地下厂房及主变室。

f_{13} 断层：发育于安装间部位，总体产状 N50°～65°E/SE∠70°～80°，主断面起伏、光滑，破碎带宽度一般为 1～2m，局部为 1～5cm，由灰黄色断层角砾岩、碎粉岩组成，碎粉岩厚 0.5～5cm，呈条带状连续分布，泥化、软化，带内物质挤压紧密，胶结差，部分弱风化，有滴水现象，下盘影响带一般长 0.3～1m，上盘影响带长 3～5m，多弱风化，绿片岩强风化，多呈碎裂—镶嵌结构，上盘往往发育有 NNW—NW 向张裂隙带，为主要的涌水带。

f_{14} 断层：发育于主厂房 4 号、5 号机组之间，3 号、4 号主变室附近，产状 N50°～70°E/SE∠65°～70°，主断面起伏、光滑，主断带一般宽 0.5～1m，主要由断续分布的碎粉岩、角砾岩组成，部分碎粉岩软化、泥化，带内物质挤压较紧密，部分弱风化，下盘影响带一般长 0.5～1m，上盘影响带长 1～2m，多呈碎裂—镶嵌结构。

f_{18} 断层：在厂房洞室区沿煌斑岩脉与大理岩接触面发育，揭露于第一副厂房、主变室以及 2 号尾调室部位，产状 N70°E/SE∠70°～80°，带宽 20～40cm，主要由灰黑色碎粉岩、角砾岩组成，碎粉岩有软化、泥化现象。

优势节理裂隙发育 4 组：①30°～60°E/NW∠30°～40°，层面裂隙，主要发育于大理岩第 2 层内；② N50°～70°E/SE∠60°～80°，地下厂房区普遍发育，局部较发育；③N25°～40°W/NE（SW）∠80°～90°，主要见于安装间部位；④N50°～70°W/NE（SW）∠80°～90°，发育少，但延伸较长，走向与厂房、主变室边墙近平行。NW、NWW 向裂隙为张裂隙，具有一定的开度。

厂区大理岩岩溶化程度微弱，属岩溶裂隙含水岩体，地下水的分布主要受构造控制，在裂隙不发育的洞室部位，一般仅表现为弱—微透水；在裂隙较发育部位，特别是 NWW 向导水裂隙集中发育的洞段，地下水较活跃，多表现为渗水、滴水，甚至涌水。厂区 NE 向压扭性断层，特别是 f_{13} 断层，为相对隔水岩体；断层以里上盘为富水带。NW、NWW 向张裂隙为主要导水裂隙，f_{13} 断层初揭穿时多有地下水呈股状流出。

前期勘探和洞室开挖显示，开挖后围岩脆性破坏强烈，普遍出现中等—强烈的劈裂剥落及弯折内鼓现象。结合右岸地下厂区进行的地应力测试成果分析可知，地下厂区属于高地应力区，最大主应力 σ_1 均大于 15MPa，一般为 20～30MPa，部分应力集中区超过 30MPa，最大达 35.7MPa；σ_2 量值一般为 10～20MPa，σ_3 量值一般为 4～12MPa。最大主应力 σ_1 的方向比较一致，一般为 N30°～50°W，平均为 N47°W，与雅砻江岸坡走向大角度相交，与厂房轴线在水平面上小角度相交，略偏下游，与区域应力场方向基本一致；σ_1 倾角为 20°～35°。地下厂区大理岩岩石单轴抗压强度为 60～75MPa，多数岩石强度应力比（R_b/σ_{max}）为 1.5～4.0，属高—极高地应力区。

2.2 围岩分类

厂区洞室置于第 2～4 层大理岩内，除第 2 层大理岩局部层面裂隙较发育，属中厚—

薄层结构外，第 3、第 4 层多属厚层—块状结构，岩体嵌合紧密，完整性较好。在第 2 层大理岩出露部位裂隙间距一般为 30～50cm，结构类型以中厚层—次块状为主，少量为厚层—块状和薄层状。在第 3、第 4 层大理岩出露部位主要发育第①、第②组裂隙，间距多大于 50cm，部分大于 100cm，嵌合紧密，岩体完整—较完整，多属于厚层—块状结构、中厚层—次块状结构。厂房岩体结构分布与构造、所处的大理岩层位密切相关，断层破碎带、煌斑岩脉（X）发育部位以镶嵌—碎裂结构为主；第 2 层大理岩出露部位由于层面裂隙发育，局部岩体呈薄层状结构；第 3、第 4 层大理岩出露部位较完整，基本上属厚层—块状结构。总体上地下厂房处于高围压状态下，岩体嵌合紧密，声波纵波波速 $V_p \geqslant$ 5500m/s，洞室围岩整体性较好。

锦屏一级水电站选择《水利水电工程地质勘察规范》（GB 50487—2008）建议的方法进行洞室围岩分类。

厂区除 f_{13}、f_{14} 及 f_{18} 断层带和煌斑岩脉（X）属软弱岩带以外，岩体多新鲜，坚硬，完整性较好，以厚层—块状结构和中厚层—次块状结构为主，且处于高围压状态下，岩块嵌合紧密。主要结构面走向与洞室轴线大角度相交，鲜见不利结构面切割形成的块体塌落，开挖爆破半孔率高，洞壁形态较规则，围岩以 III_1 类为主，整体稳定性较好。围岩类别与岩体结构对应较好，III_1 类围岩主要分布于厚层—块状和中厚层—次块状岩体分布部位，III_2 类围岩主要分布于薄层状大理岩出露部位。厂房发育有 3 条断层带（f_{13}、f_{14} 及 f_{18}），岩体破碎，呈镶嵌—碎裂结构，弱—强风化，以 IV 类围岩为主，围岩不稳定。煌斑岩脉（X）出露于第一副厂房、主变室、尾水调压室等部位，岩体较破碎，以镶嵌—碎裂结构为主，为 IV 类围岩，不稳定。

对于岩体完整性，由于地下洞室区地应力高，岩体嵌合紧密，声波纵波波速级差不明显，由声波计算的完整性系数 K_v 不能准确反映岩体的完整性。因此，借助岩石质量指标 RQD 来确定 K_v 的大小，锦屏一级 RQD 值与完整性系数 K_v 的对应关系见表 2.2-1。

表 2.2-1　　　　　　　　　锦屏一级 RQD 值与完整性系数 K_v 的对应关系

岩体完整程度	破碎	较破碎	完整性差	较完整	完整
$RQD/\%$	$0 \leqslant RQD < 25$	$25 \leqslant RQD < 50$	$50 \leqslant RQD < 75$	$75 \leqslant RQD < 90$	$90 \leqslant RQD \leqslant 100$
K_v	$0 \leqslant K_v < 0.2$	$0.2 \leqslant K_v < 0.4$	$0.4 \leqslant K_v < 0.6$	$0.6 \leqslant K_v < 0.8$	$0.8 \leqslant K_v < 1.0$

锦屏一级水电站主要地下洞室岩石强度应力比（R_b/σ_{max}）多为 1.5～4.0，考虑到厂区岩石强度应力比的现状，确定围岩类别时进行了降级处理，锦屏一级地下洞室围岩工程地质分类见表 2.2-2，锦屏一级地下洞室围岩物理力学参数建议值见表 2.2-3。

表 2.2-2　锦屏一级地下洞室围岩工程地质分类表

围岩类别	层位与岩性	饱和单轴抗压强度 R_b/MPa	岩体结构特征 结构类型	RQD/%	裂隙组数	裂隙间距/m	声波纵波速/(m/s)	K_v	岩体完整性 紧密状态	完整性	风化状态	地下水状态	水平埋深与地应力	围岩强度应力比 S	围岩基本特征与稳定性评价
II	$T_{2-3}^{(3,4,5)}z$ 层大理岩、角砾状大理岩	60~75	厚层—块状	100~85	1~2	>0.5	>5500	>0.72	紧密	完整	微新	干燥	水平埋深 50~150m，地应力增高过渡带	>4	岩石坚硬、完整。呈一块状结构，一般见裂隙，间距大于50cm，偶见1~2组裂隙，部分小于3m。最大主地应力 $\sigma_1=10\sim20$MPa，围岩基本稳定
III₁	$T_{2-3}^{(2,6)}z$ 层大理岩、条带状、角砾状大理岩	60~75	中厚层状	85~65	2~3	0.2~0.4	4500~5500	0.48~0.72	紧密	较完整	微新	局部渗滴水	水平埋深小于100m，地应力增高过渡带	>2	岩石坚硬、较完整。微风化—新鲜，沿结构面或成绿片岩透镜体发育呈中厚层状延伸，间距大于50cm。发育2~3组裂隙，一般见裂隙，长度大于10m，在 $T_{2-3}^{(2,6)}$ 层层间挤压错动带发育 $\sigma_1=10\sim20$MPa。局部围岩稳定性差 $S>2$。
III₂	$T_{2-3}^{(2,3,4,5)}z$ 层大理岩、条带状、角砾状大理岩	60~75	厚层—块状	100~85	1~2	>0.5	>5500		紧密	完整	微新	干燥	水平埋深大于100m，地应力集中带及以里	<4	岩石坚硬、完整。呈一块状结构，一般偶见1~2组裂隙，厚度大于50cm，延伸一般大于10m，部分小于3m，最大主应力 $\sigma_1=20\sim35$MPa，$S<4$。施工开挖易产生破坏的脆性破坏为主，岩石强度较强的脆性破坏式洞顶及洞壁以劈裂剥落为主。局部围岩稳定性差
煌斑岩脉 (X)		60	次块—镶嵌	85~65	2~3	0.2~0.4	4500~5500	0.34~0.55		较完整	微新	局部渗滴水	水平埋深大于100m，地应力集中带及以里	>1	岩石坚硬、较完整。微风化—新鲜，沿结构面或成绿片岩透镜体发育呈中厚层状延伸。围岩夹层发育1~2组裂隙，主地应力 $\sigma_1=20\sim35$MPa，施工开挖时 $1<S<3$。岩石可能产生较强的脆性变形破坏，围岩变形破坏后围岩稳定性差

续表

围岩类别	层位与岩性	饱和单轴抗压强度 R_b/MPa	结构类型	RQD/%	裂隙组数	裂隙间距/m	声波纵波速/(m/s)	K_v	紧密状态	完整性	风化状态	地下水状态	水平埋深与地应力	围岩强度应力比 S	围岩基本特征与稳定性评价
Ⅲ	Ⅲ₂ $T_{2-3}^{2(3,4,5)}z$ 层角砾岩、角砾状大理岩、镶嵌厚层状大理岩	60~75	次块—镶嵌厚层状								微新		弱卸载带内	>2	分布于弱卸载带内的岩体,裂隙发育,镶合较松弛,围岩稳定性差
Ⅳ	$T_{2-3}^{2(2,3,4,5,6)}z$ 层角砾岩、角砾状大理岩中的裂隙密集带	60~75	板裂—碎裂	65~45	1~2	0.1~0.3、局部0.05~0.2	4500~5500		较紧密	较破碎	微新为主	涌水	随机分布		岩石坚硬、完整性较差,以1~2组裂隙张开、局部溶蚀较松弛,涌水。最大主地应力 σ_1=15~20MPa。施工开挖易导致围岩度地应力比 S<2。围岩周应力集中,围岩可能产生脆性破坏,变形破坏形式边墙以弯折内鼓为主。围岩稳定性差
	$T_2^{2(1)}z$ 层大理岩、绿片岩互层	25~45	中厚层状—互层状	45~65	>3	>0.5	3500~4500	<0.34	紧密	较完整	微新	局部渗滴水	水平埋深大于300m、地应力不稳带	<2	岩质较软,以中厚层状结构为主,最大主应力 σ_1=20~30MPa 应力 σ_2=10~20MPa。施工开挖易导致围岩周应力集中,围岩可能产生脆性变形,变形破坏形式顶拱以弯折内鼓为主,边墙以剪切滑移、碎裂松动为主,围岩不稳定
	煌斑岩脉(X)	60	碎裂—镶嵌								弱风化		埋藏较浅的弱风化煌斑岩脉(X)		岩石坚硬、较完整,裂隙发育,以弱风化为主,施工开挖后围岩可能产生脆性破坏,围岩变形不稳定
Ⅴ	f_{13}、f_{14} 等断层带		碎裂—散体						松弛—较紧密	碎裂—散体	微新—弱风化	渗滴水			岩体破碎,嵌合松弛—较紧密,呈碎裂—散体结构,围岩极不稳定

表 2.2-3   锦屏一级地下洞室围岩物理力学参数建议值表

围岩类别		变形模量/GPa		弹性模量/GPa		泊松比 μ	抗剪断强度		抗剪强度		弹性抗力系数 K_0 /(MPa/cm)	坚固系数 f_k
		平行结构面	垂直结构面	平行结构面	垂直结构面		f'	c' /MPa	f	c /MPa		
Ⅱ		22~30	19~28	29~42	25~42	0.25	1.35	2	0.95	0	45~55	5~6
Ⅲ	Ⅲ₁	9~15	8~13	16~22	13~22	0.25	1.07	1.5	0.85	0	35~45	4~5
	Ⅲ₂	6~10	4~7	9~17	5~11	0.3	1.02	0.9	0.68	0	25~35	3~4
Ⅳ		3~4	2~3	3~4	2~3	0.35	0.7	0.6	0.58	0	15~20	2~3
Ⅴ		0.4~0.8	0.2~0.6	1~2	0.6~0.9	0.35	0.3	0.02	0.25	0	<10	<1

2.3 洞室围岩稳定的主要工程地质问题

2.3.1 主要工程地质问题

影响厂区洞室围岩稳定的主要工程地质问题如下：

（1）高地应力。地下厂区实测最大地应力为 35.7MPa，多数岩体强度应力比（R_b/σ_{max}）为 1.5~4.0，为高—极高地应力区，地下厂区洞室群开挖后围岩会出现中等—强烈的脆性变形破坏，特别是在洞室交叉较多的岩柱部位会产生强烈的应力松弛现象，影响洞室的稳定性。开挖期主厂房、主变室等垂直河流向的洞室下游顶拱和上游边墙中下部，以及母线洞等顺河向洞室的外侧顶拱和内侧下部均出现了较强烈的变形破坏。开挖后应力持续调整，围岩松弛深度大，厂房边墙最大松弛深度达 16m。

（2）局部涌水。f_{13} 断层上盘 NW—NWW 向裂隙发育，可产生集中涌水，连通试验表明涌水与普斯罗沟地表水有关，沿 NW—NNW 向张裂隙、钻孔呈股状出水，第二层排水廊道开挖后，估测渗漏量为 12~15L/s，对洞室稳定不利。

（3）局部稳定性。f_{13}、f_{14}、f_{18} 断层破碎带及煌斑岩脉（X）虽然其走向与洞轴线夹角较大，但这些软弱结构面出露部位岩体破碎，自稳能力差，易坍塌。此外，在尾水调压室顶拱出露有规模较大的不稳定块体。

2.3.2 围岩稳定性地质分析

（1）围岩整体稳定性。地下厂房洞室区除 f_{13}、f_{14} 及 f_{18} 断层带和煌斑岩脉（X）属软弱岩带以外，岩体多新鲜，坚硬，完整性较好，以厚层—块状结构和中厚层—次块状结构为主，且处于高围压状态下，岩块嵌合紧密。主要结构面走向与洞室轴线大角度相交，施工过程中鲜见不利结构面切割形成的块体塌落。

地下厂房洞室围岩以 Ⅲ₁ 类为主，主要分布于厚层—块状和中厚层—次块状岩体部位，整体稳定性较好。Ⅲ₂ 类围岩主要分布于薄层状大理岩出露部位，Ⅳ 类围岩均分布于断层破碎带和煌斑岩脉（X）出露部位，围岩不稳定。

（2）围岩局部稳定性。

1）断层破碎带、煌斑岩脉（X）发育部位稳定性。厂房区发育的 3 条断层带（f_{13}、f_{14} 及 f_{18}），构成物质虽后期有一定胶结，但岩质仍较软，强度较低。断层及其影响带岩体破碎，呈镶嵌—碎裂结构，以 Ⅳ 类围岩为主，围岩不稳定。

煌斑岩脉（X）出露于第一副厂房、主变室等部位，岩体较破碎，呈镶嵌结构，为Ⅳ类围岩，易坍塌。

2）下游拱腰稳定性。除 f_{13}、f_{14} 断层和煌斑岩脉（X）及其影响带以外，岩体新鲜，完整性好，呈厚层—块状结构，以Ⅲ$_1$ 类围岩为主，整体稳定性较好。厂房下游拱腰在高地应力作用下，形成了较高的应力集中区，使浅层围岩发生劈裂破坏，且持续的时间较长，严重影响了围岩的稳定性。

2.4 地应力场分析方法与分布规律

2.4.1 地应力测试成果分析

锦屏一级水电站坝址区地处青藏高原向四川盆地过渡之斜坡地带，厂区地应力水平高。为了查明地下厂区岩体地应力的大小、方向及分布规律，可研阶段在坝区右岸引水发电建筑物区进行了 17 组现场地应力测试，施工开挖期又在地下厂区进行了 7 组现场地应力测试。可研阶段的 17 组现场地应力测试成果表明，三个主应力为 $\sigma_1 = 20 \sim 35.7\text{MPa}$、$\sigma_2 = 10 \sim 20\text{MPa}$、$\sigma_3 = 4 \sim 12\text{MPa}$。$\sigma_1$ 的方向比较一致，介于 N28.5°W～N71°W，平均为 N47.7°W，σ_1 倾角为 20°～50°，平均倾角为 34.2°。施工图阶段补充的 7 组地应力测试主要分布在第二层排水廊道、主厂房、主变室、尾水调压室底部。测试结果显示厂区最大主应力 $\sigma_1 = 18 \sim 35.65\text{MPa}$，方向为 N24°W～N68°W，平均为 N45.7°W，倾角变化较大，为 8.9°～87.9°；$\sigma_2 = 15 \sim 24\text{MPa}$，方向一般为 S4°W～S62.5°E；$\sigma_3 = 3.65 \sim 14.45\text{MPa}$。

2.4.1.1 测点布设情况

地下厂区地应力测试点布设示意图如图 2.4-1 所示，测试结果汇总见表 2.4-1。

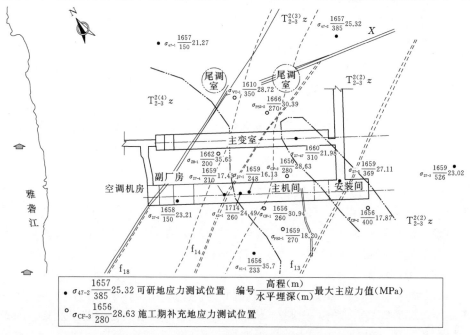

图 2.4-1 地下厂区地应力测试点布设示意图

表 2.4-1

测试结果汇总表

分组	测点编号	测点位置	测点高程/m	水平埋深/m	垂直埋深/m	测点岩性	σ_1 量值	σ_1 α	σ_1 β	σ_2 量值	σ_2 α	σ_2 β	σ_3 量值	σ_3 α	σ_3 β	备注
第一组	$\sigma_{39\text{-}1}$	PD39 0+400.00	1660.00	400	433	条纹状大理岩	24.1	109.1	24.1	15.03	262.4	63.4	10.86	14.3	10.6	
	$\sigma_{19\text{-}1}$	PD19 0+200.00	1650.00	200	298	灰白色大理岩	22.9	151.5	48.9	9.79	305.6	38.2	5.76	46.1	13	
	$\sigma_{27\text{-}1}$	PD01cz 0+088.00	1659.00	248	307	浅灰色条纹状大理岩	16.13	150.9	51.6	9.45	294.9	32.6	4.14	36.8	17.9	可研阶段
	$\sigma_{27\text{-}3}$	PD01cz 0+360.00	1659.00	526	690	白色粗晶大理岩	23.02	100.7	21.9	16.42	263.9	67.2	7.19	8.3	5.9	
	$\sigma_{47\text{-}1}$	PD47 0+150.00	1657.00	150	214	杂色角砾状大理岩	21.27	154.1	29.6	9.47	326.9	60.2	6.05	62.3	3.1	
	$\sigma_{47\text{-}2}$	PD47 0+385.00	1657.00	385	523	条带状大理岩	25.32	319	3	17.96	209.5	81.1	11.34	49.4	8.3	
	$\sigma_{45\text{-}1}$	PD45 0+200.00	1714.00	200	300	角砾状大理岩	24.49	134.2	19.8	10.99	305.4	70	5.91	43.2	2.8	
	$\sigma_{25\text{-}2}$	PD25 0+085.00	1830.00	85	63	角砾状大理岩	12.96	120.6	21.2	10.53	296.7	68.8	3.26	30.1	1.3	施工图阶段
	$\sigma_{PS2\text{-}1}$	PS2 0+608.00	1659.00	270	330	条纹状大理岩	18.2	156	60	7.41	292.3	22.7	3.65	30.4	18.6	
	$\sigma_{PS2\text{-}2}$	PS2 0+160.00	1666.00	270	310	厚层状大理岩	30.39	119.8	28.7	18.47	275.2	59	9.43	23.8	10.8	
	$\sigma_{CF\text{-}3}$	厂房下游壁 0+035.00	1656.00	280	330	条纹状大理岩	28.63	135	87.9	21.98	297.5	2	9.87	27.5	0.6	
	$\sigma_{WT\text{-}1}$	尾调7号施工支洞下游壁约 0+370.00	1610.00	320	320	条带状大理岩	28.72	111.6	73.2	20.92	280	16.5	7.96	10.9	3.2	
第二组	$\sigma_{01\text{-}1}$	PD01 0+240.00	1656.00	240	299	角砾状大理岩	35.7	134	26	25.6	15	45	22.2	243	34	
	$\sigma_{19\text{-}2}$	PD19 0+100.00	1650.00	100	225	灰白状大理岩	29.27	126.5	44.4	18.15	317.4	45	6.81	221.9	5.5	
	$\sigma_{19\text{-}3}$	PD19 0+040.00	1650.00	40	180	灰白状大理岩	15.42	112.8	2.6	9.61	15	71.4	6	203.7	18.4	可研阶段
	$\sigma_{27\text{-}4}$	PD01cz 0+054.00	1659.00	214	280	角砾状大理岩（夹绿片岩）	17.43	150.7	50.7	7.35	345.7	38.4	5.62	249.8	7.4	
	$\sigma_{27\text{-}47\text{-}1}$	PD27~47 0+065.00	1660.00	310	360	条纹状大理岩	21.98	126.4	46.7	9.4	344.7	36.5	6.01	239.1	20	
	$\sigma_{27\text{-}5}$	PD27 0+142.00	1658.00	134	210	杂色角砾状大理岩（夹绿片岩）	23.21	147.8	40.5	17.67	350.9	47.1	10.59	248	11.7	施工图阶段
	$\sigma_{25\text{-}1}$	PD25 0+220.00	1830.00	123	144	角砾状大理岩	18.44	145.4	4.5	12.7	47.3	60.6	5.8	237.9	29	
	$\sigma_{27\text{-}2}$	PD01cz 0+208.00	1659.00	369	404	杂色角砾状大理岩	27.11	137.4	29	21.2	332.2	60.1	13.39	230.9	6.4	
	$\sigma_{CF\text{-}2}$	厂房上游壁 0-072.00	1656.00	400	420	薄—中厚层状大理岩	17.87	136.1	32.1	16.62	3.6	47.6	13.98	243	24.8	
	$\sigma_{ZB\text{-}1}$	主变室上游壁 0+124.00	1662.00	200	270	粗晶白色大理岩	35.65	132.3	8.9	15.83	4	75.9	6.8	224.1	10.9	可研阶段
无分组	$\sigma_{07\text{-}1}$	PD07 0+152.00	1666.00	152	215	灰色角砾大理岩（夹绿片岩）	15.08	107.9	45	10.68	226.4	25.5	6.59	335.3	34.1	施工图阶段
	$\sigma_{CF\text{-}1}$	厂房上游壁 0+066.00	1656.00	260	310	粗晶大理岩	30.94	149.1	17.8	23.73	56.7	7.6	14.45	304.6	70.6	施工图阶段

注　各主应力量值以 MPa 计；α 为主应力方向，以方位角表示；β 为主应力倾角，以仰角为正。

2.4.1.2　测试成果分析

1. 初始地应力方向

实测初始地应力中，最大主应力方位规律性较好，均集中于第二象限，而中间主应力位于第二、第四象限，方向较分散；最小主应力位于第一、第三象限，倾角缓。

依据初始地应力方向特点，对右岸实测地应力进行了分组，第一组主要位于较深部，在地下厂区高程 1650.00m 处，水平埋深一般都超过 200m，而第二组则主要位于岸坡较浅部，水平埋深一般不超过 200m（见表 2.4 - 1）。第一组最大主应力 σ_1 方向为 N30°～50°W，倾角一般为 20°～35°；中间主应力 σ_2 方向为 S60°～70°E，倾角为 30°～60°；最小主应力 σ_3 方向为 S20°～30°W，倾角为 5°～10°。第二组最大主应力 σ_1 方向为 N40°～50°W，倾角为 20°～30°；中间主应力 σ_2 方向为 S10°E～S10°W，倾角为 40°～60°；最小主应力 σ_3 方向为 N50°～60°E，倾角为 10°～20°，右岸厂区三向主应力分组统计如图 2.4 - 2 所示。总体上最大主应力 σ_1 方向比较一致，一般为 N30°～50°W，平均为 N47°W，与雅砻江岸坡走向大角度相交，与厂房轴线在水平面上小角度相交。

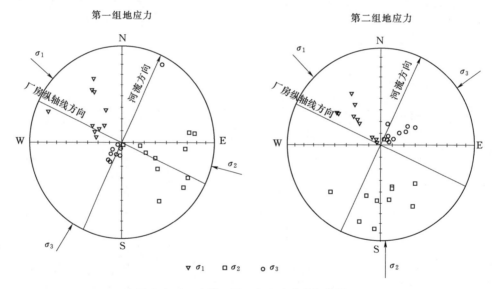

图 2.4 - 2　右岸厂区三向主应力分组统计图

2. 初始主应力量值及其之间的关系

地应力测试成果表明，地下厂区最大主应力 σ_1 均大于 15MPa，一般为 20～30MPa，部分应力集中区（主要是水平埋深 200～270m 的区域）超过 30MPa，最大达 35.7MPa；σ_2 量值一般为 10～20MPa，σ_3 量值一般为 5～10MPa。

进行相关分析，主应力量值之间有如下关系：

$$\frac{\sigma_1}{\sigma_2} = \frac{\sigma_2}{\sigma_3} = \frac{3}{2}, r = 0.77 \sim 0.81 \tag{2.4 - 1}$$

式中：r 为相关系数。

结合岩石强度分析，地下厂房洞室群岩石强度应力比（R_b / σ_m）为 1.5～4.0，可以判定为高—极高地应力区。

3. 初始主应力与水平埋深的关系

随水平埋深增加地应力逐渐增大，如图 2.4 - 3 所示。水平埋深小于 100m 时，最大主应力 σ_1 为 12.96~15.42MPa；水平埋深为 100~350m 时，最大主应力 σ_1 为 16.13~35.7MPa；水平埋深大于 350m 时，应力趋于平稳，最大主应力 σ_1 为 23.02~27.11MPa。

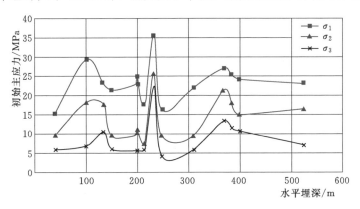

图 2.4 - 3　地下厂区初始主应力与水平埋深的关系

2.4.2　地应力场反演分析方法

地应力是影响地下洞室围岩变形破坏的主要因素之一。合理的地应力场反演对围岩稳定分析与控制有至关重要的作用。复杂地应力场分析共采用了两种方法，考虑河谷演化规律的地应力场多源信息融合闭环分析方法和不连续分区地应力场回归方法。

2.4.2.1　考虑河谷演化规律的地应力场多源信息融合闭环分析方法

1. 地应力反演的多目标函数

（1）目标函数的分析。用于地应力反演或回归的分析方法很多，这些方法最终目标都是使地应力场数值模型在既有地应力测点上的计算值与实测值之间的离差平方和最小。

假定有 n 个测点，则最小二乘法的残差平方和为

$$S_r = \sum_{i=1}^{n} \sum_{j=1}^{6} (\sigma_{i,j}^* - \sigma_{i,j})^2 \qquad (2.4-2)$$

式中：$\sigma_{i,j}^*$ 为 i 观测点第 j 个应力分量的观测值；$\sigma_{i,j}$ 为 i 观测点第 j 个应力分量的计算值。

由应力二阶张量带来的多目标优化难题，求解困难，实际工作中多将式（2.4 - 2）采用加权（此时权重均为 1）的方式连接成为一个单一的目标函数，这样很自然地使得待求解的优化问题得到简化。

$$S = \sum_{j=1}^{6} (\sigma_j^1 - \sigma_j^2)^2 \qquad (2.4-3)$$

式中：σ_j^1、σ_j^2 分别为两个应力张量的第 j 个应力分量。

式（2.4 - 3）避免了多目标优化计算的难题，但对于正应力分量和剪应力分量的离差平方合并时采用相同的权重，会带来反演结果的偏差。其原因在于，应力张量中的剪应力分量通常较之正应力分量要小得多，甚至有量级上的差别，式（2.4 - 3）会弱化其影响，在实际情况下，剪应力的方向很重要，它会直接影响空间应力场的方位特征。

（2）多目标函数的建立。为了在地应力反演或回归分析中提高对剪应力分量的拟合精度，考虑到地应力反演特定的专业背景和应力张量的物理本质，在以实测地应力值和模拟计算值离差平方和最小值作为目标函数进行边界条件的优化识别时，将正应力分量的离差平方和以及剪应力分量的离差平方和分别取不同的权重系数，建议的目标函数可取为以下形式：

$$f(\boldsymbol{x}) = \sum_{i=1}^{n} \left\{ \alpha \sum_{i=1}^{3} \left[\sigma_{i,j}^{N}(X_i, Y_i, Z_i) - \overline{\sigma}_{i,j}^{N}(X_i, Y_i, Z_i) \right]^2 \right.$$
$$\left. + (1-\alpha) \sum_{m=1}^{3} \left[\sigma_{i,m}^{S}(X_i, Y_i, Z_i) - \overline{\sigma}_{i,m}^{S}(X_i, Y_i, Z_i) \right]^2 \right\} \quad (2.4-4)$$

式中：$\boldsymbol{x}$ 为待反演计算模型的边界条件向量，$\boldsymbol{x} = (\alpha, \eta, X, Y, XY, \cdots)$，$\alpha$ 为权重系数（为了在地应力反演分析中提高对剪应力分量的拟合精度，分别设置的正应力和剪应力分量残差平方和的权重），η 为自重系数，X 为 X 向挤压边界条件，Y 为 Y 向挤压边界条件，XY 为水平剪切边界条件；$\sigma_{i,j}^{N}(X_i, Y_i, Z_i)$、$\sigma_{i,j}^{S}(X_i, Y_i, Z_i)$ 分别为计算模型中第 i 点 (X_i, Y_i, Z_i) 部位地应力计算值张量的第 j 个正应力和第 m 个剪切应力分量；$\overline{\sigma}_{i,j}^{N}(X_i, Y_i, Z_i)$、$\overline{\sigma}_{i,m}^{S}(X_i, Y_i, Z_i)$ 分别为第 i 个实测点 (X_i, Y_i, Z_i) 部位地应力测试值张量的第 j 个正应力和第 m 个剪切应力分量；n 为实测地应力测点数。

比较式（2.4-3）和式（2.4-4）可知，所提出的用于地应力反演的多目标函数是在传统的以离差平方和为目标函数的基础上，进一步提高了对地应力张量中剪应力特征的拟合精度。

2. 多源信息融合闭环分析方法

进行河谷初始应力场模拟时，应合理考虑河谷演化过程，需要考虑 4 个假设：①假设河谷形成前的远古地形相对平坦，也即河谷形成前的原始地应力场与一般平坦地区的地应力场基本相同，主应力分量中的两个近水平、一个近垂直，其中垂直主应力大小与岩体自重应力相当，最大主应力方向保持与工程区最大压应力方向一致；②远古时期岩体原始地应力场由岩体自重应力和构造应力组成，构造运动在河谷发育演化前完成；③工程区岩体中现存地应力场主要是在远古原始地应力场条件下，经过长期区域性地表剥蚀下切、河流侵蚀等河谷演化作用形成的；④河谷浅部岩体力学特性在历史上与现今边坡深部岩体力学特性基本相同。

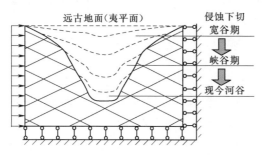

图 2.4-4　深切河谷演化模式示意图

采用分步开挖模拟河谷演化时，首先应分析河谷演化模式，然后根据获得的河谷侵蚀下切演化模式（图 2.4-4），在远古应力场的基础上，对河谷阶段性的侵蚀下切过程进行数值模拟。

此外，采用分步开挖模拟河谷演化时还需要确定计算模型的边界条件，以适应计算过程并反映地表侵蚀下切的作用。通常，数值计算模型中的应力或位移边界需要结合数值计算方法和优化反演方法来建立数值计算模型边界条件（位移边界、应力边界等）与地应力之间的映射关系，可采用映射网络（mapping network）模型来描述模型边界条件与实测地应力位置处应力值之间的非线性关系，或采用优化算法（如遗传算法 GA、粒子群 PSO 等）和式（2.4-3）来反分析计算模型边界条件。

为保证所获得的初始应力场符合地应力场的实际分布规律，在计算模型边界条件反演优化分析时，应遵循 3 个约束条件：①计算获得的初始应力场应与实测应力测定处的应力值在量值和方位上保持基本一致，保证空间点的吻合；②计算的初始应力场应符合地形、地貌和地质构造等因素对地应力场分布规律的影响，保证工程区应力场分布规律的吻合；③符合根据现场现象（如洞室应力型变形破坏位置等）获得的地应力认识，保证局部应力场特征的吻合。

综上所述，考虑河谷演化规律的非线性初始地应力场模拟分析方法的具体实施步骤（见图 2.4-5）可以归纳如下：

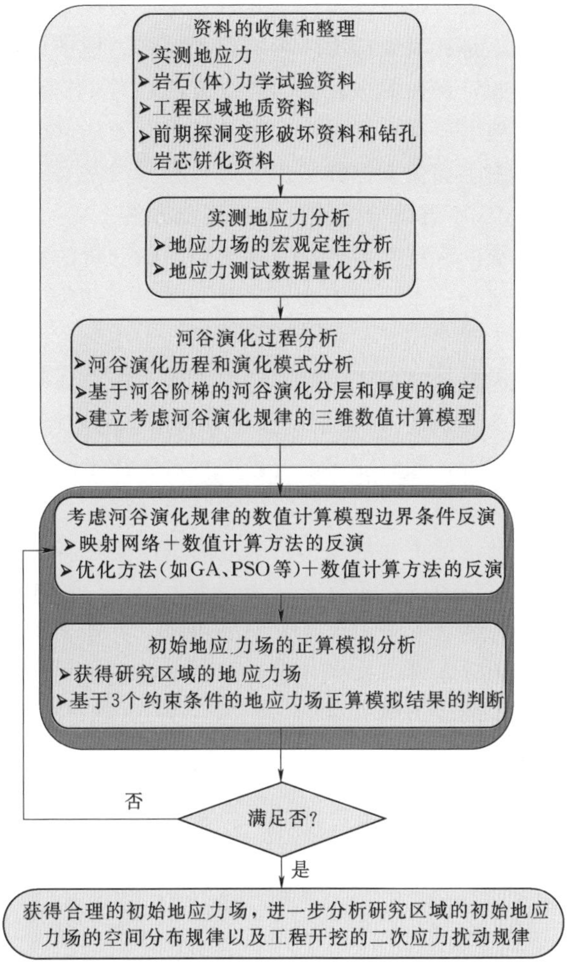

（1）对资料进行收集和整理，分析前期探洞变形破坏资料（或施工过程中的地下洞室变形破坏资料）和钻孔岩芯饼化资料等，解译地下洞室应力型变形破坏现象及其发生规律等。

（2）对实测地应力进行分析，主要包括对研究区地应力场的宏观分析，初步判断区域地应力场方位和量值；同时采用应力张量空间解析方法对地应力测点应力量值和方位特征进行量化分析，对地应力测试数据进行解读。

图 2.4-5　非线性初始地应力场模拟分析方法的具体实施步骤

（3）对河谷演化过程进行分析，论证河谷侵蚀下切的演化模式，并根据河床与河谷两岸形成的阶梯状阶地，确定河谷侵蚀下切分层数量和厚度，建立考虑河谷演化过程的计算模型。

（4）考虑河谷演化规律的数值计算模型边界条件反演。在计算模型边界条件反演分析时，可采用映射网络＋数值计算方法，或者优化方法＋数值计算方法等反演方法。

（5）初始地应力场的正算模拟分析。将边界条件代入计算模型中进行正算，根据 3 个约束条件判断正算结果的合理性，如果合理，停止计算；如果不合理，返回第（4）步，重新设置边界条件范围，直到获得合理的初始应力场。最后，在获得的合理初始应力场的基础上，分析工程区的地应力场空间分布规律以及工程开挖形成的二次应力扰动规律。

这种地应力场分析方法是一种递进反馈式信息融合的闭环分析方法，具有典型的"地应力场基础数据挖掘与信息甄别—地应力反演与特征信息识别—地应力决策信息反馈"三个层次，是针对地应力场影响因素较多、地质条件复杂以及现场测试结果具有一定的离散性等问题，提出的一种新的解决方法，对于复杂地质条件下大型地下厂房地应力场反演合理性和地下厂房布置提供了一种行之有效的研究思路，可为大型地下厂房动态优化设计和信息化施工提供支撑和依据。

2.4.2.2 不连续分区地应力场回归方法

传统的区域初始地应力场反演回归分析的基本思想为：①根据已知地质地形勘测试验资料，建立三维计算模型；②把可能形成初始地应力场的因素（自重、构造运动和温度等）作为待定因素，对每一种待定因素用数值计算获得已知点位置的应力值，然后在每一种待定因素计算的应力值与已知点实测地应力值之间建立多元回归方程；③用统计分析方法（最小二乘法），根据残差平方和最小的原则求得回归方程中各自变量（待定因素）系数的最优解，同时在求解过程中可对各待定因素进行筛选，贡献显著的引进，不显著的剔除，从而获得区域初始地应力场分布规律。

通常情况下，生成初始地应力场需要在各个计算边界上先施加单位边界条件，如单位位移或单位力。在垂直方向为自重作用；4 个侧面边界上，2 个相互垂直的面可以设为位移约束，如果不考虑水平方向的扭转，另外 2 个相对的侧面则各有一个法向边界条件和一个剪切边界条件，这样共有 5 个影响初始地应力的因素的回归系数 b_i 需要确定。设单项因素产生的应力场为 $\boldsymbol{\sigma}_i(i=1,2,\cdots,5)$，则可以写出如下的回归方程：

$$\hat{\boldsymbol{\sigma}} = \sum_{i=1}^{5} b_i \boldsymbol{\sigma}_i = \boldsymbol{b} \cdot \{\boldsymbol{\sigma}_i\} \tag{2.4-5}$$

式中：$\boldsymbol{b}$ 为回归系数向量，$\boldsymbol{b}=\{b_1,b_2,\cdots,b_5\}$；$i=1,2,\cdots,5$，表示 5 种因素。

在地应力实测点处有：

$$\sigma_{i测}^{\mathrm{T}} = b_j (\sigma_i)_j^{\mathrm{T}} \tag{2.4-6}$$

联立式（2.4-5）和式（2.4-6）即可求得回归系数向量 $\boldsymbol{b}$，将回归系数分别带回到各项因素中，同时施加边界条件，即可生成初始应力场。

对于连续的岩土介质模型，采用上述传统地应力回归方法可以得到足够的精度；但是如果有大型地质构造的存在（如断层等构造带），将使地下厂房区域受到切割，地应力在构造带部位发生释放、突变、不连续，初始地应力分布规律极为复杂，传统方法显得力不从心。

图 2.4-6 右岸地形及断层示意图

锦屏一级地下厂房区域属于高—极高地应力区，由于规模较大的 f_{13}、f_{14}、f_{18} 3 条断层斜切地下厂房洞室群（见图 2.4-6），造成初始地应力分布规律极为复杂，每个边界平面也被断层分割为个数不等的几个区域，造成断层处地应力不连续，因而需要采用分区边界条件生成应力场，式（2.4-5）就变为

$$\hat{\boldsymbol{\sigma}} = \sum_{i=1}^{5} \left(\sum_{j=1}^{k_i} b_j^i \boldsymbol{\sigma}_j^i \right) = \boldsymbol{b} \cdot \{\boldsymbol{\sigma}_m\} \tag{2.4-7}$$

式中：k_i 为每个边界面上的分区数，$k_i = k_1, k_2 \cdots, k_5$；$\boldsymbol{b}$ 为回归系数向量，$\boldsymbol{b} = (b_{11}, b_{12}, \cdots, b_{1k_1}, b_{21}, b_{22}, \cdots, b_{2k_2}, \cdots, b_{51}, b_{52}, \cdots, b_{5k_5})$；$m = 1, 2, \cdots, \sum_{i=1}^{5} k_i$。

虽然最后的求解方法相同，但边界条件分区更能反映断层的存在对应力场的影响。采用不连续分区地应力场的回归模型，更能适应复杂地质条件下的地应力场回归。

2.4.3 地应力场分布规律及特征分析

2.4.3.1 基于多目标优化初始地应力场反演分析方法的成果分析

1. 地应力场分析模型

锦屏一级地下洞室群地应力反演分析的河谷下切模型如图 2.4-7 所示。地下厂房主体洞室与 f_{13}、f_{14} 和 f_{18} 三大断层以及煌斑岩脉（X）复杂的空间交切位置关系如图 2.4-8 所示。

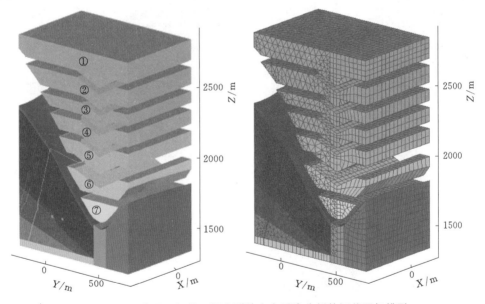

图 2.4-7　锦屏一级地下洞室群地应力反演分析的河谷下切模型

2. 地应力场分析成果

采用上述考虑河谷演化规律的非线性初始地应力场模拟分析方法，对锦屏一级地下厂房区域地应力进行反演分析，获得了厂房区域应力场分布规律，如图 2.4-9 所示。厂房区域典型地应力测点反演结果与实测结果的对比如图 2.4-10 所示。由这些结果可见，由反演获得的测点地应力结果，无论是正应力还是剪应力均与实测地应力吻合较好，且两者的正负符号完全一致，正应力之间的比值关系基本相同。

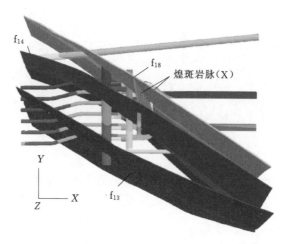

图 2.4-8　地下厂房主体洞室与断层交切关系图

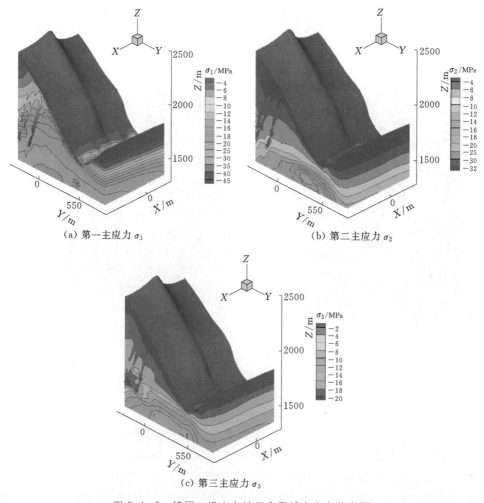

图 2.4-9　锦屏一级水电站厂房区域主应力分布图

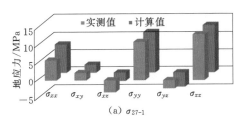
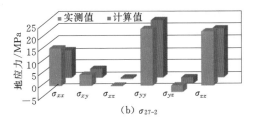

图 2.4-10　厂房区域典型地应力测点反演结果与实测结果的对比图

3. 地应力场分布特征

通过对锦屏一级水电站厂址工程区域进行非线性地应力反演分析，在构造应力和自重应力相互叠加构成的以水平应力为主的初始应力场基础上，通过再现雅砻江的侵蚀下切及下切以后浅部岩体的卸载作用过程，获得了地下厂房工程区域的初始地应力场。高山峡谷工程区域地应力场的总体特征为：总体上，高山峡谷工程区域的地应力场分布受河谷演化和断层及煌斑岩脉（X）的双重影响，宏观上存在 5 个分区，即岸坡浅表层的应力卸载区、河谷底部的应力集中区、岩体深部的原岩应力区、应力卸载区与原岩应力区之间的应力过渡区以及受断层等结构面影响的断层应力影响区，如图 2.4-11 所示。

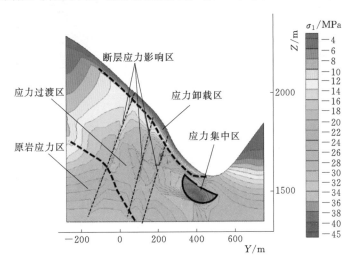

图 2.4-11　枢纽区右岸地应力场应力分区图

（1）地应力场的应力矢量特征。图 2.4-12 给出了 3 个机组中心线横剖面上的应力矢量图，图中 σ_1 代表最大主应力方向（蓝色线），σ_3 代表最小主应力方向（红色线）。可以看出，XZ 平面内的最大主应力在 1 号机组部位为近竖直方向，到 6 号机组段逐步向上游方向发生偏转，且倾向河谷方向。这基本反映了河谷地应力场的特征；距河谷越近，水平构造作用越显著，主应力的方向基本上受其控制。而越往山体内部，随着埋深的增加，山体自重作用逐步成为主导性因素，最大主应力方向基本上近垂直。另外，在断层附近的应力场发生了局部分异，断层部位的应力在河谷形成过程中，由于断层部位的岩体较弱，存在卸载松弛现象，应力矢量方位在这一过程中发生了改变，与周围岩体相比表现出明显的不同，也就是说，锦屏一级地下厂房区域的地应力场还受地质构造的显著影响，显示了该工程区域地应力场的复杂性。平面内第一主应力倾向山外侧，断层部位应力矢量有所偏转；平面内第一主应力方向与厂房轴线呈小角度相交且偏向下游侧。

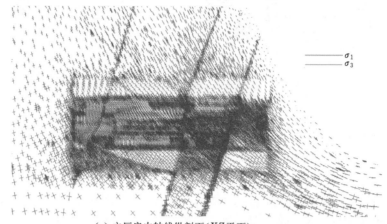

（a）主厂房中轴线纵剖面（XZ平面）

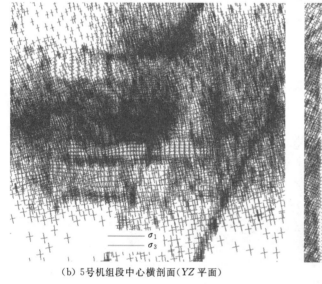

（b）5号机组段中心横剖面（YZ平面）

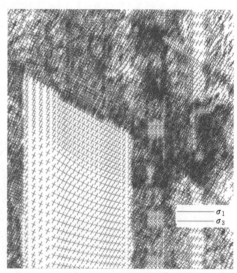

（c）高程1650.00m平面（XY平切面）

图 2.4 - 12　工程区域回归地应力矢量特征

（2）地应力场的应力量值特征。从地下厂房洞室纵剖面主应力分布图（图 2.4 - 13）中可以发现，河谷区域应力集中，主应力偏大，水平构造应力成为主控因素，显示出河谷地应力场的分布特征；而偏向山体内部，应力的主控因素由构造应力逐步被山体自重所取代，应力集中现象逐步减弱，呈现自重应力场特征，由此也使得厂房两端的应力梯度变化较大。另外，由于断层和煌斑岩脉（X）等构造结构的存在，附近较为完整岩体中的应力量值变化剧烈，存在较为显著的应力松弛和集中区域。所以，整体上来看，锦屏一级地下厂房洞室群处于应力过渡带上，局部受断层及煌斑岩脉（X）等地质构造影响显著，空间分布不均匀且变异较大，表明了厂区初始地应力场的复杂性。

洞室群区域初始地应力量值范围：主厂房区域最大主应力的量值为 $-19\sim-31$ MPa，

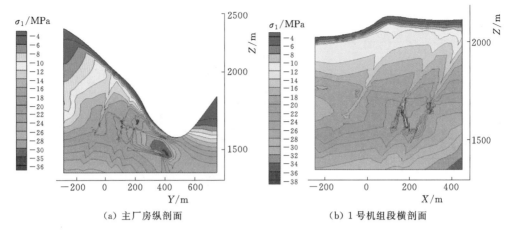

（a）主厂房纵剖面　　　　　　　　　　（b）1号机组段横剖面

图 2.4-13　地下厂房洞室纵剖面主应力分布图

中间主应力的量值为－11～－19MPa，最小主应力的量值为－5～－12MPa；主变室区域最大主应力的量值为－22～－30MPa，中间主应力的量值为0～－17MPa，最小主应力的量值为－5～－10MPa；尾调室区域最大主应力的量值为－20～－30MPa，中间主应力的量值为－10～－16MPa，最小主应力的量值为－5～－10MPa。

　　综合上述洞室群初始地应力场的分布特征，锦屏一级地下厂房区域地应力量值较高，受河谷演化、陡峭山体地形以及局部地质构造等影响，地应力分布不均，应力梯度变化较大，洞室群所在区域处于高地应力的赋存环境中。

2.4.3.2　基于不连续分区地应力场回归方法的成果分析

　　采用不连续分区地应力场回归方法来分析锦屏一级地下厂区的初始地应场，地应力测点的地应力回归值与实测值对比表见表 2.4-2，地应力回归值与实测值的复相关系数达到 $R=0.86$，表明地应力回归的精度较高。

表 2.4-2　　　　　　　　　　　　　　地应力回归值与实测值对比表

测点	量测	主应力								
		σ_1	σ_2	σ_3	σ_{xx}	σ_{yy}	σ_{zz}	σ_{xy}	σ_{xz}	σ_{yz}
σ_{ps_2-1}	实测	－18.2	－7.41	－3.65	－5.22	－8.91	－15.12	－1.65	4.2	3.42
	计算	－23.19	－12.3	－10.75	－12.2	－14.1	－20	0.31	0.37	5.39
σ_{ps_2-2}	实测	－30.39	－18.47	－9.43	－9.82	－27.56	－20.91	－0.58	2.1	5.05
	计算	－21.04	－11.31	－3.3	－11.4	－16.2	－8.13	0.61	－1.62	7.73
σ_{01-1}	实测	－35.7	－25.6	－22.2	－24.95	－31.95	－26.6	－3.66	0.08	4.74
	计算	－24.29	－13.15	－11.59	－13.2	－15.8	－20.1	－0.16	0.5	5.94
σ_{27-1}	实测	－16.13	－9.45	－4.14	－5.73	－10.95	－13.04	－2.19	3.43	2.32
	计算	－25.76	－15.49	－13.77	－14	－17.2	－23.8	0.43	0.53	4.13
σ_{27-2}	实测	－27.11	－21.2	－13.39	－15.64	－23.59	－22.47	－4.65	0.18	2.68
	计算	－16.28	－8.86	－7.82	－9.12	－8.51	－15.3	0.68	－1.39	2.16
σ_{27-4}	实测	－17.43	－7.35	－5.62	－7.87	－9.17	－13.37	－2.76	2.73	4.17
	计算	－21.83	－11.73	－2.36	－11.6	－15.9	－8.45	－0.96	－0.64	8.93

续表

测点	量测	主应力								
		σ_1	σ_2	σ_3	σ_{xx}	σ_{yy}	σ_{zz}	σ_{xy}	σ_{xz}	σ_{yz}
σ_{27-5}	实测	−23.21	−17.67	−10.59	−14.98	−16.78	−19.71	−4.85	0.45	3.26
	计算	−25.83	−12.6	−5.71	−12.6	−17.8	−13.8	0.04	−0.87	9.81
σ_{27-47}	实测	−21.98	−9.4	−6.01	−7.58	−14.14	−15.67	−2.54	0.34	6.76
	计算	−24.58	−15.08	−11.67	−12.9	−15.5	−22.9	1.24	1.23	3.8
σ_{47-1}	实测	−21.27	−9.47	−6.05	−10.87	−13.59	−12.34	−6.01	3.34	3.82
	计算	−29.57	−11.93	−7.86	−11.9	−20.2	−17.3	−0.12	0.06	10.8
σ_{47-2}	实测	−25.32	−17.96	−11.34	−13.81	−22.97	−17.84	−5.17	0.72	−0.76
	计算	−24.9	−17.2	−12.3	−12.4	−18.6	−23.4	0.46	0.52	3.05
σ_{45-1}	实测	−24.49	−10.99	−5.91	−7.71	−21.15	−12.53	−5.21	1.66	3.99
	计算	−21.5	−12.74	−12.13	−12.8	−14.8	−18.8	−0.31	0.48	4.23
σ_{25-1}	实测	−18.44	−12.7	−5.8	−10.44	−15.38	−11.12	−4.9	−2.23	1.97
	计算	−12.52	−8.73	−4.52	−8.69	−5.49	−11.6	0.45	0.04	2.55

注　表中应力单位为 MPa，拉应力为正，压应力为负。

回归得到的初始地应力的分布范围大致如下：

主机间：σ_1 的变化范围为 −12.5 ~ −25.8MPa，σ_3 的变化范围为 −2.4 ~ −13.8MPa。

主变室：σ_1 的变化范围为 −21.0 ~ −24.6MPa，σ_3 的变化范围为 −3.3 ~ −11.7MPa。

调压室：σ_1 的变化范围为 −24.9 ~ −29.6MPa，σ_3 的变化范围为 −7.9 ~ −12.3MPa。

图 2.4-14 和图 2.4-15 分别是 2 号机组中心断面大主应力和小主应力图，是初始地应力场反演得到的典型成果，可看到该方法较好地反映了断层破碎带对厂区初始地应力场的影响，符合客观实际。

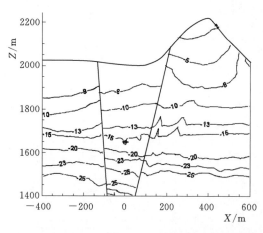
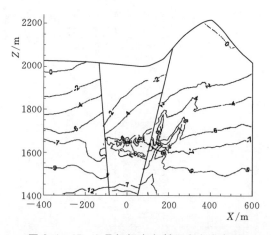

图 2.4-14　2 号机组中心断面大主应力图　　图 2.4-15　2 号机组中心断面小主应力图

第 3 章

大理岩破裂及时效力学特性试验研究

锦屏一级地下厂房洞室群地应力高，围岩强度较低，地质条件复杂。洞室群开挖后，围岩卸载时效力学响应机制复杂，卸载范围大，变形量大，与大理岩高应力条件下的卸载机制、破裂特性和时效力学特性密切相关。本章采用相关三轴试验设备和声波测试等手段，对地下厂房区域的大理岩卸载力学特性、开挖卸载围岩劣化过程与力学参数的动态演化规律、洞室群岩体时效变形，以及围岩力学特性进行了综合分析与探讨，深刻认识了锦屏大理岩破裂及时效力学特性，为围岩稳定控制奠定了坚实基础。

3.1 大理岩破裂力学特性试验研究

3.1.1 不同应力路径下大理岩破坏特征试验研究

室内岩石力学试验在长江科学院水利部岩土力学与工程重点实验室的 MTS 岩石力学试验系统上完成。试验过程全部由计算机程序控制，试验过程中的应力路径控制和数据采集非常方便。试验所用的岩样主要取自主厂房的大理岩。岩样加工成圆柱形，尺寸为 $\phi 50\text{mm} \times 100\text{mm}$，试件的加工精度包括平行度、平直度和垂直度均控制在《水利水电工程岩石试验规程》（SL 264—2016）规定范围之内。岩石力学试验设备如图 3.1-1 所示，试验所用的大理岩岩样如图 3.1-2 所示。

图 3.1-1 岩石力学试验设备　　　　图 3.1-2 试验所用的大理岩岩样

3.1.1.1 加卸载应力路径下大理岩的力学特征

大理岩加卸载试验时应力应变关系曲线如图 3.1-3 所示，不同应力路径下大理岩峰值应变与围压的关系（峰值时）如图 3.1-4 所示。

1. 变形特征

在加载试验中，在没有侧向约束时，也即单轴应力状态下，锦屏一级地下厂房大理岩表现为脆性行为，峰前轴向延性行为不明显，峰后随着轴向应力迅速下降，轴向变形没有明显延展，岩石的承载能力降低到残余状态，在这一过程中峰后的侧向变形以及峰后的体积变形均显著地增加，侧向应变是轴向应变的 3 倍以上。在施加侧向约束后，随着围压的增加，大理岩的脆性减弱而延性增强，峰前的非线性现象愈加显著，岩石峰后的承载能力也逐步增加，侧向应变与轴向应变的比值在减小，到围压 40MPa 时，峰值附近应变曲线

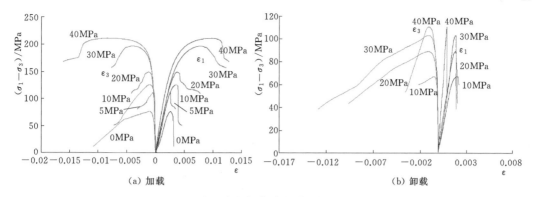

图 3.1-3　大理岩加卸载试验时应力应变关系曲线

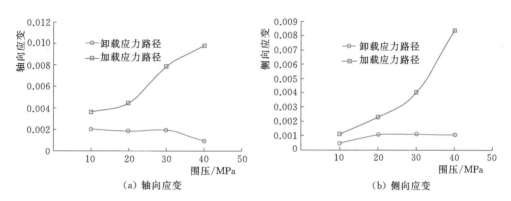

图 3.1-4　不同应力路径下大理岩峰值应变与围压的关系（峰值时）

接近水平，近似于理想弹塑性，具有显著的延性行为。

在卸载试验时，为模拟洞周开挖卸载效应，试验中采用了保轴压卸围压的试验方案。在相同卸载速率的条件下，初始围压越大，卸载变形破坏过程中将产生越大的变形，特别是侧向卸载膨胀变形增大更为明显，而轴向压缩变形增大相对较小，扩容现象更为明显，表明初始围压越大，岩石卸载变形破坏过程积聚和释放的能量也相应越大。在相同初始围压条件下，卸载速率越快，岩石变形破坏的变形量相对越小，表明卸载速率越快，岩石破坏需要达到的极限变形量越小，脆性变形开裂越明显。初始围压越大，开挖卸载速率越慢，岩石卸载变形破坏过程产生的变形量越大，特别是侧向变形。该规律意味着锦屏一级大理岩的变形特征与卸载速率关系密切。另外，卸载条件下岩石的变形破坏是由于卸载诱导应力差增大所致，这可以从应力应变关系曲线的峰后侧向变形剧烈增加得以证明，沿平行于最大压应力方向拉裂后，侧向卸载致使拉裂缝迅速张拉扩展。对比加载和卸载两种应力路径，卸载过程中岩石的峰后轴向变形没有明显的延性变形迹象，而在加载应力路径下峰后具有相对较大的延性变形。

从上述试验规律来看，对于地下洞室而言，可以获得以下一些启示：

（1）在相同开挖卸载速率的条件下，初始地应力越大，相同洞径地下洞室开挖卸载后围岩变形量越大，围岩卸载孕灾过程中积聚的能量越大，释放的能量也相应越大，围岩的变形破坏越剧烈。

（2）在相同初始地应力条件下，开挖卸载速率越快，脆性开裂越明显；开挖卸载速率越慢，围岩脆性越弱。

2. 峰值强度及扩容特征

此次试验获得的大理岩岩样的单轴抗压强度为 $40\sim106\text{MPa}$，均值约 65.7MPa。

莫尔-库仑（Mohr - Coulomb）强度准则中 σ_1 与 σ_3 是线性关系，因此，通过回归出峰值及残余状态下 $\sigma_1 - \sigma_3$ 的线性关系式，就可以求出岩样的抗剪强度参数。莫尔-库仑强度准则线性表达式为

$$\sigma_1 = k\sigma_3 + b, k = \frac{1+\sin\varphi}{1-\sin\varphi}, b = \frac{2c\cos\varphi}{1-\sin\varphi} \tag{3.1-1}$$

从图 3.1-5 中可知，相同破坏围压加载应力路径下大理岩的破坏强度明显要高些，如围压卸载到约 5MPa 时，破坏强度为 93.2MPa，而 5MPa 围压加载应力路径下的破坏强度约 115MPa。另外，条纹状大理岩在加载应力路径下黏聚力约 19.7MPa，内摩擦角约 $40.4°$；在卸载应力路径下黏聚力约 13.2MPa，内摩擦角约 $47.6°$。相对于加载应力路径，卸载应力路径下黏聚力下降了 33%，内摩擦角上升了 18%。

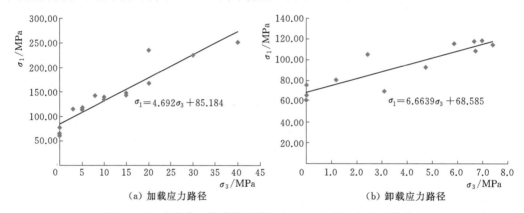

图 3.1-5 条纹状大理岩峰值破坏点 $\sigma_1 - \sigma_3$ 散点图及线性拟合

与扩容相关的特征应力：在大理岩变形破裂全过程中，经历了岩石内部裂纹起裂以及裂纹失稳扩展等过程，并对应着岩石的起始扩容以及损伤扩容等变形破裂信息，相应有扩容裂纹起裂应力 σ_{ci} 和扩容损伤应力 σ_{cd} 两个特征应力临界值，对解译和分析现场岩石变形破裂现象及其机制具有重要意义。根据大理岩单轴压缩试验，确定了裂纹闭合应力 σ_{cc}、扩容裂纹起裂应力 σ_{ci} 和扩容损伤应力 σ_{cd}，如图 3.1-6 所示，获得大理岩的扩容裂纹起裂应力 σ_{ci} 约为单轴抗压强度的 55%，扩容损伤应力 σ_{cd} 约为单轴抗压强度的 85%。

在扩容损伤应力达到 σ_{cd} 之前，体积应变 ε_v 表现为剪缩，此时，岩石试样的裂纹体积应变 ε_v^c 十分微小，而在扩容损伤应力达到 σ_{cd} 之后，体积应变 ε_v 向剪胀发展，裂纹体积应变 ε_v^c 迅速扩大，表明试样中裂纹大量发展，直至破坏。

3. 残余强度特征

通过对锦屏一级地下厂区岩石全过程应力应变关系的研究，发现峰值抗压强度 σ_c 和残余强度 σ_c' 均与围压存在较好的线性相关关系，可以表达为

$$\sigma_c = \sigma_{c0} + k_1 P \tag{3.1-2}$$

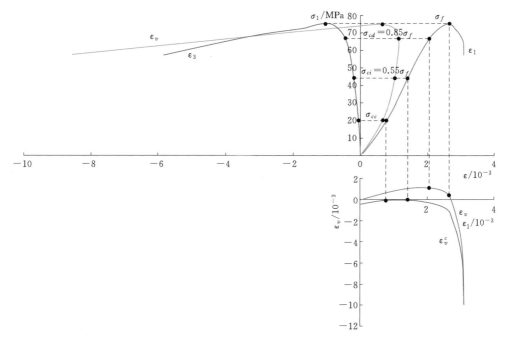

图 3.1-6　大理岩单轴压缩试验应力应变成果

$$\sigma'_c = \sigma'_{c0} + k_2 P \tag{3.1-3}$$

式中：P 为围压，一般取为小主应力 σ_3；σ_{c0} 为单轴抗压强度；σ'_{c0} 为单轴残余强度；k_1、k_2 可以通过试验拟合得到。

大理岩三轴压缩试验研究的成果较多。本节选取锦屏盐塘组大理岩和白山组大理岩的相关成果进行分析。

（1）锦屏盐塘组大理岩。锦屏盐塘组大理岩三轴应力应变全过程曲线特征参数见表 3.1-1，围压范围为 0~24.2MPa；锦屏盐塘组大理岩常规三轴试验应力应变全过程曲线如图 3.1-7 所示。

表 3.1-1　　　　锦屏盐塘组大理岩三轴应力应变全过程曲线特征参数

σ_3 /MPa	$(\sigma_1-\sigma_3)_c$ /MPa	σ_c /MPa	$(\sigma_1-\sigma_3)'_c$ /MPa	σ'_c /MPa	ε_c /10^{-2}	ε_m /10^{-2}	E /GPa
5.900	115.639	121.539	43.995	49.895	0.499	1.380	20.717
9.900	142.704	152.604	69.209	79.109	0.630	1.510	26.394
17.300	188.238	205.538	84.576	101.876	0.753	1.620	30.518
21.300	215.931	237.231	107.316	128.616	0.821	1.800	31.952
24.200	236.243	260.443	118.980	143.180	0.841	1.940	32.490

注　ε_c 为峰值应力对应的应变，ε_m 为极限应变。

锦屏盐塘组大理岩的强度分析如图 3.1-8 所示，其弹性峰值应力随着围压的增大而增大，两者呈正相关线性关系。岩样的残余强度随围压的增大而增大，两者也呈显著的正相关线性关系。对于锦屏盐塘组大理岩而言，$\sigma_c = 7.528\sigma_3 + 77.136$，相关系数 $R^2 = 1.000$；$\sigma'_c = 4.844\sigma_3 + 24.389$，相关系数 $R^2 = 0.983$。

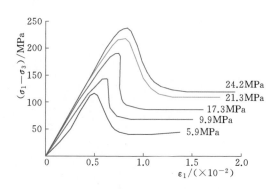

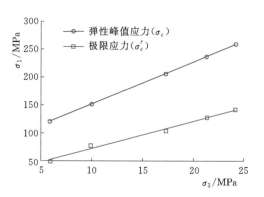

图 3.1-7 锦屏盐塘组大理岩常规三轴
试验应力应变全过程曲线

图 3.1-8 锦屏盐塘组大理岩的强度分析

（2）锦屏白山组大理岩。锦屏白山组大理岩三轴应力应变全过程曲线特征参数见表 3.1-2，围压范围为 0～50MPa；锦屏白山组大理岩常规三轴试验应力应变全过程曲线如图 3.1-9 所示。

表 3.1-2　　　　　锦屏白山组大理岩三轴应力应变全过程曲线特征参数

σ_3 /MPa	$(\sigma_1-\sigma_3)_c$ /MPa	σ_c /MPa	$(\sigma_1-\sigma_3)'_c$ /MPa	σ'_c /MPa	ε_c /10^{-2}	ε_m /10^{-2}	E /GPa
2.000	140.576	142.576	36.911	38.911	0.388	0.993	41.992
10.000	165.707	175.707	77.749	87.749	0.599	1.723	29.721
15.000	179.843	194.843	98.953	113.953	0.638	1.522	38.167
30.000	216.754	246.754	171.990	201.990	0.862	2.312	57.291
40.000	237.958	277.958	212.042	252.042	1.191	3.425	49.163
50.000	259.162	309.162	232.461	282.461	1.329		48.207

锦屏白山组大理岩的强度分析如图 3.1-10 所示，其弹性峰值应力随着围压的增大而增大，两者呈正相关线性关系。岩样的残余强度随围压的增加幅度比弹性峰值应力要大，两者也呈显著的正相关线性关系。对于锦屏白山组大理岩而言，$\sigma_c = 3.440\sigma_3 + 140.22$，相关系数 $R^2 = 0.998$；$\sigma'_c = 5.204\sigma_3 + 35.353$，相关系数 $R^2 = 0.992$。

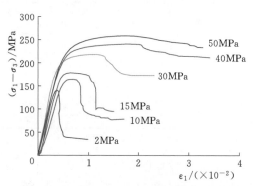

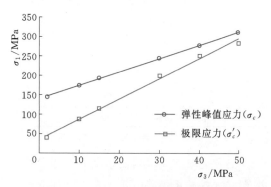

图 3.1-9 锦屏白山组大理岩常规三轴试验
应力应变全过程曲线

图 3.1-10 锦屏白山组大理岩的强度分析

　　（3）大理岩残余强度规律。综上所述，随着围压的增加，岩石的弹性峰值应力、残余强度均逐渐增大。随着围压的增大，应力应变关系曲线峰后段从应变软化转化为理想塑性，继而转化为应变硬化特性，岩石从脆性转变为延性。转化围压为峰值强度趋势线和残余强度趋势线的交点所对应的围压。锦屏白山组大理岩的脆—延转化围压超过了 50MPa；由于锦屏盐塘组大理岩试验的最大围压值仅为 24.2MPa，因而未得到脆—延转化点。岩样的残余强度通常对围压更为敏感，其随围压的增加幅度比弹性峰值应力要大，两者也呈显著的正相关线性关系。

3.1.1.2　大理岩变形破裂过程中的声波波速演化规律

　　分析不同应力路径下大理岩试验全过程波速时程测试结果（见图 3.1 - 11 和图 3.1 - 12），可以得出如下结论：

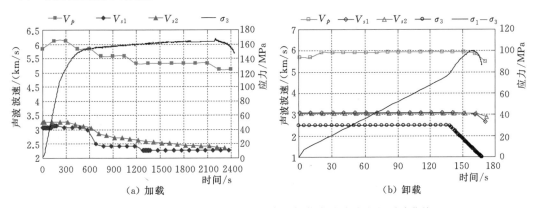

（a）加载　　　　　　　　　　　　　　（b）卸载

图 3.1 - 11　围压 30MPa 时大理岩加卸载声波波速全程测试曲线

　　（1）卸载条件下岩石的波速一般在峰值点过后迅速减小，而且这一规律随初始围压的减小和卸载速率的增大变得更为明显。初始围压越小、卸载速率越大，卸载过程中波速在峰前的减小变化越小，而在峰值点过后急剧下降。这说明卸载条件下岩石是在峰值点附近迅速破裂的，而峰前的损伤变形相对较小，表明了卸载条件下岩石的变形破坏具有较强的脆性及瞬间特征。

　　（2）相对较高围压下的常规三轴压缩试验，岩石在损坏前经历一个相对较大的塑性变形损伤过程，在这一过程中岩石并没有完

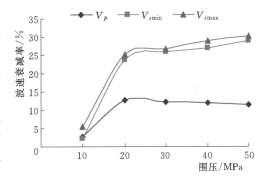

图 3.1 - 12　常围压下加载试验中峰值点波速
衰减率随围压变化曲线

全破坏，但波速随着塑性变形的增大衰减非常明显，而且随着围压的增大这一波速衰减过程变长，因此加载条件下岩石的损伤破坏是一个逐渐损伤累积破坏过程，具有很强的塑性变形特征。卸载条件下破坏前岩体损伤相对较小，在峰后迅速发生大的侧向卸载变形而致使岩石拉裂或者压致拉裂。

　　（3）相对加载条件下岩石的破坏，卸载条件下岩石破坏后的波速衰减量明显较常规加载条

件下要小得多，特别是轴向方向的纵波波速。说明卸载条件下岩石的微观损伤裂缝相对加载条件下要少些，岩石的破裂产生明显的宏观张拉裂缝，但破裂岩块本身的损伤却相对较小。

（4）从波速的衰减度来分析，由于波速沿平行于裂隙面方向的衰减相对较弱，而垂直于裂隙面方向传播时衰减相对较快，因此卸载条件下岩石的变形破坏具有明显的各向异性，破裂面方向与轴向加载方向夹角较小而与卸载方向夹角很大，呈现明显的张拉破坏或者压致拉裂破坏。

大理岩加载试验结果显示：加载条件下波速的衰减度明显较卸载条件下要大些，特别是纵波波速 V_p；两个方向剪切波速差别相对较小，说明加载条件下岩石的横向扩容破坏具有明显的均匀或一致性；在围压小于 20MPa 时，波速衰减度随围压的增大明显增大，但超过 20MPa 后变化相对较小，V_p 甚至出现缓慢减小的趋势。

3.1.2　大理岩宏细观变形破坏特征与模式

3.1.2.1　大理岩加卸载宏观变形破坏模式

对比分析大理岩卸载破坏模式（见图 3.1-13 和图 3.1-14）可以发现：

（1）卸载条件下岩石的变形破坏明显呈现张拉、张剪或剪张性破坏特征，也就是说卸载条件下岩石的破裂面具有较强的张性特征；卸载条件下岩石的张性破坏特征随卸载速率的增大而愈发明显，相同初始围压下，随卸载速率的减小，岩样的破裂面由张拉破裂过渡到

初始围压 20MPa　　　　　初始围压 30MPa　　　　　初始围压 40MPa

图 3.1-13　灰白色粗晶大理岩卸载破坏模式

初始围压 10MPa　　　　　初始围压 20MPa　　　　　初始围压 40MPa

图 3.1-14　条纹状大理岩卸载破坏模式

张剪破裂，再到剪张破裂，也就是说随卸载速率的减小，岩石破裂面的剪切特性逐渐增强，随着卸载速率的减小，主破裂面周边产生压致拉裂或剪切微裂缝。卸载条件下岩石的张性破裂特征并不是随卸载初始围压的增大而增强，而是在初始围压为20MPa和30MPa时张性破裂特征明显较40MPa时要强。但是围压越高破坏岩样微裂缝越发育。表明相对较高围压下卸载岩石卸载破坏前会经历一个压剪损伤过程，这一过程将产生一定的损伤塑性变形，致使卸载破坏岩样的张性破裂特征反而相对较弱。

（2）如图3.1-15（加载应力路径下大理岩破坏模式）所示，在加载条件下，围压在10MPa以内时，大理岩主要表现为脆性破坏，以张拉破坏模式为主；随着围压的增加，大理岩剪切破坏非常明显，具有明显的剪切破裂面，而且破裂面周边肉眼能看到的微裂缝相当少，主破裂角随围压的增大而减小。在围压超过40MPa时岩石出现明显塑性流动，应力应变关系曲线呈现近理想的弹塑性特征。在卸载应力路径下，当初始围压不大于20MPa时，其破坏模式与加载条件下岩石的破坏特征明显不同，如条纹状大理岩在初始围压为20MPa时，卸载应力路径下大理岩变形破坏模式以张拉破坏为主，而加载应力路径下大理岩变形破坏模式以压剪破坏为主。

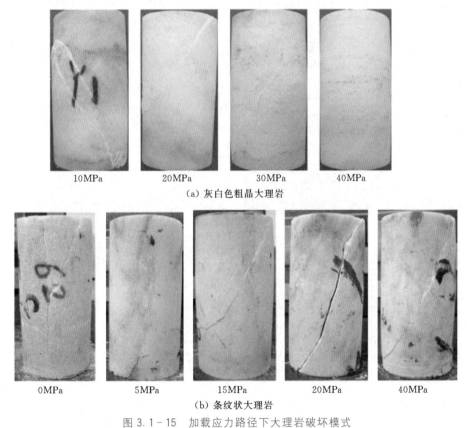

图 3.1-15　加载应力路径下大理岩破坏模式

3.1.2.2　岩石加卸载破坏机理的微观 SEM 研究

　　岩石破裂机制是岩石力学研究中的重要组成部分。通常认为，岩石在破裂过程中，微裂纹随着时间的扩展导致岩石的变形。为了明确不同应力状态下的岩石破裂机制，对三轴加卸载破裂后的岩样断口进行了电镜扫描试验。通过破裂岩样断口的微细观分析，研究材料内部微缺陷损伤与形貌的关系，从微细观角度来揭示岩石三轴破裂机制，建立微细观破坏机制与宏观损伤机制分析的桥梁。

为了揭示砂岩在加载及卸载条件下细观破坏过程及破坏机制，分别选用加载及卸载后的砂岩的破坏断口进行 SEM 扫描分析。扫描在中国地质大学地质过程与矿产资源国家重点实验室进行，测试设备为 FEI 公司生产的 Quanta200 型环境扫描电子显微镜（见图 3.1 - 16）。各选取加载、卸载条件下大理岩的破裂断面 2 组，共计进行 4 组破坏断面

图 3.1 - 16　Quanta200 型环境扫描电子显微镜

的电镜扫描图，如图 3.1 - 17 和图 3.1 - 18 所示。

图 3.1 - 17　大理岩加载破坏断口不同倍数下的电镜扫描图

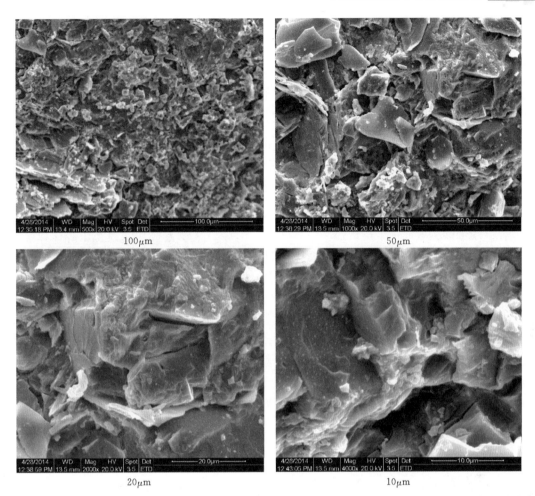

图 3.1-18 大理岩卸载破坏断口不同倍数下的电镜扫描图

由这些典型的断口微细观形貌特征不难发现，岩石破坏实质是由于材料结构的缺陷及非均质性和微裂隙长期损伤累积破坏综合作用的结果。通过对大理岩破坏断口进行仔细观察发现，大理岩损伤破坏实质是由于在外荷载作用下材料内部的矿物晶粒滑移运动和矿物晶体的解理位移所导致的。试验前岩样的胶结形式为接触胶结，即矿物晶粒间的孔隙中无任何胶结物，只在晶粒间接触处有钙质胶结物。矿物晶粒上存在有解理，而且晶粒间有挤压性状物，这表明岩石在漫长的地质历史过程中已经受到了初始损伤，存在着不同尺度的孔洞、节理、裂隙以及位错等微缺陷。这种初始损伤意味着岩石在荷载作用下，晶粒及解理间极易产生滑移，以便保持新的平衡。加载初期大理岩的变形模量有所增加，是因为大理岩晶粒间的微孔隙在外荷载作用下被压实，使得晶粒承载面积有一定增加。但因为荷载不大，只有少数相邻晶粒间界面发生错动形成微裂纹。微裂纹稳定扩展的阶段，在外荷载作用下，先前产生的裂纹面受剪切和压缩共同作用，使相邻晶粒界面上相互嵌结的部分破碎、变细，裂纹面发生滑移、自相似扩展，更多裂纹萌生，裂纹长度、面积增加。此时裂纹面仍是闭合状态，绕晶面扩展，故试样的刚度改变不大。裂纹扩展的不稳定阶段，由于一些较大裂纹开始汇聚形成主裂纹，并随荷载的增加，裂纹尖端发生弯折扩展，裂纹面张开导致接触面变小，使岩石刚度减小，同时形成的穿晶裂纹面也导致晶粒的强度降低。当试样进入软化阶段时，主裂纹基本沿剪切面快速滑移，主裂纹不断变粗，周围的部分微裂纹则闭合、消失，当主裂纹贯穿试样时，发生破坏。因而卸载条件下大理岩的破裂机制也存在着差异。卸载破裂断口出现了较多的扩展裂纹，岩样破裂断口表现更多的是裂隙面之间的摩擦滑移，这从某种程度上也表明，卸载条件下大理岩试样易产生拉剪破坏。

3.1.2.3　岩石加卸载破裂的 CT 扫描研究

1. 试验设备及分析依据

计算机断面 X -射线技术（Computerized tomography，CT）是对岩石内部损伤可视化分析研究切实可行的有效方法。自 1972 年由英国 EMI 公司工程师 G. N. Hounsfield 首先设计制成第一台医用 CT 扫描机以来，CT 在医学和材料损伤领域的应用研究日益扩大，尤其在医学诊断领域取得了巨大成功。1986 年，日本首先研制成功室内受压岩样弹性波 CT 机，并用该机对受压岩样内部裂隙发展过程进行了研究，成为岩石力学 CT 技术研究和应用的开端。CT 方法的最大优点在于能无损地检测出材料和结构的内部变化，同时具有较高的分辨能力。应用 CT 技术观测岩石内部结构变化和裂纹演化过程是试验岩

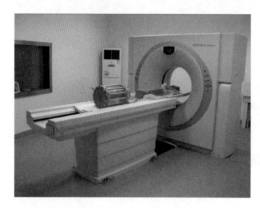

图 3.1-19　CT 试验装置

石力学的研究热点，作为一种无损检测技术，具有可以动态、定量和无损伤测量岩土材料在受力过程中内部结构变化过程的优点。截至 2020 年，国内外已有不少关于岩石在受力条件下损伤与破裂过程 CT 试验研究成果。

计算机断面 X -射线测试采用长江科学院水利部岩土力学与工程重点实验室的 Somatom CT 系统，德国西门子公司生产的 Sensation-40 型医用螺旋 CT 机，空间分辨率为 40 层，CT 试验装置如图 3.1-19 所示。

2. 锦屏大理岩 CT 试验结果分析

典型大理岩试样三轴加载破坏形式 CT 断面扫描图如图 3.1-20 所示，高应力条件下三轴加载破坏时岩体基本沿着一条剪切面破坏，从不同位置断面 CT 扫描图可以看出，卸载破裂面呈现相对平直的特征，断面上表现为一条直线。该试样的 CT 扫描断面能较为清楚地看出大理岩试样的层状构造特征。典型大理岩试样三轴加载破坏形式 CT 三维重构图如图 3.1-21 所示，大理岩试样破裂后的三维重构图上显示了两个空间的破裂曲面，该曲面为相对平滑的曲面，其中主破裂面与层理面的产状基本一致，表现为压剪破坏，次破裂面表现为局部剪切破裂。

典型大理岩试样三轴卸载破坏形式 CT 断面扫描图如图 3.1-22 所示，高围压卸载条件下岩体基本沿着两条剪切面破坏，从不同位置断面 CT 扫描图可以看出，卸载破裂面呈现出不平整、不光滑的特征，断面上表现为蜿蜒的曲线或是折线，而不是平滑的直线；断面上主裂纹附近产生了许多微小裂纹，表现为一定的张拉破裂特性。该试样的 CT 扫描断面能隐约地看出大理岩试样的层状构造特征。典型大理岩试样三轴卸载破坏形式 CT 三维重构图如图 3.1-23 所

示，大理岩试样三维重构图上存在较为明显的层状初始缺陷，这些是由于试样内部存在不均
一的层理构造或缺陷造成的，试样破裂后的三维重构图上显示了两个空间的破裂曲面，破裂
面呈现为相对平滑的曲面，且基本是试验初始层状缺陷在外荷载的作用下发生扩展与贯通而
形成的，试样卸载整体破裂主要表现为拉剪破坏，剪切破裂面与层理面的产状基本一致。

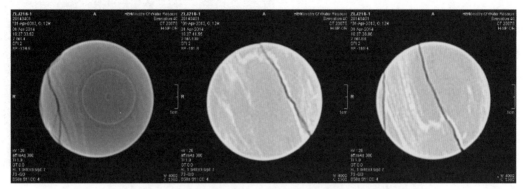

图 3.1-20　典型大理岩试样三轴加载破坏形式 CT 断面扫描图

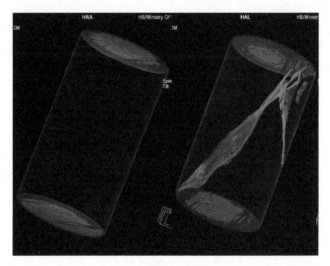

图 3.1-21　典型大理岩试样三轴加载破坏形式 CT 三维重构图

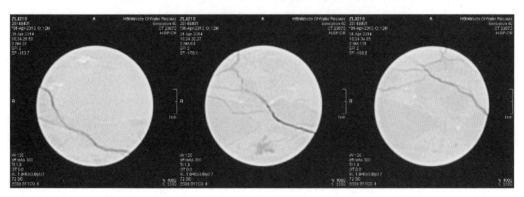

图 3.1-22　典型大理岩试样三轴卸载破坏形式 CT 断面扫描图

3.1.3 围岩开挖卸载扩容机制分析

锦屏一级水电站大理岩的单轴抗压强度为 60～75MPa，属于坚硬脆性岩体。大理岩的劈裂破坏、向卸载方向变形的显著增大与岩石的扩容现象密切相关，其本质是源于岩石内部微裂隙的形成、张开、扩展与结构演化导致的宏观破裂。在工程中，大理岩的扩容现象表现为围岩内部出现大量的新生劈裂缝、应力裂缝近平行于临空面、声波波速的陡然降低、围岩变形的不连续等。所以，卸载条件下厂房区大理岩的变形破裂过程演化机制可以表述为：由于卸载使得应力差增大，卸载初期，在轴向应力 σ_1 的压

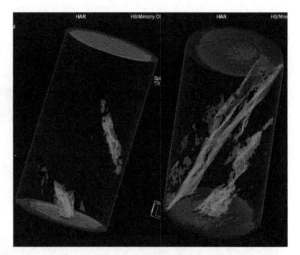

图 3.1-23　典型大理岩试样三轴卸载破坏
形式 CT 三维重构图

缩下会使得岩石中原来的原生微裂缝产生沿最大主应力方向的定向排列，随着卸载过程的发展，应力差 $\sigma_1-\sigma_3$ 逐渐增大，微裂缝沿最大主应力方向压致拉裂扩展。当卸载到一定程度时，卸载引起的差异回弹变形使得这些微小张裂隙尖端拉应力集中，微裂隙张拉扩展，此时裂隙扩展主要是受法向拉应力控制；当继续卸载，张裂隙间岩桥处会出现剪应力集中，继而剪断岩桥，并且沿那些相对较宽长的张裂隙形成一个张剪（剪张）性贯通破裂带。但当卸载速率较快时，应力差迅速增大，而围压迅速减小，侧向变形迅速增大，致使裂缝尖端的拉应力高度集中，这些张拉裂缝可能直接贯通，进而形成压致张拉劈裂破坏模式。大理岩扩容的控制因素是主应力差的大小，而不仅仅在于加载或卸载。从已有的试验成果可知，锦屏大理岩发生扩容的条件是岩石主应力差接近于屈服强度，即达到岩石峰值强度的 80%～85%。

锦屏一级地下厂房区岩体多新鲜，坚硬，完整性较好，以厚层—块状结构和中厚层—次块状结构为主，且处于高围压状态下，岩块嵌合紧密。厂房发育有 3 条断层带（f_{13}、f_{14} 及 f_{18}），其构成物质虽后期有一定胶结，但岩质仍较软，强度较低。断层及其影响带岩体破碎，呈镶嵌—碎裂结构，以Ⅳ类围岩为主。煌斑岩脉（X）出露于第一副厂房、主变室等部位，岩体较破碎，呈镶嵌结构，为Ⅳ类围岩，易坍塌。在高地应力环境下，这些部位的岩块彼此间嵌合紧密，结构面呈紧密闭合接触状态，这种接触有利于应力传递。地下厂房洞室开挖后逐步由岩石变形（卸载回弹）转为以结构面变形（剪切滑移、张开）为主，或者说由材料变形向结构变形转化。主要表现为嵌合紧密岩体松动，结构松散，而岩块自身的变形已不大。现场观察发现，洞室爆破开挖后 4 小时至 3 天时间内显现岩体松弛、劈裂、错动等，这就是变形由整体岩块材料的卸载回弹转变为以结构面变形（张开、劈裂、剪切错动）为主的动态演化过程。地下厂房围岩深部和表部原生紧密闭合结构面和新生裂纹发展演化，致使在围岩内不同深度处，与洞壁近于平行结构面多处张开并同时存在，钻孔取芯和钻孔录像以及声波测试均发现（图 3.1-24），在围岩内不同深度处，多处

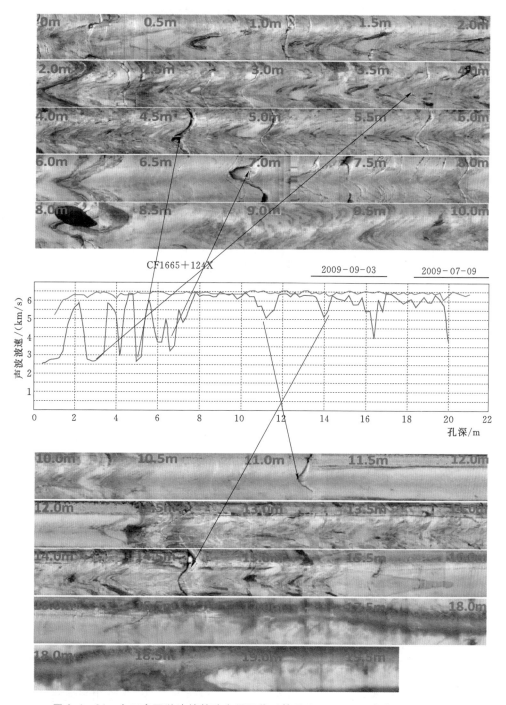

图 3.1-24　主厂房下游边墙钻孔全景图像（桩号 0+124.00，高程 1665.00m）

存在结构面张开的现象，甚至在很深部位尚发育有张开或劈裂未张开结构面，拉张结构面显示出与应力状态相适应的随机性分布特征。结构面由紧密闭合，经剪切滑移或劈裂、内鼓扩容，到既有裂隙局部张开，又有围岩内部局部"空化"，引起围岩体积增大和洞室变形，完成了高应力区围岩动态演化过程的再一次转化，即由整体性压缩向局部性扩张（扩容）的转化。

另外，三维数值模拟结果显示，锦屏一级地下厂房开挖过程中形成的围岩屈服区范围及屈服程度均明显大于同等规模和埋深的地下厂房。除浅表层围岩出现少量应力松弛型（处于应力释放区）破坏之外，大多数的屈服区岩体均经历了最大主应力（σ_1）上升、最小主应力（σ_3）下降，在较大的主应力差作用下岩石产生屈服、承载能力降低的过程。这一计算结果表明，地下厂房围岩中出现过大范围的屈服是导致围岩变形量大、卸载松弛深度及规模大的主要原因，而围岩的屈服对应于实际岩体的损伤扩容、结构面的形成与扩展以及岩体承载能力的降低。

综上所述，高地应力、低强度应力比以及较大的主应力差是锦屏一级地下厂房洞室群围岩开挖卸载变形破坏的主要因素。

3.2 大理岩脆—延转换力学特性分析

3.2.1 大理岩脆—延转换特征

岩体力学特性可参考室内岩石试验揭示的力学规律，但室内岩石试验物理力学参数不能直接用于现场岩体。高应力的岩体强度特征不仅需要对峰值强度参数取值，而且还需要获得峰后非线性曲线形态特征。

大理岩的应力应变关系曲线（图 1.1-1）表明岩石强度与围压存在以下显著相关关系：

（1）当围压等于 0，即进行单轴压缩试验时，压力增加到大约 130MPa 的水平时岩石取得峰值强度，即单轴抗压强度，对应的轴向应变为 0.2%，此后的试验过程中经历了快速的压力降低；在接近 0.3% 的轴向应变条件下，岩样的强度降低到残余值水平（小于 20MPa）；轴向应变增加约 0.1%，岩石的承载力从 130MPa 降低到不足 20MPa，显示了一种快速衰减，表现出典型的脆性特征。

（2）当围压在 3.45~27.6MPa 之间变化时，试验结果显示，试样的最大压应力水平不断增大。试验中岩样不断被压缩，轴向压力达到峰值后并不立即降低，当轴向应变增大到一定程度以后，轴向应力才开始降低。当围压为 3.45MPa 和 6.9MPa 时，峰值以后轴向应力降低速率与单轴压缩时基本相当，但残余强度显著增高。而围压水平达到 13.8MPa 和 20.7MPa 时，峰值应力可以维持相当长一段时间，表现出一定的延性。

（3）岩样强度达到峰值后，强度却不迅速衰减的特征显示了大理岩的延性特性。试验结果揭示，随着围压增高，延性特征增强。当围压在 6.9MPa 以下时，处于脆延状态；而当围压达到 13.8~20.7MPa 的水平时，延性特征十分突出，逐渐表现出理想塑性特征。

（4）围压（超过 27.6MPa）进一步增大后，在 0.6% 的轴向应变水平内，岩石的峰值应力降低很少或基本不降低；当围压为 48.3MPa 时，峰值应力以后的曲线形态基本表现为理想塑性特征，即高围压条件下，大理岩表现很强的塑性特征。

（5）随着围压增加，大理岩表现出脆—延—塑转换的力学特性，且转换围压水平并不高，脆—延转换在几个兆帕的围压水平内即可以实现，延—塑转换的围压水平在40MPa左右。

（6）曲线显示了岩石在不同围压水平下的峰值强度和残余强度，当围压等于0时，峰值强度和残余强度之差最大，当围压增大时，它们的差值减小，当围压增大到48.3MPa时，二者基本相同，差值接近于0。也就是说，当围压达到一定水平以后，岩体的峰值强度和残余强度相同，这与残余强度的一般认识存在差异。

3.2.2 脆—延转换参数取值研究

图3.2-1是把图1.1-1试验曲线中的特征点（峰值强度和残余强度）分别在σ_3、σ_1坐标系下拟合得出的峰值强度包络线和残余强度包络线，显然，残余强度包络线呈明显的曲线形态，与传统莫尔-库仑强度理论假设中的直线差异非常明显，采用直线假设时会存在误差，采用非线性Hoek-Brown（霍克-布朗）强度理论会较为合适。

图3.2-1的试验结果显示，对于单轴抗压强度为130MPa的大理岩岩石而言，表现出理想弹塑性特征所对应的围压在40MPa左右，但在3～7MPa时峰后段表现出明显的延性。注意此时的应变量为0.3%左右，其中塑性应变量为0.1%，即屈服以后产生相对较大的变形期间内，岩体保持弹塑性特征。

研究表明，相对完整（Ⅲ₁类和Ⅱ类）大理岩表现出理想弹塑性所对应的围压水平在10～15MPa，远低于岩石试样的40MPa。因此，在超过3MPa的围压水平下，完整岩体会表现出显著的脆—延转换特性。对于存在高应力破坏的锦屏一级厂房围岩，洞壁一定深度外的围岩围压水平明显超过3MPa，围岩屈服后会表现出脆—延转换特性。

对锦屏一级地下洞室群工程而言，在明确了大理岩存在脆—延转换特性，确定采用Hoek-Brown强度准则描述其峰值强

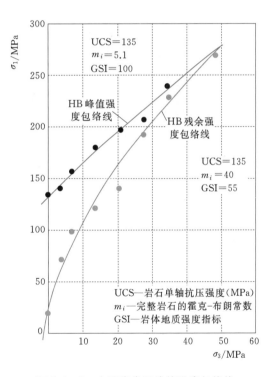

图3.2-1 大理岩岩石峰值强度包络线
和残余强度包络线

度和残余强度包络线后，如何确定脆—延转换曲线段的相关参数，就显得十分重要。由于现有研究成果缺乏足够的合理性和完善性，从迄今为止的积累看，解决这一问题的唯一现实可行途径是了解脆—延转换特性对现场围岩开挖响应的影响，然后利用现场资料反演获得这些参数。

理论上，脆—延转换特性介于理想弹塑性和应变软化的脆性之间，在靠近开挖面的低围压部位，围岩表现出脆性特征，屈服以后出现破裂和强度降低。但随着开挖面深度的增

加，围压水平会增大，围岩逐渐表现出延性乃至理想弹塑性。因此，在同等条件下，具有脆—延转换特性的岩体在一定埋深深度内表现出脆性，屈服以后为围岩脆性破坏。往开挖面以里的深部，围岩承载力迅速增强，屈服区深度也因此介于理想弹塑性区和脆性区之间。

由此可见，在其他条件（地应力水平和峰值强度）一定的条件下，岩体非线性特征直接影响到围岩屈服深度，从原理上讲，从现场获得围岩松弛破裂深度以后，即可以利用该资料反演出相关参数。

图 3.2－2 给出了在其他条件完全相同的条件下采用理想弹塑性模型和脆—延转换本构模型获得的围岩屈服区深度分布，考虑围岩在低围压下的脆性特征以后，屈服区深度从 0.75m 增加到 1.2m。而理想弹塑性是脆—延转换的特例，围压为 0 时即表现出理想弹塑性特征。由此可见，通过调整脆—延转换本构模型的相关参数取值，可以影响到屈服区深度，当取值合理时，屈服区深度与现场松弛破裂相符。

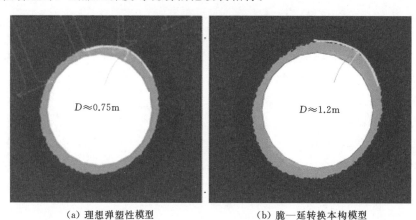

（a）理想弹塑性模型   （b）脆—延转换本构模型

图 3.2－2　理想弹塑性模型和脆—延转换本构模型屈服区对比图

3.3　岩石时效力学特性研究

3.3.1　大理岩时效变形规律研究

岩石三轴蠕变试验采用长江科学院自主研制的 RLW－2000 岩石三轴蠕变试验设备（轴向压力为 2000kN，围压为 70MPa）。试验系统设备由围压、轴压两套独立的加载部分组成。分别采用轴向位移传感器和径向位移传感器测量试样的轴向和侧向变形。该系统具有以下功能和特点：①高围压和高轴压输出；②全自动控制和数据采集；③可实现应变和应力加载控制方式，控制精度高。利用该试验系统可以完成干燥和饱和单轴以及三轴蠕变试验，并可以广泛地适用于硬岩、软岩以及含结构面岩石等多种岩性结构状态下的流变试验。RLW－2000 岩石三轴蠕变试验机如图 3.3－1 所示。

3.3.1.1　轴向变形时效特征

锦屏一级大理岩在不同应力状态以及卸载条件下，轴向应变表现为以下时效特征（图

3.3-2）：

（1）在轴向应力不变的情况下，随着围压逐步卸载和主应力差的增加，大理岩瞬时轴向弹性应变的增量不断增加，轴向蠕变增量也随之增加。每一级轴向蠕变应变与每一级瞬时弹性应变之比也同样在增加，也就是说随着围压逐步卸载和主应力差的增加，岩石的轴向蠕变量在轴向总变形量中所占的比重在增加。

（2）在围压一定的情况下，随着轴压的增加，主应力差相应增加，大理岩轴向蠕变量随之增加，在总变形量中所占的比重也相应增加，这符合岩石蠕变试验的一般规律；在围压较大时，岩石轴向蠕变量在轴向总变形量中所占的比重相应降低，体现了围压对岩石轴向时效变形起到了积极的控制作用。

（3）在轴向应力水平较低且偏应力较小时，随着时间的增加大理岩的轴向蠕变量变小；在较高轴向应力水平且偏应力较大时，随着时间的增加，大理岩的轴向蠕变量增加明显；而在轴向高应力水平时，当偏应力超过一定值后，大理岩的轴向蠕变量随着时间的增加而逐步发展并在一定时间后呈非线性加速增长，发生蠕变破坏。

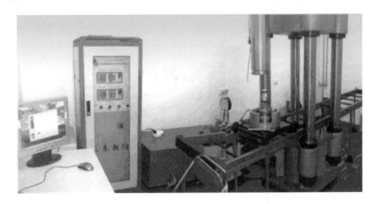

图 3.3-1 RLW-2000 岩石三轴蠕变试验机

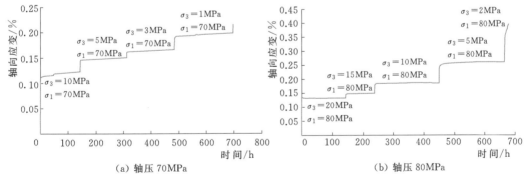

（a）轴压 70MPa （b）轴压 80MPa

图 3.3-2 大理岩轴向蠕变试验曲线

3.3.1.2 侧向变形时效特征

锦屏一级大理岩在不同应力状态以及卸载条件下，侧向应变表现为以下时效特征：

（1）在轴向应力不变的情况下，随着围压逐步卸载和主应力差的增加，大理岩瞬时侧向弹性应变的增量不断增加，侧向蠕变增量也随之增加，当围压降低到 5MPa 后，总体上侧向蠕变增量大于侧向弹性应变增量，岩石的侧向蠕变量在侧向总变形量中所占的比重在增加。

（2）在围压一定的情况下，随着轴压的增加，主应力差相应增加，大理岩侧向蠕变量随之增加，在侧向总变形量中所占的比重总体上在增加；在围压较大时，岩石侧向蠕变增量较小，体现了围压对岩石侧向时效变形起到了积极的控制作用。

（3）在试验的应力状态范围内，侧向蠕变量在侧向总变形量中所占的比例较大，试验点中的大部分所占比例为 $20\%\sim40\%$，如图 3.3 - 3 所示。

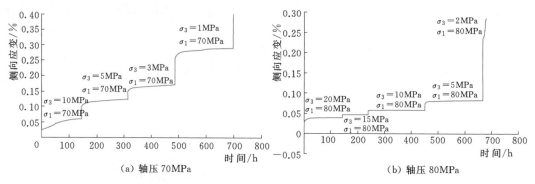

（a）轴压 70MPa   （b）轴压 80MPa

图 3.3 - 3　大理岩侧向蠕变试验曲线

3.3.1.3　变形速率规律研究

试验获得的蠕变曲线主要表现为衰减蠕变和稳态蠕变，而当岩石的应力强度比超过裂缝损伤应力强度比后，出现了加速蠕变。蠕变速率是影响岩石蠕变规律的关键因素，与岩石所处的应力状态和应力水平密切相关。

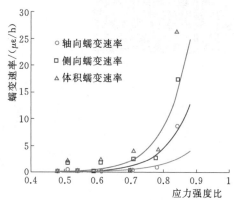

图 3.3 - 4　大理岩轴向、侧向和体积蠕变速率与应力强度比的关系

蠕变速率与应力强度比的关系：在轴压相同时，随着围压升高，大理岩的蠕变速率逐步降低，表明大理岩的围压效应显著，增加围压可以减小蠕变速率。随着围压降低，引起应力强度比的增加，可以发现大理岩的蠕变速率随着应力强度比的增加而增加，并存在一个临界值，超过该值蠕变速率随着应力强度比呈指数增长。从锦屏一级大理岩典型的轴向、侧向和体积蠕变速率的关系可以看出，体积蠕变速率最大，为轴向蠕变速率的 $2\sim10$ 倍；其次为侧向蠕变速率，为轴向蠕变速率的 $1\sim6$ 倍，如图 3.3 - 4 所示。

3.3.2　煌斑岩脉（X）时效变形规律分析

煌斑岩脉（X）试验是在清华大学水沙科学与水利水电工程国家重点试验室的双轴流变试验机上完成的，试验机的控制和数据采集处理由计算机全自动实现。煌斑岩脉（X）试件尺寸为（100mm×100mm×100mm），试验分两个阶段：低应力下的单轴分级加载、卸载和高应力下的蠕变破坏。试验的主要目的在于观测试验现象，分析煌斑岩脉（X）的蠕变规律，因此试验时间相对较短。

试验时，在竖直方向逐级加载，水平方向无侧限，采用电阻应变片测量各时刻的竖向应变 ε_1 和表面水平应变 ε_2，如图 3.3-5 所示。单轴分级加载、卸载的荷载路径为 0→20kN→50kN→100kN→150kN→0，如图 3.3-6 所示；高应力下蠕变破坏试验的荷载路径为 0→150kN→450kN→500kN（破坏）。

图 3.3-5　煌斑岩脉（X）试件的加载及应变片粘贴方式

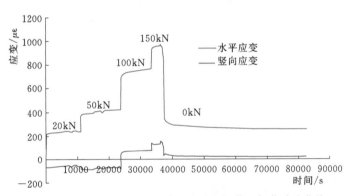

图 3.3-6　煌斑岩脉（X）试件的分级加载、卸载试验曲线

试验得到的蠕变曲线分别如图 3.3-7、图 3.3-8 所示。

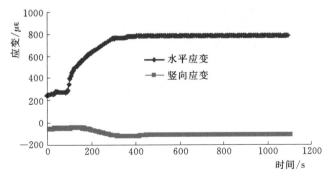

图 3.3-7　试件完全卸载 10h 后重加载试验曲线

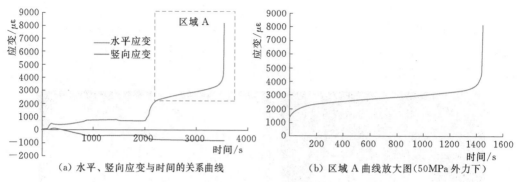

(a) 水平、竖向应变与时间的关系曲线 　　(b) 区域 A 曲线放大图 (50MPa 外力下)

图 3.3-8　煌斑岩脉 (X) 试件加载破坏试验曲线

从图 3.3-6 中可以看出，在四级加载蠕变试验时，煌斑岩脉 (X) 岩样水平蠕变应变约为 $(239-212)+(423-367)+(770-696)+(964-936)=185\mu\varepsilon$，水平蠕变应变占总水平应变的 26%；在加载到最后一级荷载水平时，煌斑岩脉 (X) 岩样瞬态水平应变约为 $964-250-185=529\mu\varepsilon$，水平瞬态应变占总水平应变的 74%；从 150kN 荷载水平完全卸载到 0 一段时间后，煌斑岩脉 (X) 岩样水平方向残余应变保持在 $250\mu\varepsilon$ 左右，约为总水平应变的 35%。单次加载如图 3.3-7 所示，荷载从 0 重新加载至 150kN 水平时，试件的瞬态水平应变约为 $786-250=536\mu\varepsilon$。与分级加载到 150kN 水平时相比，无论分级加载还是单次加载，在 150kN 荷载水平下，试验得出的瞬时水平应变量值基本相等，说明在 15MPa 压力水平下，试件不具有黏塑性变形性质。

从图 3.3-8 可见，将试件加载至 45MPa，保持一段时间发现其变形增长不明显，再加载至 50MPa 并保持荷载不变，在 50MPa 的应力水平下，煌斑岩脉 (X) 表现出完整的三阶段蠕变特征，从衰减蠕变到等速稳态蠕变再到加速蠕变，并经历较短的时间发生最终破坏，整个过程持续了 0.5h。煌斑岩脉 (X) 岩样破坏后的形态如图 3.3-9 所示，破坏面近平行于劈理方向。

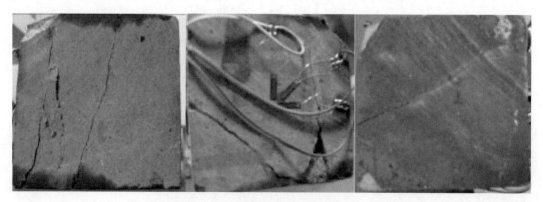

图 3.3-9　煌斑岩脉 (X) 岩样破坏后的形态

从上述规律可见，煌斑岩脉 (X) 变形的时效特性和大理岩一样，同样存在应力强度比的效应，也即存在应力强度比的临界值。当应力强度比低于临界值时，煌斑岩脉 (X) 主要表现为衰减蠕变，超过该值后，主要表现为稳态蠕变；当应力强度比继续增加时，煌斑岩脉（X）将出现加速蠕变，发生蠕变破坏。

3.4 开挖过程中大理岩劣化过程与力学参数演化规律

针对厂区大理岩卸载劣化过程以及在这一过程中力学参数的演化规律进行研究，采用损伤控制的循环加卸载力学试验，获得大理岩全过程的应力应变关系曲线。在此基础上，通过对应力应变关系曲线进行分析，研究了大理岩的力学参数随塑性损伤参数的演化特征与规律，同时获得了大理岩的力学参数和塑性损伤参数之间的关系，为下一步建立合适的力学模型及其参数的动态取值奠定了基础。

3.4.1 损伤控制的循环加卸载力学试验

前人已经对脆性岩石的强度变形演化规律进行了大量的研究，这些研究基本上都认为，在应力作用下岩石强度变形的演化过程是源自岩石内部裂纹损伤演变历史，也就是说，在此种状态下岩石呈现了不可逆裂纹变形，其后的岩石强度（更确切的说法应该是岩石的承载能力）和变形随着这一不可逆裂纹变形的变化而改变。基于这种认识基础，Martin 利用损伤控制加卸载试验研究了 Lac du Bonnet 花岗岩的强度和变形的演化规律。本节将借助这一试验方法认识锦屏深部大理岩的强度和变形的演化规律，并为建立描述硬岩的本构模型提供依据和基础信息。

硬岩三轴循环加卸载轴压试验研究采用 MTS815 型压力试验机，原因在于该试验系统具有良好的伺服控制功能和高精度的载荷与变形控制能力。损伤控制加卸载试验就是通过加卸载试验获取每次循环下岩石的不可逆的裂纹损伤增量，进而获得累计裂纹损伤量，分析整个过程中裂纹损伤逐步发展对岩石强度、变形和扩容的影响效应。图 3.4-1 给出了深部大理岩典型的损伤控制加卸载应力应变关系曲线。由于等效塑性应变 ε^p 包括了轴向

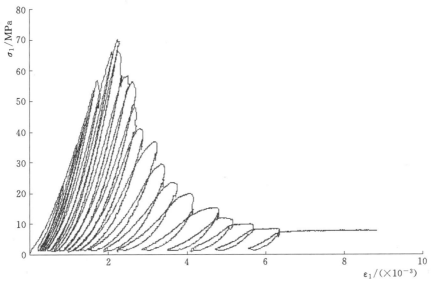

图 3.4-1 深部大理岩典型的损伤控制加卸载应力应变关系曲线

和侧向的不可逆应变，能够全面地反映岩石的整个损伤程度，故采用等效塑性应变作为岩石损伤的度量是合适的。定义损伤值 ω 为累计每次循环下的等效塑性应变，即

$$\omega = \varepsilon^p = \sqrt{\frac{2}{3} e_{ij}^p e_{ij}^p} \qquad (3.4-1)$$

大理岩三轴循环加卸轴压试验采用的控制方式为：加载阶段采用轴向变形控制，卸载阶段采用轴向力控制。当轴向应力大于等于峰值强度的 $80\% \sim 90\%$ 时，为了更好地控制岩样的破坏过程，采用轴向变形控制进行卸载。

3.4.2 大理岩变形参数演化特征

随着损伤的发展，岩石的弹性模量、体积模量和剪切模量逐渐减小，泊松比逐渐增大，如图 3.4-2 所示。其中弹性模量、体积模量和剪切模量随着损伤的增大，其减小速率逐渐减缓，整个损伤过程中，从峰值到残余值下降了 80% 左右；泊松比升高很快，初始值为 0.2 左右，刚过峰值，表观泊松比就迅速超过了 0.5，

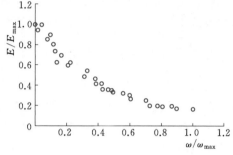

图 3.4-2 大理岩的弹性模量与损伤的关系

当然，这一过程主要在低围压下显著，而在高围压下变得不明显。

3.4.3 大理岩强度参数演化特征

峰值时的黏聚力显著大于残余黏聚力，而峰值时的内摩擦角略大于残余内摩擦角，如图 3.4-3 所示。这一试验事实表明岩石内部的损伤导致宏观强度参数的变化，揭示了黏聚力和摩擦力并非同步对岩石强度发生作用。对于黏聚力而言，随着损伤的发展，黏聚力从峰值迅速下降，并很快到达残余临界值，该值大约为峰值黏聚力的 15%；而内摩擦角随着损伤的发展，经历了上升段和下降段，其中上升段是在大量的黏聚力损失后逐渐升高至峰值，而下降段紧随其后，随着损失的累积，内摩擦角逐步降低，并在残余强度时到达残余界限值，该值大约为峰值内摩擦角的 85%。事实上，按 Mohr - Coulomb 理论可知，

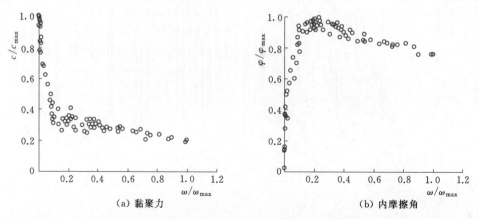

(a) 黏聚力 (b) 内摩擦角

图 3.4-3 大理岩的黏聚力、内摩擦角与损伤的关系

在岩石宏观强度不变时，当黏聚力随着损伤增加而逐渐丧失的时候，摩擦力必定会逐步增大，而在宏观裂纹或者潜在断裂面形成后，岩石的强度降低，在黏聚力几乎不变的情况下，摩擦力也必然会降低。所以，这一现象有着明确的物理意义。另外，这一现象在Martin所用的花岗岩和其他类脆性岩石中以及Cheon等的试验中也同样观察到过。可以说，这一类试验现象是硬岩的基本现象，它提供了揭示硬岩强度破坏机理的一条重要途径，也同样是合理构建硬岩力学模型的前提和基础。

第 4 章

地下厂房洞室群布置及支护设计

　　锦屏一级地下洞室群工程面临高地应力、低岩石强度、复杂地质构造、大跨度洞室、40 余条洞室交汇带来的洞群效应、快速大规模开挖等技术难题，通过方案比选和论证，合理设计洞室群的布置格局、洞室群位置及轴线、主体洞室间距、支护类型及支护强度等，能较好地解决大型地下洞室群围岩的稳定和安全问题。

4.1　地下厂房布置原则

　　水电站地下厂房洞室群的总体布置，是根据水文、气象、地形、地质条件、枢纽布置、施工条件、机电设备布置、交通及运行要求、环境保护等因素，通过技术经济比较确定的，必须做到安全可靠，经济合理，环境友好，施工、运行方便。结合工程设计要素，引水发电系统及地下厂房洞室群总体布置原则可归纳为以下几个方面：

　　（1）引水发电建筑物应充分适应地形地质条件，厂房洞室群应布置在围岩条件较好的区域，进出口应尽量降低边坡工程规模，地面建筑物应尽量避开高位危岩体。

　　（2）引水发电建筑物与工程枢纽建筑物协调布置，布置应顺畅，引水、尾水线路短，避免同时设置上、下游双调压室。

　　（3）厂区地下洞室群布置和围岩稳定设计应充分考虑"岩体结构-地应力"因素。厂房纵轴线与最大主应力小角度相交，与主要构造大角度相交；三大洞室（主厂房、主变室、调压室）的洞型及间距应满足使用功能和洞室群围岩整体稳定要求。

　　（4）主体和附属洞室协调布置，附属洞室采用"一洞多用、永临结合"的设计理念。

　　（5）厂区防渗排水系统采用"厂坝联合防渗＋厂区立体排水"的体系，按照"防排并举、高水自流、低水抽排"的原则设计。

4.2　地下厂房布置方案选择

4.2.1　地下厂房布置方案拟定

1. 厂房型式比选

　　枢纽区两岸山体边坡陡峭，无开阔的平地或台阶，无布置地面岸边厂房的地形条件；同时，枢纽区河床狭窄，拟建挡水建筑物为世界最高拱坝，单宽泄洪流量大，不具备建坝后厂房或坝内厂房的布置条件。两岸山体雄厚，左岸岩体为大理岩和砂板岩，右岸岩体为大理岩，岩体完整，基本具备布置大型地下厂房洞室群的地形地质条件。

2. 左右岸厂房位置比选

　　左岸厂房方案：地下厂房岩性主要为大理岩和砂板岩，首部厂房的洞室约有 3 个机组段位于 $T_{2-3}^3 z$ 板岩中，围岩稳定性差；左岸中部及尾部厂房存在不利地质构造（深部裂缝，f_5、f_8 断层及低波速带等），左坝肩需要进行较大规模的拱坝基础加固处理。左岸岩体总体地质条件差，为避免施工干扰，并减少对左岸岩体的扰动，不适于在左岸布置大型洞室群。

　　右岸山体浑厚，出露地层为三叠系中上统杂谷脑组第二段（$T_{2-3}^2 z$）大理岩，以及少量后期侵入的煌斑岩脉（X），岩体的完整性较好，具备布置大型地下洞室群的条件，故重点对右岸的首部厂房、中部厂房及尾部厂房 3 个布置方案进行研究。

4.2.2 地下厂房布置方案研究

1. 首部厂房布置方案

首部厂房布置方案：主厂房、主变室、调压室等均布置在右岸普斯罗沟上游山体内，主要建筑物由电站进水口、压力管道、主厂房、主变室、尾调室、尾水洞及其出口等组成，防渗排水系统为全包围式，如图 4.2-1 所示。

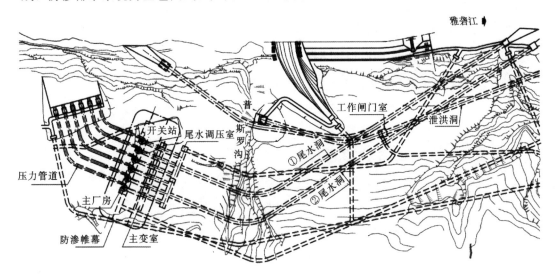

图 4.2-1 首部厂房布置方案示意图

2. 中部厂房布置方案

中部厂房布置方案：主厂房、主变室、调压室等主要洞室群布置在普斯罗沟下游 I～VI 地质勘探线附近，主要建筑物由电站进水口、压力管道、主厂房、主变室、尾调室、尾水洞及其出口等组成，防渗排水系统为 "C" 形半包围式，如图 4.2-2 所示。

3. 尾部厂房布置方案

尾部厂房布置方案：引水发电建筑物布置在手爬沟上游山体内，主要建筑物由电站进水口、引水隧洞、上游调压室、压力管道、主厂房、主变室、尾水洞及其出口等组成，防渗排水系统为 "L" 形，如图 4.2-3 所示。

4.2.3 地下厂房布置方案比选

1. 工程布置条件

从工程地质看，首部厂房、中部厂房、尾部厂房 3 个布置方案地下洞室地质条件相差不大，3 个布置方案均具备修建大跨度地下洞室的工程地质条件，基本可行。

各布置方案的布置条件及优缺点如下：

（1）首部厂房布置于大理岩 $T_{2-3}^{2(2,3)}z$ 层中，围岩类别以 III$_1$ 类、III$_2$ 类、IV$_1$ 类为主。

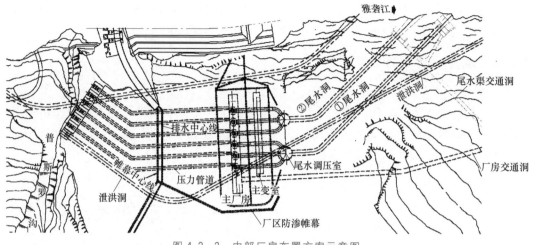

图 4.2 - 2 中部厂房布置方案示意图

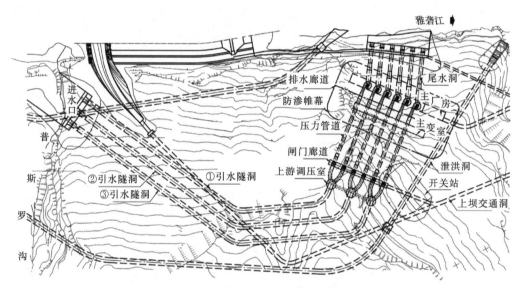

图 4.2 - 3 尾部厂房布置方案示意图

地应力最高为 24.1MPa。地下水较少，表现为潮湿，局部渗水。右岸普斯罗沟上游的缓坡台地的地形地质条件十分有利于布置电站进水口。由于地形较缓，可减小进水口开挖边坡高度、降低施工难度及明挖工程量；可避免进水口与坝肩两建筑物的开挖及混凝土施工的相互干扰。首部厂房的地应力相对较低，岩石条件较好，没有区域性大断层，水文地质条件较好。但厂房位于库区内，四周均设有防渗帷幕及排水幕，防渗难度、工程量较大。右岸普斯罗沟下切较深，尾水洞顶围岩埋深较浅，围岩稳定问题突出。

（2）中部厂房布置于大理岩 $T_{2-3}^{2(1,2,3,4)}z$ 层中，围岩类别以 III_1 类为主。地应力最高为 35MPa，地下水较丰富，表现为渗滴水、流水，局部有突涌水。厂区枢纽布置协调，厂房系统的防渗帷幕考虑与坝肩防渗帷幕结合，可显著减少厂房系统的防渗帷幕灌浆工程量，同时也可提高拱坝右岸坝肩抗力体防渗排水系统的防渗排水效果。中部厂房地应力相对首部厂房、尾部厂房而言居中，岩石条件较好，但地下水丰富，地下水出露情况以中部厂房最强，厂区有 f_{13}、f_{14}、f_{18} 三大断层难以避让。

（3）尾部厂房布置于大理岩 $T_{2-3}^{2(3,4,5,6)}z$ 层中，围岩类别以Ⅲ$_1$类为主，地应力略高于中部厂房，地下水较少，表现为渗滴水。3 个布置方案以尾部厂房洞室围岩稳定条件相对较好，没有区域性大断层，水文地质较好，地下水较少，但尾部厂房的地应力最高，尾部厂房的轴线与地应力夹角（50°~80°）最为不利。尾部厂房布置方案的引水线路较长，从而需要设置上游调压室（共 3 个），由于水库消落深度达 80m，上游调压室较高，采用圆筒阻抗式调压室，3 个调压室并行设置。开关站布置于手爬沟上游侧岸坡，但受地形条件限制，开关站位置距主变室相对较远，电缆出线较长，开挖工程量较大，形成高边坡，且运行也不方便。

2. 综合比较分析

首部厂房、中部厂房、尾部厂房 3 个布置方案均具备修建大跨度地下洞室的工程地质条件，均基本可行。

中部厂房或首部厂房布置方案的引水系统布置较尾部厂房布置方案合理，引水线路短、布置紧凑、水头损失小、工程量较少，与各布置方案比较相对较优。

中部厂房可利用大坝防渗帷幕的阻隔，避开水库渗水对地下厂房的影响，与首部厂房布置方案相比，地下厂房防渗、排水帷幕的规模可大幅减少；中部厂房上游侧及山内侧在采用"厂坝联合防渗＋厂区立体排水"的防排体系后，可有效降低水库渗水及地下水的影响。

中部厂房有利于枢纽综合协调泄洪设施的布置，利用普斯罗沟下游沟壁陡峻、地质条件较好的特点布置进水口，可较大地缩短引水、尾水线路，且不设上游调压室，减少引水、尾水道的工程量及水头损失，引水发电系统建筑物的整体布置更为紧凑，与各布置方案比较相对较优。

施工条件比较，中部厂房施工干扰和对控制进度的制约相对较小，工期完成的保证性较大，布置方案最优，施工技术难度较低。

因此，经首部厂房、中部厂房、尾部厂房 3 个布置方案研究比较，综合各方面因素选定中部厂房布置方案，如图 4.2-4 所示。

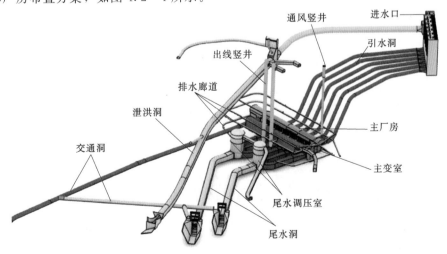

图 4.2-4 中部厂房布置方案三维图

4.3 地下厂房布置格局和位置选择研究

锦屏一级地下厂房布置于坝址区右岸，围岩地质条件复杂，受 3 条大断层和多组节理切割，初始地应力水平高且分布不均匀，实测最高地应力高达 35.7MPa 左右，岩石强度应力比为 1.5~4.0，属于高—极高地应力。除满足必要的功能要求外，不利的地质构造、地应力、岩性条件及工程规模特点给厂房洞室群的布置设计提出了严峻的挑战。

4.3.1 布置格局

1. 方案拟定

针对厂区地质条件，考虑厂房内外交通、电站的运行和管理等因素，为减少电能损耗，方便出线，围绕主变室的布置位置进行了三大洞室布置格局优选，初步拟定了 4 个方案，即主变室位于主厂房与尾水调压室之间、主厂房与尾水调压室之上、主厂房内、主厂房上游，通过对枢纽布置、机电设备布置运行、围岩稳定性初步分析等的技术经济性比较，排除了主变室位于主厂房上游、主厂房内的方案，重点比较了两个方案：①主变室位于主厂房与尾水调压室之间，三洞平行布置，下游设尾水调压室；②主变室位于主厂房与尾水调压室之上，呈"品"字形布置。

2. 方案研究

两个方案均能与电站的主体建筑物相适应，满足电厂运行、维护要求等。两个方案优缺点比较见表 4.3-1。

表 4.3-1　　　　　　　　　　　两 方 案 优 缺 点 比 较

方案	主变室位置	简图	优点	缺点
一	位于主厂房与尾水调压室之间		①布置紧凑，运行维护方便； ②主厂房与主变室分开布置，可减轻事故的危害程度	主厂房与尾水调压室间距压缩余地较小，否则不利于洞室围岩稳定
二	位于主厂房与尾水调压室之上，呈"品"字形布置		①可压缩主厂房与尾水调压室间距，缩短尾水管长度； ②可减轻事故的危害程度	①运行、维护不方便； ②母线较长，增加投资，电能损耗大，通风散热问题复杂； ③起吊设备、通风设备以及运输通道增加

（1）洞室群围岩稳定性比较。采用平面有限元进行分析计算，方案一和方案二毛洞全断面一次性开挖后，洞周位移和应力分布规律大体相同，主厂房最大位移分别为 6.5cm 和 6.2cm，均发生在下游边墙中下部。

（2）机电设备布置和投资比较。方案二与方案一相比，由于主变室上抬 46m，母线总长度增加与高压电缆长度减少后的投资相抵，增加投资约 300 万元；方案二较方案一封闭母线年电能损耗增加约 $4.5 \times 10^6 \, \mathrm{kW \cdot h}$，同时，母线热负荷增加、排风竖井直径增大、大型排风机和组合空调机台数相应增加。由于主变室上抬，需为主变压器运输设置专门的运输通道，并需增设电梯以连通主变室与主厂房，在工程投资、年电能损耗、电器设备布置难度、施工、运行及维护条件等方面，方案二均较方案一差。

（3）排水设施布置及附属洞室布置比较。方案二与方案一相比，排水设施布置相对复杂，附属洞室布置多。

（4）施工布置及工期比较。方案二与方案一相比，施工布置相对复杂，施工通道多，工期相对较长。

3. 布置格局选择

综合围岩稳定条件、机电设备布置、运行管理、工程投资和年电能损耗等多方面因素，三大洞室布置格局选择方案一，即三大洞室平行布置，主变室布置于厂房与尾水调压室之间。

4.3.2 地下厂房位置选择

在大坝右岸下游 160m 范围内共进行了如图 4.3 – 1 所示的 5 个中部式地下厂房位置方案的比较，各方案的布置均以不设上调压室为原则，同时考虑地应力、主要结构面、地下水及相邻建筑物的位置及影响。

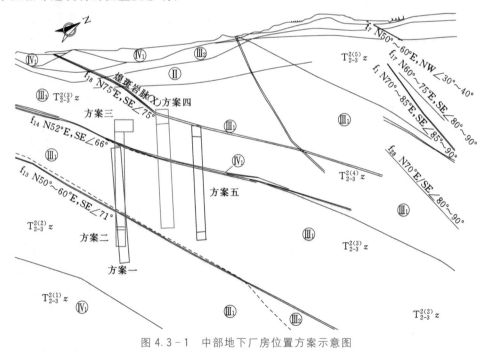

图 4.3 – 1　中部地下厂房位置方案示意图

（1）方案一的厂房布置于 Ⅱ 勘探线下游约 330m 处，厂房纵轴线沿勘探平洞 PD01cz，方位角为 N70°W，厂房最小水平埋深约 135m。厂房、主变室和尾水调压室全部置于杂谷脑组第二段大理岩夹绿片岩中，主要涉及 $T_{2-3}^{2(4)}z$ 层、$T_{2-3}^{2(3)}z$ 层、$T_{2-3}^{2(2)}z$ 层，围岩类别以 Ⅲ₁ 类为主，部分为 Ⅲ₂ 类和 Ⅳ₁ 类，具备成洞条件。河谷右岸发育的 f_{13}、f_{14} 两条断层为中部厂区的控制性结构面，分别横跨 1 号和 6 号机组段，1 号机组段和安装间主要位于 f_{13} 断层上盘，此范围内发育有沿 NW 向、陡倾角的横张裂隙带，岩体较破碎，围岩类别主要为 $Ⅳ_1$ 类，成洞条件差，支护处理工程量大。同时，勘探平洞揭示此部位普遍渗滴水、股状流水，出水点实测总流量超过 50L/s，防渗排水处理难度较大。5 个方案相比，方案一的厂房距进水口距离最近，压力管道最大长度约 570m，在满足不设上游调压室和机组稳定运行的条件下，压力管道内流速为 5.43m/s，管径为 9m。

（2）方案二是在方案一的基础上，厂房向山外移动约 30m，同时厂房纵轴线变为 N65°W。方案二的厂房最小水平埋深约 100m，最小垂直埋深约 180m。由于厂房向山外移动，可避免 f_{13} 断层横跨主机间，但 f_{13} 断层仍横跨安装间，f_{14} 断层则横跨 5 号机组段。此方案的安装间仍主要位于 f_{13} 断层上盘，此部位较破碎的 $Ⅳ_1$ 类岩体的支护处理问题以及较丰富的地下水的处理问题仍较突出。由于方案二的厂房纵轴线与河流流向垂直，压力管道内水流更为顺畅。与方案一相比，方案二的压力管道长度、管径和管内流速基本未变，厂房纵轴线方位与初始地应力最大主应力方向的夹角减小，与主要结构面的夹角增大，有利于洞室围岩稳定。

（3）方案三的厂房纵轴线与方案二相同，为使安装间避开 f_{13} 断层和 f_{13} 断层上盘的横张裂隙带，将副厂房与主机间在平面上呈"L"形布置。安装间端墙距 f_{13} 断层约为 5m，副厂房边墙与导流洞之间的岩柱厚度不足 4m，不利于施工期和运行期的安全。

以上厂房位置（方案一、方案二和方案三），由于勘探平洞 PD01cz 纵穿厂房，地质条件揭露较为充分。

（4）方案四是在方案二的基础上，厂房向下游平移约 70m，并向山外平移约 30m，厂房最小水平埋深减小为 70m，使安装间避开了 f_{13} 断层上盘的横张裂隙带和地下水的影响。方案四较之方案二和方案一，$Ⅲ_2$ 类岩体比重增大，压力管道长度增加约 70m，为满足不设上游调压室的条件，需增大管径以减小管内流速，工程投资增大，同时不利于围岩稳定。此方案导流洞需移至左岸，将存在导流洞出口卸载岩体的高边坡稳定，2 条导流洞布置在一岸而其出口水流不能对冲，导流洞穿过 f_5、f_8 断层和煌斑岩脉等不良地质构造以及使导流洞洞线增长等问题。

（5）方案五是在方案四的基础上，厂房继续向下游平移约 60m，同时向山内平移约 20m，该方案避开了 f_{13} 断层上盘的横张裂隙带，又不使导流洞移至左岸，厂房最小水平埋深约 95m。与上述 4 个方案相比，此方案的压力管道最长，达 720m，在满足不设上游调压室的条件下，管径需增大到 10m。从地质平切图上看，出露于厂房的 $Ⅲ_2$ 类岩体比重也较大。

综合地质条件、枢纽布置、水力条件、施工条件、机组运行和工程投资等因素，地下厂房位置推荐方案二。相对于方案二的厂房位置，厂房系统若往上游移动，则 f_{13} 断层将横跨主机间，并减小至拱坝建基面的距离；厂房系统若往山外移动，则导流洞需移至左岸，厂房埋深减小，同时对压力管道的布置不利；厂房系统若往下游移动，虽可减小 f_{13} 断层的影响，但 $Ⅲ_2$ 类岩体增多，且将增加压力管道的长度。

综上分析，选定的地下厂区洞室群水平埋深为 100～380m，垂直埋深为 160～420m，位置兼顾了右岸山体区域厂房洞室群与地应力、断层、岩层及其分类的关系，充分考虑了各方面因素；垂直河流向山外侧与右岸导流洞之间的岩柱厚度满足要求（上部最小为

18m，中下部为 35m）；山内侧在确保安全的前提下尽可能避让了 f_{13} 断层，主机间完全避开了 f_{13} 断层，安装间大部分处于 f_{13} 断层及其上盘岩体内。

4.3.3 洞室轴线研究

厂房纵轴线布置原则是使纵轴线与初始地应力最大主应力方向呈较小夹角，与主要结构面走向呈较大夹角，并满足各枢纽建筑物的布置协调要求。锦屏一级地下厂房处于硬脆的大理岩中，岩体强度为 60～75MPa，最大主应力为 35.7MPa，属于高—极高应力区，主要结构面有 f_{13}、f_{14}、f_{18} 3 条断层，由于断层与厂房为陡倾角相交，轴线选择尽量与最大主应力方位一致，兼顾结构协调布置，比较了 N70°W 和 N65°W 两个厂房纵轴线方位。N65°W 方案厂房纵轴线与最大主应力夹角较小，为 15°～20°，与第①、第②组结构面走向呈大角度相交，与 f_{13}、f_{14} 断层走向的夹角分别为 45.0°～55.0°和 45.0°～60.0°，夹角较大；围岩稳定分析计算成果表明，N65°W 方案洞室围岩稳定性优于 N70°W 方案，同时，该方案也满足了整个枢纽的布置协调要求，故推荐厂房纵轴线方位为 N65°W。

4.3.4 尾调室型式选择

调压室是水力过渡过程中的重要建筑物，功能上对调压室形状没有严格限制，从结构体形划分，地下式调压室常可分为长廊形和圆筒形两种型式。长廊形调压室的闸门及其启闭设施、对外交通等布置较为灵活方便，但厂房与主变室、主变室与尾水调压室之间会形成双面临空的岩墙，围岩稳定条件相对较差，支护要求高，对高地应力地质条件适应性较差；圆筒形调压室则正好反之，其水平截面为圆形，对围岩变形有较好的抑制性及适应性，围岩稳定条件较好，还可降低断层破碎带的不利影响。圆筒形调压室完全避让了 f_{13} 断层及其富水区，部分避让了 f_{14}、f_{18} 断层及其伴生的煌斑岩脉（X），也有更好的变形适应性，有利于围岩稳定和变形控制。

根据相同工程条件下两种洞型的对比分析，圆筒形相比长廊形的尾水调压室减小了岩体破坏范围 20％以上，改善了围岩应力状态，无明显应力集中，尾水调压室边墙位移减小约 50％，圆筒形尾水调压室的围岩稳定性更好。

4.3.5 三大洞室间距

1.尾水调压室与主厂房间距

尾水调压室中心线与主厂房顶拱中心线间距拟定 145m 方案与 130m 方案进行围岩稳定性比较。两个方案主厂房和主变室之间的岩柱厚度均为 45m（吊车梁以下），主变室与尾水调压室之间的岩柱厚度分别为 49.20m 和 34.20m。

（1）三维有限元分析。通过弹塑性损伤有限元进行毛洞全断面一次性开挖计算比较。开挖完成后，145m 方案和 130m 方案洞周围岩的破坏区分布、位移场分布和应力场分布规律大体相同，但量值有所差别。130m 方案与 145m 方案相比，应力状态较差，径向应力值减小，切向应力值增加，最大应力偏张量增加 1～3MPa；洞周围岩最大位移由 3.88cm 增大到 4.06cm；围岩破坏区范围和塑性耗散能等指标也都大于 145m 方案。145m 方案开挖完成后，洞周位移量值不大，围岩应力状态较好，三大洞室间围岩破坏区范围没有贯通，仍保持一定的完整岩柱。

（2）平面有限元分析。考虑母线洞和尾水管等横向洞室的影响，分别对 145m 方案和 130m 方案进行毛洞一次性开挖计算。洞周围岩位移和应力分布规律基本一致，但量值有所差别。130m 方案较 145m 方案洞周位移普遍增大，应力集中程度有所增加，应力扰动范围也相应增大，最大应力偏张量增加约 9.8MPa。

三维有限元和平面有限元计算结果的量值有所差别，但规律一致。综合地质条件、围岩稳定特性和机组的安全稳定运行，并考虑到施工开挖期可能的不确定因素，在满足尾水调节保证计算的前提下，尾水调压室中心线与主厂房顶拱中心线间距推荐 145m 方案。

2. 主变室与主厂房间距

考虑实际地质条件和洞室规模，拟定了主变室与主厂房之间的岩柱厚度分别为 35m（吊车梁以下）和 45m（吊车梁以下）两个方案，通过有限元法进行围岩稳定性的对比分析。

（1）三维有限元分析。两个方案采用相同的洞室断面，通过弹塑性损伤有限元进行毛洞全断面一次性开挖计算比较。35m 方案由于主变室和主厂房相距较近，与 45m 方案相比，洞周位移加大，边墙最大位移由 3.9cm 增大到 4.1cm；围岩应力扰动范围明显增大，应力偏张量增加 2～4MPa；主厂房和主变室间岩柱破坏体积加大，塑性耗散能增加 118.1%，破坏区趋于贯通。

（2）平面有限元分析。对 45m 方案和 35m 方案进行毛洞一次性开挖计算，35m 方案位移量值普遍大于 45m 方案，两方案洞室顶拱、底板等截面突变处，发生明显应力集中，应力集中程度 35m 方案大于 45m 方案。35m 方案洞周应力状态较差，主厂房和主变室间岩柱的应力扰动范围较大，围岩稳定性较差。

综合地质条件、围岩稳定特性和工程投资等多方面因素，比较三维和平面有限元分析成果后，主变室与主厂房之间的岩柱厚度选定为 45m（吊车梁以下）。

3. 洞室间距确定

根据国内外大中型地下厂房资料的统计，相邻洞室之间的岩柱厚度 L 与相邻洞室的最大开挖跨度 B 和高度 H 有如下关系：$L/B=0.60～1.80$，$L/H=0.35～0.80$，其中，约 50% 的电站 L/B 值为 $1.00～1.50$。

若主厂房与主变室之间的净距为 45m，则主变室与尾水调压室之间的最小净距为 47.5m，两调压室之间岩柱的最小厚度为 56.1m。主厂房与主变室之间岩柱的 L/B 和 L/H 值分别为 1.46 和 0.63，主变室与尾水调压室之间岩柱的 L/B 和 L/H 值分别为 1.23 和 0.55，符合国内外大中型地下工程的统计规律，且量值属中等偏大。洞室间距满足洞室围岩稳定和机组水力布置要求，降低了主厂房和主变室之间、主变室与尾水调压室之间岩柱失稳的风险，对三大洞室的整体稳定较为有利。

4.4 洞室群布置与开挖支护设计

4.4.1 洞室群布置设计

厂房洞室群位于大坝下游约 350m 的山体内，主要由引水洞、地下厂房、母线洞、主变室、尾水调压室和尾水洞等组成。地下厂房纵轴线方位采用 N65°W（图 4.4-1），与初始地应力最大主应力方向的夹角为 6.0°~36.5°，平均为 16.3°，夹角较小；与 f_{13}、f_{14} 断层走向的夹角分别为 45.0°~55.0° 和 45.0°~60.0°，夹角较大，与 NWW 向裂隙走向的夹角相对较小。厂房纵轴线与初始地应力最大主应力方向的夹角较小，与主要结构面的夹角较大，有利于洞室围岩稳定。图 4.4-2 为 5 号机组断面横剖面图。

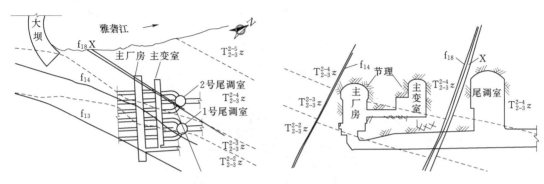

图 4.4-1 地下厂房系统布置平面图　　　　图 4.4-2 5 号机组断面横剖图

三大主体洞室平面上依次平行布置，主厂房由里向外依次按"一"字形布置安装间、主机间和第一副厂房，安装间和第一副厂房分别布置在主机间的两端。厂内安装 6 台 600MW 机组。主厂房全长 276.99m，吊车梁以下开挖跨度为 25.60m，以上开挖跨度为 28.90m，开挖高度为 68.80m；其中主机间尺寸为 204.52m×25.90m×68.80m（长×宽×高），主变室位于主厂房下游，顶拱中心线与主厂房轴线间距为 67.35m，主厂房和主变室之间的岩柱厚度为 45m（吊车梁以下），洞型为圆拱直墙形；主变室尺寸为 197.10m×19.30m×32.70m（长×宽×高）。尾水调压室采用"三机一室一洞"布置型式，设置两个圆筒形调压室，直径（上室）分别为 37.00m、41.00m，尾水调压室距主变室顶拱中心线间距为 77.65m，①调压室高 80.50m，上室直径为 41m，下室直径为 38m；②调压室高 79.50m，上室直径为 37m，下室直径为 35m；两调压室中心线相距 95.1m。图 4.4-3 为锦屏一级地下厂房洞室群布置三维示意图。

4.4.2　地下洞室群开挖设计

三大洞室采用从上到下分层开挖，分层厚度一般为 4~10m。主厂房分 11 层，主变室分 4 层，尾水调压室分 4 大层，其中Ⅲ层分 9 小层开挖，Ⅳ层分 3 小层开挖（图 4.4-4）。

开挖顺次：主厂房最先开挖，主变室滞后主厂房一层开挖，尾调室滞后主变室一层开挖。

开挖方法如下：

（1）主厂房：Ⅰ层，中导洞超前，下游侧跟进，上游侧最后，光面爆破；Ⅱ层，中间拉槽，两侧保护层光面爆破；Ⅲ层，分 2 小层开挖，中间拉槽预裂爆破，两侧保护层预裂爆破，最后开挖岩台；Ⅳ、Ⅴ、Ⅵ、Ⅶ层，开挖方法相同，中部水平 V 形抬动爆破，两侧预裂爆破；Ⅷ、Ⅸ层，两半幅开挖，边墙预裂爆破；Ⅹ、Ⅺ层，先挖中导井溜渣，再分小层（5m）扩挖，边墙预裂爆破。

（2）主变室：Ⅰ层，中导洞超前，下游侧跟进，上游侧最后，光面爆破；Ⅱ、Ⅲ、Ⅳ

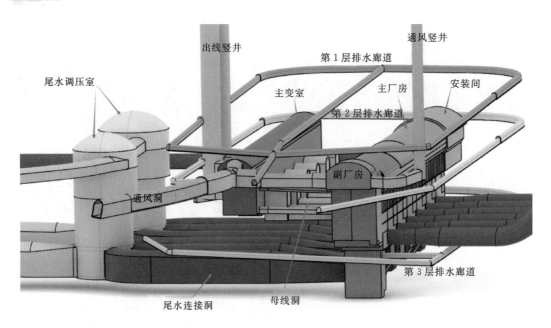

图 4.4-3 锦屏一级地下厂房洞室群布置三维示意图

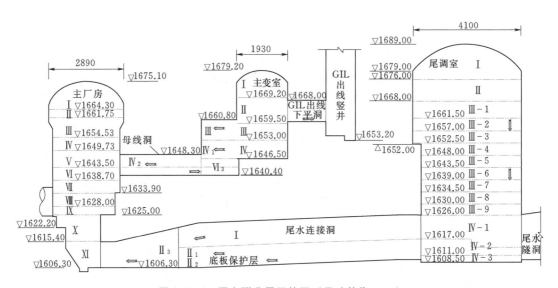

图 4.4-4 洞室群分层开挖图 (尺寸单位: cm)

层, 中部水平 V 形抬动爆破, 两侧预裂爆破。

(3) 尾调室: Ⅰ层, 先开挖中导洞, 分两次扩挖至设计直径, 边墙光面爆破; Ⅱ层, 中导洞先行, 后扩挖至边墙, 边墙预裂爆破; Ⅲ层, 中导井先行, 然后分层扩挖, 边墙预裂爆破; Ⅳ层, 五岔口下部中导井先行, 然后向尾水洞方向贯通, 再依次贯通 3 个支管, 最后平层开挖。

开挖与支护的关系: 逐层开挖逐层支护, 当前层开挖完成, 随后完成浅层支护和表层支护, 深层支护滞后一层进行。

4.4.3　地下厂房围岩支护强度研究

地下厂房合理支护设计是保证地下工程施工和运行安全的关键工程技术问题。地下厂房围岩应力环境和地质条件不同，围岩支护强度也应随之变化，但由于问题复杂，洞室群围岩的支护设计和施工相关理论方法、技术手段和评判标准还不够成熟。本节通过研究已建地下厂房工程案例，归纳总结围岩支护措施与支护强度，进而建立地下厂房围岩支护强度设计经验公式。

通过设计资料的搜集和文献查阅，对 20 个跨度范围在 19.2～32.5m、地应力范围在 5.0～35.7MPa 的国内水电工程地下厂房的边墙支护措施开展了系统归纳总结，分别提出了系统锚杆、预应力锚索支护强度与岩石强度应力比、厂房跨度的回归拟合关系；再基于回归拟合关系，定义了地下厂房围岩支护指数，可定量评价围岩支护是否合理。

4.4.3.1　锚杆对围岩参数的影响

数值计算中一般将锚杆（锚索）简化为杆单元加以模拟，锚杆的作用是通过锚杆的"刚度"体现的，但由于系统锚杆刚度相对于围岩刚度非常小，许多计算成果表明，这种模拟方法不能完全反映锚杆的支护效应。而实际工程中，锚杆通过参与围岩的协调变形过程，对围岩形成锚固效应，提高了加锚岩体的变形与强度参数。

对于加锚围岩强度，其抗剪强度参数可按照式（4.4-1）估算：

$$\left.\begin{aligned} C_1 &= C_0 + \eta\,\frac{\tau_s S}{ab} \\ \varphi_1 &= \varphi_0 \end{aligned}\right\} \tag{4.4-1}$$

式中：C_0、φ_0 为加锚前围岩的黏聚力与内摩擦角；τ_s 为锚杆材料的抗剪强度；S 为锚杆截面面积；a、b 分别为锚杆纵、横布置间距；η 为群锚效应系数，是与锚杆直径等因素有关的无量纲系数，一般取 $\eta=2.0\sim5.0$。

式（4.4-1）中假定，锚杆对围岩参数的提高主要表现在黏聚力的提高上，施加锚杆后黏聚力增量为

$$\Delta C_b = \eta\,\frac{\tau_s S}{ab} = \eta\tau_s\,\frac{\pi d^2}{4ab} \tag{4.4-2}$$

式中：d 为锚杆直径；其他符号意义同前。

4.4.3.2　锚索对围岩参数的影响

一般认为锚杆的加固作用是：①悬吊作用，使分离的岩块不至于脱落；②使破坏岩体重新黏合而具有整体性，从而提高整体强度。而预应力锚索不仅具有上述作用，还对岩体施加了沿锚固方向的正压力，这相当于加大了围岩的侧向围压，从而使原本近似处于单向应力状态的开挖面附近岩体重新处于三向应力状态，从而提高了围岩的强度。

如图 4.4-5 所示，洞壁临空面上一点处

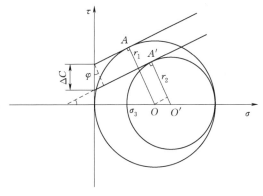

图 4.4-5　预应力锚杆（索）加固机理图

于单向受压状态，即 $\sigma_1 > 0$，$\sigma_3 = 0$，对应于图中莫尔圆 O，而施加预应力后，洞壁围压增大，将莫尔圆半径减小，从而导致应力切线点由 A 下降至 A'，对应与剪应力 τ 轴产生截距差值 ΔC。该截距即为锚索提供的围岩黏聚力增量。

假设加固前后岩体摩擦系数 $f = \tan\varphi$ 不变，则由图 4.4-5 可推知，施加预应力 $N(\text{kN})$，间排距为 $a \times b\,(\text{m} \times \text{m})$ 时，岩体黏聚力可增加：

$$\Delta C_p = \eta \frac{Nf}{2ab}\left(1 + \frac{1}{\sin\varphi}\right) \tag{4.4-3}$$

式中：同式（4.4-1），群锚效应系数 $\eta = 2.0 \sim 5.0$；φ 为加锚前围岩的内摩擦角。

4.4.3.3　锚杆作用下围岩黏聚力增量的统计分析

表 4.4-1 列出了 20 个国内大中型水电站地下厂房锚杆支护参数。表中地应力最大主应力取主厂房附近的最大主应力。根据"拱墙有别"的设计原则，在统计资料中都采用主厂房边墙上的系统锚杆做统计。对于上下游边墙系统锚杆布置有变化的，均取平均值进行统计。围岩黏聚力增量 ΔC_b 由式（4.4-2）得到，其中取 $\eta = 3.5$，$\tau_s = 200\text{MPa}$，表中强度应力比 K_σ 为无量纲常数。

表 4.4-1　　　　　　　　国内大中型水电站地下厂房锚杆支护参数表

工程名称	厂房开挖跨度 B/m	单轴抗压强度 R_b /MPa	最大主应力 /MPa	强度应力比 K_σ	锚杆直径 /mm	锚杆间排距 $a \times b$ /(m×m)	黏聚力增量计算值 ΔC_b /MPa
江口	19.2	90	7.4	12.2	25.0	1.5×1.5	0.153
水布垭	21.5	90	5.6	16.0	28.5	1.5×1.5	0.202
泰安	24.5	160	11.0	14.5	28.0	1.5×1.5	0.192
小浪底	26.2	100	5.0	20.0	32.0	1.5×1.5	0.25
大朝山	26.4	85	11.0	7.7	32.0	1.5×1.5	0.407
瀑布沟	32.4	120	23.3	5.2	30.0	1.5×1.5	0.391
龙滩	30.7	130	13.0	10.0	30.0	1.5×1.5	0.221
锦屏一级	29.2	70	35.7	2.0	32.0	1.2×1.2	0.391
向家坝	31.0	100	8.9	11.3	28.0	1.5×1.5	0.192
三峡	32.5	130	11.7	11.1	28.0	1.5×1.5	0.192
溪洛渡	31.9	120	18.0	6.7	32.0	1.5×1.5	0.25
二滩	30.7	200	29.5	6.8	28.0	1.5×1.5	0.192
佛子岭	25.3	105	1.3	80.8	28.5	1.5×1.5	0.202
两河口	28.7	100	18.0	5.6	32.0	1.5×1.5	0.25
黄金坪	28.8	75	23.2	3.2	32.0	1.5×1.5	0.25
猴子岩	29.2	80	33.5	2.4	32.0	1.3×1.3	0.333
白鹤滩	34.0	95	31.0	3.1	32.0	1.2×1.2	0.391
小湾	31.5	140	25.4	5.5	32.0	1.25×1.25	0.22
大岗山	30.8	60	22.2	2.7	32.0	1.5×1.5	0.25
孟底沟	29.1	85	17.0	5.0	28.0	1.5×1.5	0.192

1. 围岩黏聚力增量与强度应力比之间的关系

将表4.4-1中代表性地下厂房的围岩黏聚力增量 ΔC_b 与强度应力比 K_σ 两列数据绘制于图4.4-6上。

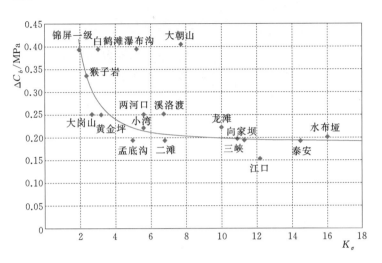

图 4.4-6 锚杆加固下围岩黏聚力增量与强度应力比之间的关系

根据数据点做曲线拟合,可得如下公式:

$$[\Delta C_b] = 0.383(2K_\sigma^{-2} + K_\sigma^{-4}) + 0.19 \tag{4.4-4}$$

从图4.4-6中可以看出,数据点大多都分布在拟合曲线上下,从而形成了围绕曲线上下一定距离的数据带,并且围岩黏聚力增量 ΔC_b 随着强度应力比的减小而增大。其曲线的变化趋势表明:当强度应力比 $K_\sigma \geqslant 6.0$ 时,由围岩黏聚力增量反映的支护强度逐渐趋近于常值;而当强度应力比 $3.0 < K_\sigma < 6.0$ 时曲线逐渐上扬,表明围岩随强度应力比的减小,所需的支护强度显著增加;当 $K_\sigma \leqslant 3.0$ 时,地下厂房围岩处于高—极高地应力状态,所需的支护强度迅速增加,锚杆支护强度 $[\Delta C_b]$ 与强度应力比呈现负二次相关性。式(4.4-4)说明地下厂房的围岩强度越小、地应力越高,所需要的支护强度越大,但增长速率与强度应力比呈现非线性关系。

2. 围岩黏聚力增量与强度应力比和厂房开挖跨度之间的关系

将表4.4-1中代表性地下厂房的围岩黏聚力增量 ΔC_b 与厂房开挖跨度 B、强度应力比 K_σ 三列数据绘制于图4.4-7上,并且根据数据点做曲面拟合,可得如下公式:

$$[\Delta C_b] = 0.01175(2K_\sigma^{-2} + 0.596)B \tag{4.4-5}$$

从图4.4-7中可以看出,围岩黏聚力增量 ΔC_b 与厂房开挖跨度 B 近似呈一次线性关系,并且随着厂房开挖跨度的增加而增加。与式(4.4-5)相比,在强度应力比 $K_\sigma \leqslant 3.0$ 时,锚杆支护强度 $[\Delta C_b]$ 与强度应力比仍然呈现负二次相关性。

4.4.3.4 锚索作用下围岩黏聚力增量的统计分析

1. 围岩黏聚力增量统计

表4.4-2列出了12个国内大型水电站地下厂房锚索支护参数。采用式(4.4-3)计

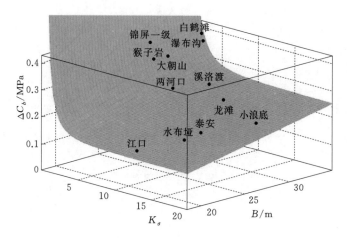

图 4.4 - 7　锚杆加固下围岩黏聚力增量与强度应力比
和厂房开挖跨度之间的关系

算围岩黏聚力增量，其中取 $\eta = 3.5$。

表 4.4 - 2　　　　　　　　　国内大型水电站地下厂房锚索支护参数表

工程名称	厂房开挖跨度 B/m	单轴抗压强度 R_b /MPa	最大主应力 /MPa	强度应力比 K_σ	锚索内力 /kN	锚索间排距 $a \times b$ /(m×m)	黏聚力增量计算值 ΔC_p /MPa
水布垭	21.5	90	5.62	16.00	1500	4.2×4.5	0.335
大朝山	26.4	85	11.00	7.70	2000	4.5×5.2	0.426
锦屏一级	29.2	70	35.70	1.96	1750	4.5×4.5/ 3.5×3.5 *	0.370/0.611*
向家坝	31.0	100	8.85	11.30	1500	5.0×6.0	0.239
溪洛渡	31.9	120	18.00	6.70	1750	4.5×4.5	0.370
二滩	30.7	200	29.54	6.80	1500	3.0×2.0	0.544
黄金坪	28.8	75	23.23	3.20	1750	4.0×4.0	0.479
猴子岩	29.2	80	33.45	2.40	2500	4.0×4.0	0.592
小湾	31.5	140	25.40	5.51	1000	5.0×5.0	0.209
瀑布沟	32.4	120	23.30	5.20	2000	3.0×3.0	0.939
大岗山	30.8	60	22.90	2.70	1800	4.5×4.5	0.845
孟底沟	29.1	85	17.00	5.00	2000	4.5×4.5	0.508

＊　可研阶段/施工图阶段。

2. 围岩黏聚力增量与强度应力比之间的关系

将表 4.4 - 2 中代表性地下厂房的围岩黏聚力增量 ΔC_p 与强度应力比 K_σ 两列数据绘
制于图 4.4 - 8 上，并且根据数据点做曲线拟合，可得如下公式：

$$[\Delta C_p] = 0.7375 K_\sigma^{-0.2578} \tag{4.4 - 6}$$

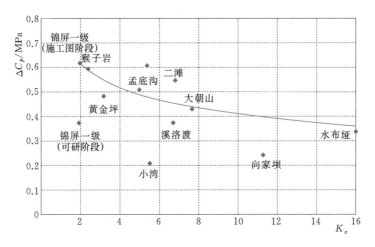

图 4.4-8　锚索加固下围岩黏聚力增量与强度应力比之间的关系

从图 4.4-8 中可以看出，由锚索所提供的围岩黏聚力增量随强度应力比的增加而减小。当强度应力 $K_\sigma \geqslant 4.0$ 时，支护强度减小的速度慢慢减缓，支护强度最终趋近于 0；而当强度应力比 $K_\sigma < 4.0$ 时，支护强度的增长速率有所加快。

对比图 4.4-6，锚杆和锚索拟合曲线有如下区别：①锚索拟合曲线没有明显的过渡带；②当 $K_\sigma < 6.0$ 时，锚索拟合曲线上扬的趋势要小于锚杆拟合曲线上扬的趋势；③当 $K_\sigma \geqslant 6.0$ 时，锚索拟合曲线并未像锚杆拟合曲线那样逐渐趋近于一个常数，而是仍然以一定的速率逐渐减小。这些区别表明：锚索比锚杆能提供更大的支护强度，并且当 $K_\sigma < 4.0$ 时，锚索支护强度随强度应力比的变化速度要小于锚杆。

3. 围岩黏聚力增量与强度应力比和厂房开挖跨度之间的关系

将表 4.4-2 中代表性地下厂房的围岩黏聚力增量 ΔC_p 与厂房开挖跨度 B、强度应力比 K_σ 三列数据绘制于图 4.4-9 上，并且根据数据点做曲面拟合，可得如下公式：

$$[\Delta C_p] = 0.00247(5.753 + 3K_\sigma^{-1} + 4K_\sigma^{-2})B \qquad (4.4-7)$$

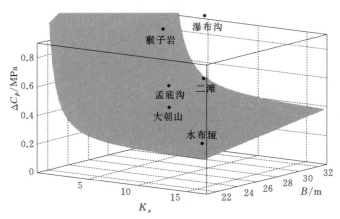

图 4.4-9　锚索加固下围岩黏聚力增量与强度应力比和
厂房开挖跨度之间的关系

从图 4.4-9 中可以看出，数据点大致分布在拟合曲面上下，围岩黏聚力增量随着厂房开挖跨度的增加而增加，这与工程实际是吻合的，并且当强度应力比大于一定值时围岩黏聚力增量与厂房开挖跨度近似呈线性关系。

4.4.3.5 支护强度经验判据

1. 支护指数定义

为了更好地反映实际支护强度与经验公式之间的相对关系，定义无量纲的锚杆支护指数 I_b 为

$$I_b = \frac{\Delta C_b}{[\Delta C_b]} \qquad (4.4-8)$$

式（4.4-8）中，分子代表设计锚杆支护强度计算值，据式（4.4-2）计算；分母为按照经验拟合公式［式（4.4-4）或式（4.4-5）］计算所得的支护强度。

同理，可以定义无量纲的锚索支护指数 I_p 为

$$I_p = \frac{\Delta C_p}{[\Delta C_p]} \qquad (4.4-9)$$

式（4.4-9）中，分子代表设计锚索支护强度计算值，据式（4.4-3）计算；分母为按照经验拟合公式［式（4.4-6）或式（4.4-7）］计算所得的支护强度。

2. 锚杆支护指数统计分析

利用式（4.4-8）计算出各个工程的锚杆支护指数 I_b，可得地下厂房锚杆支护指数统计表（表4.4-3）和地下厂房锚杆支护指数分布范围（图4.4-10）。

表 4.4-3　　　　　　　　　　地下厂房锚杆支护指数统计表

工程名称	黏聚力增量计算值 ΔC_b/MPa	由式 (4.4-4) 算得的 $[\Delta C_b]$/MPa	由式 (4.4-4) 的 $[\Delta C_b]$ 算得的 I_b	由式 (4.4-5) 的算得的 $[\Delta C_b]$/MPa	由式 (4.4-5) 的 $[\Delta C_b]$ 算得的 I_b
江口	0.153	0.195	0.78	0.137	1.11
水布垭	0.202	0.193	1.04	0.153	1.32
泰安	0.192	0.194	0.99	0.174	1.10
小浪底	0.250	0.192	1.30	0.185	1.35
大朝山	0.407	0.203	2.00	0.195	2.08
瀑布沟	0.391	0.219	1.79	0.255	1.53
龙滩	0.221	0.198	1.12	0.222	0.99
锦屏一级	0.391	0.415	0.94	0.376	1.04
向家坝	0.192	0.196	0.98	0.223	0.86
三峡	0.192	0.196	0.979	0.234	0.82
溪洛渡	0.250	0.207	1.21	0.240	1.04
二滩	0.192	0.207	0.93	0.231	0.83
佛子岭	0.202	0.190	1.06	0.177	1.14
两河口	0.250	0.215	1.17	0.222	1.12
黄金坪	0.250	0.268	0.93	0.268	0.93
猴子岩	0.333	0.335	1.00	0.324	1.03
白鹤滩	0.391	0.276	1.42	0.321	1.22
小湾	0.22	0.216	1.02	0.245	0.89
大岗山	0.250	0.302	0.83	0.315	0.79
孟底沟	0.192	0.221	0.87	0.231	0.83

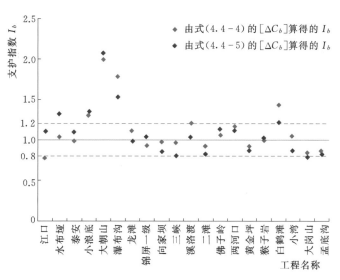

图 4.4-10 地下厂房锚杆支护指数分布范围

由图 4.4-10 可以看出：①锚杆支护指数 I_b 大多都分布在 1.0 上下，多数在 0.8～1.2 范围内；②同一个工程按不同的经验拟合公式计算得到的支护指数相近。这表明经验拟合公式能够很好地反映锚杆支护强度，并且式（4.4-4）和式（4.4-5）的拟合值相近。

3. 锚索支护指数统计分析

利用式（4.4-9）计算出各个工程的锚索支护指数 I_p，可得表 4.4-4 和图 4.4-11。

表 4.4-4　　　　　　　　　　地下厂房锚索支护指数统计表

工程名称	黏聚力增量计算值 $\Delta C_p/MPa$	由式（4.4-6）算得的 $[\Delta C_p]/MPa$	由式（4.4-6）的 $[\Delta C_p]$ 算得的 I_p	由式（4.4-7）算得的 $[\Delta C_p]/MPa$	由式（4.4-7）的 $[\Delta C_p]$ 算得的 I_p
水布垭	0.335	0.361	0.93	0.307	1.09
大朝山	0.426	0.436	0.98	0.393	1.08
锦屏一级	0.370	0.620	0.60	0.583/0.960*	0.63/1.04*
向家坝	0.239	0.395	0.61	0.450	0.53
溪洛渡	0.370	0.452	0.82	0.482	0.77
二滩	0.544	0.450	1.21	0.463	1.18
黄金坪	0.479	0.546	0.88	0.489	0.98
猴子岩	0.592	0.588	1.01	0.539	1.10
小湾	0.209	0.475	0.44	0.486	0.43
瀑布沟	0.939	0.482	1.95	0.504	1.86
大岗山	0.845	0.571	1.48	0.548	1.54
孟底沟	0.508	0.487	1.04	0.455	1.12

*　可研阶段/施工图阶段。

由图 4.4-11 可看出：①锚索支护指数 I_p 分布在 1.0 上下，大多在 0.8～1.2；②同一个工程按不同的经验拟合公式计算得到的支护指数相近。这表明经验拟合公式能够很好地反映锚索支护强度，并且式（4.4-6）和式（4.4-7）的拟合值相近。

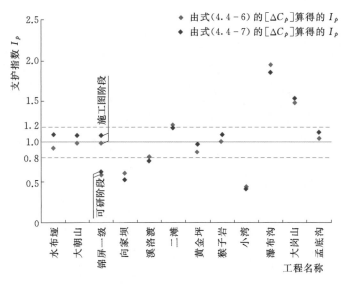

图 4.4 - 11 地下厂房锚索支护指数分布范围

4. 支护强度判据

结合工程实际与经验拟合公式，可将支护指数作为实际工程支护设计的参考依据，评判标准如下：

$$\begin{cases} I_b \text{ 或 } I_p < 0.8 & \text{支护强度偏低} \\ I_b \text{ 或 } I_p = [0.8, 1.2] & \text{支护强度合理} \\ I_b \text{ 或 } I_p > 1.2 & \text{支护强度偏高} \end{cases} \qquad (4.4 - 10)$$

通过对 20 个国内水电站地下厂房的围岩参数、支护设计资料进行统计分析，可得如下结论：

（1）锚杆或锚索可以给围岩提供附加的黏聚力增量。该黏聚力增量反映的支护强度与强度应力比、厂房开挖跨度呈现出一定的函数关系。根据最小二乘拟合的统计方法，提出了锚杆、锚索支护强度与强度应力比 K_σ、厂房开挖跨度 B 的 4 个经验拟合公式。

（2）在经验拟合公式关系曲线上，无论是锚索支护还是锚杆支护，支护强度都有增加速度较快的区间：对于锚杆支护，当强度应力比 $K_\sigma \leqslant 3.0$ 时，地下厂房围岩处于高—极高地应力状态，所需的支护强度迅速增加；对于锚索支护，当强度应力比 $K_\sigma < 4.0$ 时，所需的支护强度显著增加。

（3）基于经验拟合公式，提出了无量纲的支护指数概念。该指数可以直观地表征设计支护强度和工程经验支护强度的相对关系。支护指数可以作为支护强度的定量评判标准，指导锚杆、锚索的设计。

锦屏一级地下厂房工程可研设计，锚索支护间排距为 4.5m×4.5m，锚索支护指数 I_p 为 0.6~0.63，支护强度偏低；施工过程中，围岩开挖变形较大，对锚索支护间排距进行加密，调整为 3.5m×3.5m，其支护指数增至 0.96~1.04，满足围岩变形稳定要求，支护强度合理。

4.4.4　围岩系统支护设计

　　经对地下厂房洞室群围岩稳定性的论证和专题研究，提出了地下洞室群围岩支护设计方案，主要包括系统支护设计、锚索吨位设计、地质缺陷的针对性设计等内容。

　　地下厂房支护参数见表4.4-5，地下厂房三大洞室支护设计如图4.4-12所示。除系统支护设计外，还就局部地质条件较差的部位进行了专门加固设计。安装间f_{13}断层的加固设计，顶拱采用了系统锚喷、系统锚索与双层喷射混凝土钢筋肋拱支护结构的复合支护型式，边墙上进行了钢筋混凝土衬砌，满足结构长期运行承载要求。主厂房和主变室下游拱部的劈裂破坏比较严重，针对上述部位增设了系统锚索框格梁，在原设计系统锚杆的基础上采用预应力锚杆间隔加密措施，此外，对围岩强松弛区还采取了固结灌浆措施，并对尾水调压室顶拱的潜在不稳定块体增加了局部加强锚杆和锚索。

表4.4-5　　　　　　　　　　　　　　　地下厂房支护参数表

位置	开挖尺寸 （长×宽×高） /(m×m×m)	型式	支护类型	部　　位	
				顶拱	边墙
主机间	204.52×25.90×68.80	圆拱直墙形	挂网喷护	初喷C30钢纤维混凝土，厚5cm，挂网$\phi8@20cm×20cm$后喷C25混凝土，厚15cm； f_{14}断层部位：挂网$\phi8@20cm×20cm$后喷C30钢纤维混凝土，厚20cm	初喷C30钢纤维混凝土，厚5cm；挂网$\phi8@20cm×20cm$后喷C25混凝土，厚10cm
			锚杆	砂浆锚杆$\phi32$、$L=7m$/预应力锚杆$\phi32$、$L=9m$，$T=120kN$，间排距为1.2m×1.4m，交错布置； f_{14}断层部位：采用喷混凝土钢筋肋拱支护措施进行加强，肋拱宽度为0.5m，间距为1.2～1.4m，分为两层，每层喷C30钢纤维混凝土，厚20cm（含挂网喷护厚度），每层主筋$3\phi36@20cm$、分布筋$\phi22@30cm$，钢筋和系统锚杆外露段焊接	上部：砂浆锚杆$\phi32$、$L=7m$/预应力锚杆$\phi32$、$L=9m$，$T=120kN$，间排距为1.2m×1.4m； 中部：砂浆锚杆$\phi28$、$L=6m$/$\phi32$、$L=9m$，间排距为1.5m×1.4m，交错布置；f_{14}断层部位采用砂浆锚杆$\phi28$、$L=6m$/锚杆束$3\phi32$、$L=12m$，间排距为1.5m×1.4m； 下部：砂浆锚杆$\phi32$、$L=9m$，间排距为1.0m×1.0m；与压力管道交叉口布置2排锁口锚杆，采用预应力锚杆$\phi32$、$L=12m$，$T=120kN$，间排距为1.0m×1.0m
			锚索	下游拱脚布置6排锚索，每排间距3m。 上部1～3排锚索$T=2000kN$，$S=1500kN$，长度为25m/30m，间隔布置。 第4排锚索$T=1000kN/2000kN$，$S=800kN/1500kN$，长度为25m，间隔布置；第5排锚索布置在拱脚略偏上部位，$T=1000kN$，$S=800kN$，长度为25m。 第6排锚索布置在拱脚略偏下部位，$T=1000kN$，$S=800kN$，长度为25m	第1排锚索（岩壁梁以上）$T=2000kN$，$S=1750kN$；其中上游侧的第1排锚索（岩壁梁以上）与第二层排水廊道对穿； 第2～3排锚索（岩壁梁以下）$T=2000kN/1750kN$，$S=1500kN/1500kN$，长度为25m/30m，间隔布置； 第4～6排锚索$T=2000kN$，$S=1500kN$，长度为25m/30m，间隔布置； 第7～8排锚索$T=2500kN$，$S=2000kN$，长度为20m/25m，间隔布置

位置	开挖尺寸（长×宽×高）/(m×m×m)	型式	支护类型	部位	
				顶拱	边墙
主变室	197.10×19.30×32.70	圆拱直墙形	挂网喷护	初喷 C30 钢纤维混凝土，厚 5cm；挂网 $\phi 8@20$ 后喷 C25 混凝土，厚 10cm；f_{14} 断层部位：挂网 $\phi 8@20cm×20cm$ 后喷 C30 钢纤维混凝土，厚 15cm	初喷 C30 钢纤维混凝土，厚 5cm；挂网 $\phi 8@20cm×20cm$ 后喷 C25 混凝土，厚 10cm
			锚杆	砂浆锚杆 $\Phi 32$、$L=7m$/预应力锚杆 $\Phi 32$、$L=9m$，$T=120kN$，间排距为 1.2m×1.4m，交错布置；f_{14} 断层部位：采用喷混凝土钢筋肋拱支护措施进行加强，肋拱宽度为 0.5m，间距为 1.2～1.4m，分为两层，每层喷 C30 钢纤维混凝土，厚 20cm（含挂网喷护厚度），每层主筋 3 $\Phi 36@20cm$、分布筋 $\Phi 22@30cm$，钢筋和系统锚杆外露段焊接	砂浆锚杆 $\Phi 28$、$L=6m$/$\Phi 32$、$L=9m$，间排距为 1.5m×1.4m，交错布置；f_{14} 断层部位采用砂浆锚杆 $\Phi 28$、$L=6m$/锚筋束 3 $\Phi 32$、$L=12m$，间排距为 1.5m×1.4m；下游上部布置 3 排预应力锚杆 $\Phi 32$，$L=12m$，$T=120kN$
			锚索	下游拱脚布置 3 排锚索，$T=2000kN$，$S=1500kN$，长度为 25m/35m，间排距为 3m×3m	第 1 排锚索 $T=2000kN$，$S=1750kN$，其中下游侧第 1 排锚索与第二层排水廊道对穿，其余 T 依次为 1000kN/1500kN/1750kN，排数为 1/1/2。长度为 20m/25m，间排距为 4m×4m
调压室	①调压室上、下室直径分别为 41.0m、36.0m；②调压室上、下室直径分别为 37.0m、32.0m；总高度分别为 79.0m、78.0m	圆筒形	挂网喷护	喷 C30 钢纤维混凝土，厚 20cm，一般部位：挂网 $\phi 10@20cm$；断层部位：挂网 $\Phi 25@20cm×20cm$	喷 C25 混凝土，厚 15cm；挂网 $\phi 8@20cm×20cm$
			锚杆	砂浆锚杆 $\Phi 32$、$L=7m$/预应力锚杆 $\Phi 32$、$L=9m$，$T=120kN$，间排距为 1.2m×1.2m，交错布置；f_{14} 断层部位采用交叉锚杆：$\Phi 32$、$L=9m$，间距为 1.4m；下游拱脚：4 排 $\Phi 32$，$L=12m$，$T=120kN$	砂浆锚杆 $\Phi 32$，$L=6m/9m$，间排距为 1.5m×1.4m，交错布置；f_{14} 断层部位采用交叉锚杆，2 排砂浆锚杆 $\Phi 32$，$L=12m$；与尾水连接道、尾水洞交叉口布置 2 排锁口锚杆，采用预应力锚杆 $\Phi 36$，$L=12m$，$T=120kN$，间排距为 1.0m×1.0m
			锚索	顶拱布置 7 圈锚索，$T=2000kN$，$S=1750kN$，长度为 25～35m，间排距为 4m，其中断层部位锚索角度为大角度穿越布置，其余为辐射状布置	上游：第 1 排锚索与第二层排水廊道对穿，$T=2000kN$，$S=1750kN$；其余 T 依次为 1500kN/2000kN/1000kN，排数为 2/6/2，间排距为 4m；下游：第 10 排锚索 $T=2000kN$，$S=1750kN$；第 1 排锚索 $T=1000kN$。长度为 25～30m，间排距为 4m，其中断层部位锚索角度为大角度穿越布置，其余为辐射状布置

注 T—设计锚固力；S—锚固力锁定值；L—锚杆（索）长度。

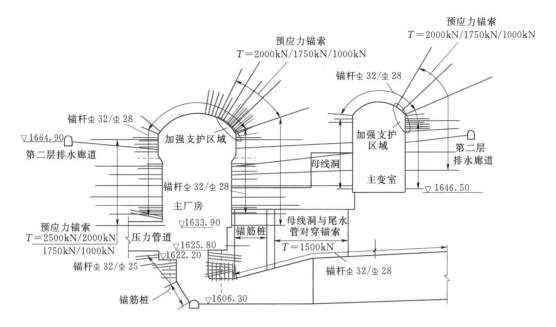

（a）主厂房、主变室

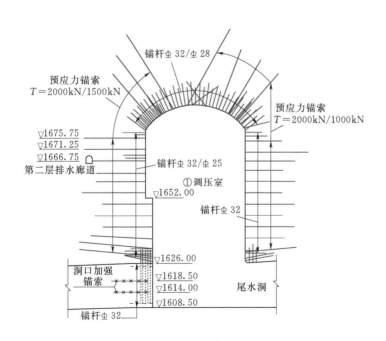

（b）尾水调压室

图 4.4－12　地下厂房三大洞室支护设计图

4.5　洞室群围岩稳定初步分析

4.5.1　围岩稳定性分析方法

地下洞室群围岩稳定性数值分析方法众多，主要包括连续介质力学方法和非连续介质力学方法，其中以有限元和有限差分为代表的连续介质力学方法应用较为普遍。本书分别采用三维非线性有限元和三维有限差分 FLAC³ᴰ 来开展分析。

FLAC³ᴰ程序是用于描述连续介质应力应变关系的数值分析系统。从数值计算角度来讲，FLAC³ᴰ程序的基本原理即是通过几何拓扑理论将三维空间内的岩土体结构离散成由四面体、六面体单元组成的差分网格集合，并利用高斯积分、线性插值方法将每个差分网格的质量、内部应力和外部荷载形成的不平衡力向相邻网格节点平均，由此便可以在每个网格节点处建立牛顿第二定律控制性方程 $F=ma$（其中 a 为网格节点加速度），进而对加速度项 a 进行离散化，最终得到由网格节点速度所表达的中心差分型（显式）控制性方程。为了保证数值算法的完备性，FLAC³ᴰ程序每隔一定迭代步即进行一次网格单元之间内部变量信息的传递，完成不平衡力和网格位置的更新。

FLAC³ᴰ迭代计算原理见图 4.5-1。

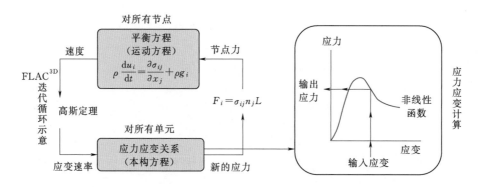

图 4.5-1　FLAC³ᴰ迭代计算原理

4.5.2　洞室群围岩稳定性分析

取计算坐标系为 $oxyz$，oxy 平面为水平面，x 轴垂直于厂房轴线，指向下游为正；y 轴与厂房轴线重合，由 1 号机组指向 6 号机组为正；铅垂轴 z 轴向上为正，通过 1 号机组中心线。计算范围为：$-400\text{m} \leqslant x \leqslant 600\text{m}$（长 1000m），$-130.4\text{m} \leqslant y \leqslant 410.8\text{m}$（宽 541.2m）和 $z \geqslant 1400\text{m}$（高 230~910m）。边界条件为：模型四周施加法向位移约束，模型底部施加法向和切向位移约束，山体表面自由。

三维计算的优点是从整体上进行分析，利于把握全局。三维数值模型如图 4.5-2 所示。整个计算区域共剖分了 389516 个四面体单元、65960 个节点。

结合厂区 12 组地应力实测数据，根据地应力点的实测值和山体地形进行分期开挖，

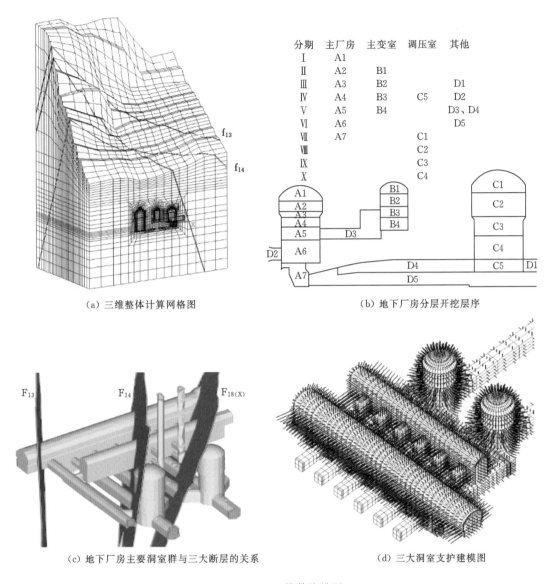

(a) 三维整体计算网格图

分期	主厂房	主变室	调压室	其他
Ⅰ	A1			
Ⅱ	A2	B1		
Ⅲ	A3	B2		D1
Ⅳ	A4	B3	C5	D2
Ⅴ	A5	B4		D3、D4
Ⅵ	A6			D5
Ⅶ	A7		C1	
Ⅷ			C2	
Ⅸ			C3	
Ⅹ			C4	

(b) 地下厂房分层开挖层序

(c) 地下厂房主要洞室群与三大断层的关系

(d) 三大洞室支护建模图

图 4.5-2　三维数值模型

模拟河谷剥蚀形成过程，再采用三维正交多项式构建三维应力函数的回归方法，来反演三维地应力场。反演得到的第一主应力等值线及矢量图如图 4.5-3 所示。对比计算应力和实测应力，除了第 1 实测点和第 12 实测点的第一主应力实测值与计算值相差较大外，大多数实测点的应力值和方向都吻合较好；反演回归的复相关系数 $R=0.7988$，说明在主要建筑物处的反演计算应力场基本与实测地应力点吻合，反演计算应力场基本上反映了实测应力点的基本规律。

在地应力反演成果的基础上，考虑进行洞室开挖支护稳定分析。开挖后洞周的最大位移值见表 4.5-1，主厂房上下游侧开挖完成后的洞周位移矢量分布如图 4.5-4 所示。

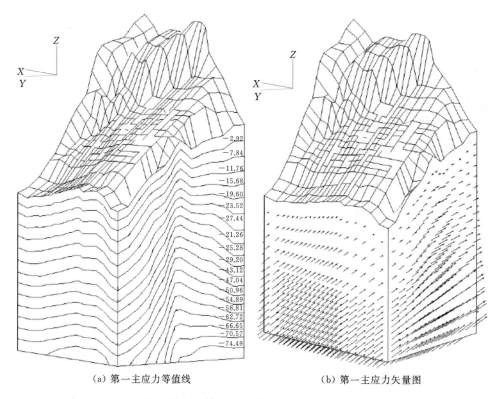

(a) 第一主应力等值线　　　　　　　　　(b) 第一主应力矢量图

图 4.5-3　地下厂房地应力场三维成果图

表 4.5-1　　　　　　　　　　　　　整体分析洞周位移分布　　　　　　　　　　　　单位：cm

分期		5 号机组开挖位移				第Ⅹ期开挖洞周位移	
		Ⅰ期	Ⅱ期	Ⅶ期	Ⅹ期	5 号机组	6 号机组
主厂房	顶拱	4.45	4.05	2.90	2.93	2.93	1.72
	上游	1.84	3.33	9.64	9.18	9.18	6.16
	下游	1.81	3.31	8.71	9.36	9.36	5.90
主变洞	顶拱		2.56	1.43	1.53	1.53	0.82
	上游		1.56	3.65	3.63	3.63	2.05
	下游		1.47	4.85	4.73	4.73	3.55
尾闸室	顶拱			2.62	2.77	2.77	
	上游			8.55	8.89	8.89	
	下游			6.58	6.80	6.80	

　　从施工开挖过程的洞周围岩破坏区发展变化情况来看，由于在整体稳定分析时考虑了两端墙的约束，所以边机组段的稳定条件优于中间机组段。开挖完成后的洞室围岩破坏指标和洞周应力统计见表 4.5-2。

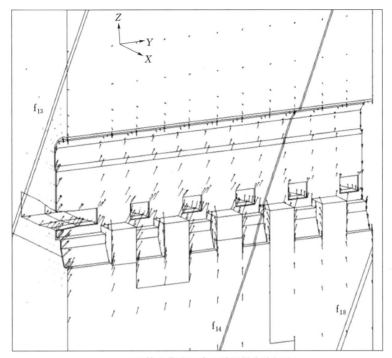

（a）第Ⅹ期主厂房上游洞周位移矢量

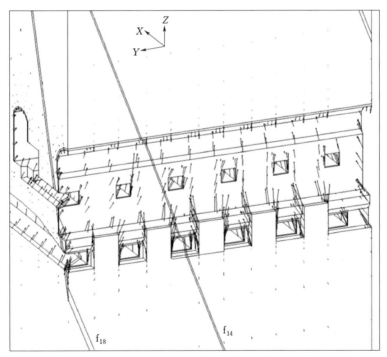

（b）第Ⅹ期主厂房下游洞周位移矢量

图 4.5－4　第Ⅹ期主厂房洞周位移矢量分布图

表 4.5 - 2   开挖完成后的洞室围岩破坏指标和洞周应力统计表

开挖分期	围岩破坏指标					主厂房 5 号机组洞周应力							
	塑性体积/万 m³	开裂体积/万 m³	回弹体积/万 m³	总破坏量/万 m³	耗散能量/(万 t·m)	开挖分期		主厂房应力/MPa			调压室应力/MPa		
								顶拱	上游边墙	下游边墙	顶拱	上游边墙	下游边墙
Ⅰ	0.66	9.89	0.00	10.69	6.32	Ⅰ	σ_1	−24.04	−54.68	−52.13			
Ⅱ	0.67	14.82	0.27	16.00	11.25		σ_3	−2.91	−18.83	−17.95			
Ⅲ	0.69	19.54	0.29	20.75	17.82	Ⅱ	σ_1	−24.03	−52.15	−47.03			
Ⅳ	0.81	24.37	0.46	25.89	84.15		σ_3	−1.42	−13.18	−13.18			
Ⅴ	3.18	29.37	0.94	33.84	96.23	Ⅶ	σ_1	−26.58	−44.45	−44.15	−30.70	−29.38	−28.08
Ⅵ	6.27	49.64	1.45	57.95	118.49		σ_3	−1.42	−3.31	−2.39	−7.00	−10.65	−9.45
Ⅶ	18.50	37.73	2.25	59.28	126.05	Ⅹ	σ_1	−26.57	−41.90	−41.90	−33.32	−30.70	−30.69
Ⅷ	22.23	36.57	2.64	62.28	128.57		σ_3	−1.42	−2.39	−1.42	−4.58	−4.58	−3.37
Ⅸ	21.48	40.01	2.86	65.18	129.95								
Ⅹ	20.71	43.26	2.98	67.68	136.12								

    对整体洞室群进行分期开挖和分期支护计算，发现除了位于Ⅳ₁类岩体中右端墙的锚杆应力、岩体破坏区、洞室位移较大外，整个洞周的围岩破坏区、位移变形、应力分布状态和锚杆、锚索受力条件均较为合理。在洞室交叉口和断层局部进行一些加强支护，洞室的整体稳定是可以得到保证的。

第 5 章

围岩稳定耗散能分析
与支护时机选择

洞室开挖卸载后，围岩围压急剧降低，洞周围岩屈服和破坏表现出脆性软化的特征。由岩石三轴试验成果可知，随着围压升高，围岩残余强度也随之提高，这一岩石峰后力学行为难以用传统 Mohr‐Coulomb 或 Hoek‐Brown 弹塑性理论来模拟。因此，有必要从一个新角度出发来分析地下工程围岩力学行为。从本质上讲，岩体的变形破坏过程是围岩能量的储存和耗散过程，岩体强度和允许极限变形均是能量存储能力和耗散特征的体现。本章提出了围岩耗散能稳定分析模型（Energy Dissipation Model，EDM），可更好地解释能量耗散及大变形的发生和发展过程；同时引入了时效变形荷载，建立了围岩最优锚固时机及锚索锁定系数的计算方法。

5.1　围岩稳定耗散能理论分析方法

围岩耗散能稳定分析模型（EDM）满足以下几个原则：

（1）能够模拟不同围压下岩体的力学行为，即能够方便模拟不同围压下，岩体可能表现出的弹性、软化、塑性硬化（简称硬化）等应力应变关系。

（2）基于围岩耗散能稳定分析模型（EDM）所建立的有限元求解方法可处理软化阶段的负刚度问题，而且不会出现整体有限元方程奇异性，从而克服弹塑性有限元法难以模拟软化现象的难题。

（3）提出的能量判据是围岩状态（完好、部分破坏、完全破坏）的定量评判指标，从而克服单一应力指标或者单一应变指标的局限性。

5.1.1　围岩总抗能

岩体处于弹性工作状态时，外力功全部转化为弹性能，此时无能量耗散，如图 5.1-1 和图 5.1-2 中 OA 段的 a 点，在弹性阶段，卸除外力后，应变也恢复至零；而当应力状态进入软化阶段或塑性硬化阶段，如 AB 段的 b 点，卸除外力，b 点应变 ε_b 将不能够完全归零，有不可恢复的塑性变形 ε_p 产生，此时外力功包含了不可恢复的耗散能 U_d，以及可释放的弹性应变能 U_e，系统总输入能量为两者之和：

$$U = U_d + U_e \qquad (5.1-1)$$

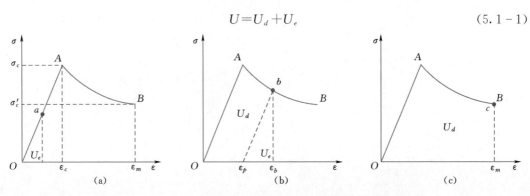

图 5.1-1　弹性＋软化不同应力状态下耗散能与弹性能的关系

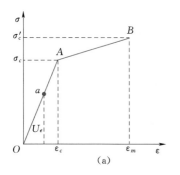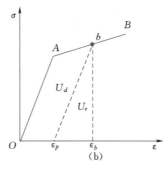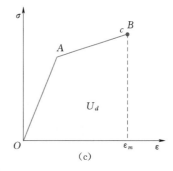

图 5.1-2 弹性＋塑性硬化不同应力状态下耗散能与弹性能的关系

随着外力功的增大，应力状态逐步向岩体承载极限靠近，耗散能所占份额逐步增大，当到达极限应变状态时（图 5.1-1 和图 5.1-2 中 AB 段的 c 点），岩体耗散能达到极值，而弹性应变能则减小为零。

定义岩体总抗能为

$$U_{\text{rock}} = \int_0^{\varepsilon_m} \sigma \, \mathrm{d}\varepsilon \tag{5.1-2}$$

岩体总抗能在几何上可理解为应力应变全过程曲线的面积，物理上代表岩体在一定围压下所能够承受的最大耗散能。根据式（5.1-2）的定义，可推导出岩体总抗能：

$$\begin{cases} U_{\text{rock}} = \dfrac{1}{2}\sigma_c \varepsilon_c + \dfrac{\sigma_c}{n}\left[e^{n(\varepsilon_m - \varepsilon_c)} - 1\right] & \text{当 } \sigma_c' < \sigma_c \text{（软化模型）} \\ U_{\text{rock}} = \dfrac{1}{2}\sigma_c \varepsilon_c + \dfrac{1}{2}(\sigma_c + \sigma_c')(\varepsilon_m - \varepsilon_c) & \text{当 } \sigma_c' \geqslant \sigma_c \text{（硬化模型）} \end{cases} \tag{5.1-3}$$

定义岩体能量耗散比为耗散能与总抗能之比，即：$R_d = U_d / U_{\text{rock}}$。

5.1.2 围岩耗散能

5.1.2.1 软化阶段耗散能

弹性＋软化应力状态下耗散能计算简图如图 5.1-3 所示，设弹性阶段 OA 的弹性模量为 E，软化阶段 C 点对应的卸载模量为 E_u，若 C 点对应的第一主应力和第一主应变分别为 σ_1 和 ε_1，则 C 点对应的耗散能 U_d 为

$$U_d = U_{OABC} - U_{CFB} = U_{OAG} + U_{AGBC} - U_{CFB} \tag{5.1-4}$$

$$U_{OAG} = \frac{1}{2}\sigma_c \varepsilon_c \tag{5.1-5}$$

$$U_{AGBC} = \int_{\varepsilon_c}^{\varepsilon_1} \sigma \, \mathrm{d}\varepsilon = \int_{\varepsilon_c}^{\varepsilon_1} \sigma_c e^{n(\varepsilon - \varepsilon_c)} \, \mathrm{d}\varepsilon \tag{5.1-6}$$

积分可得：

$$U_{AGBC} = \frac{\sigma_c}{n}\left[e^{n(\varepsilon_1 - \varepsilon_c)} - 1\right] \tag{5.1-7}$$

由卸载模量 E_u 可知：

$$U_{CFB} = \frac{\sigma_1^2}{2E_u} \tag{5.1-8}$$

将式（5.1-5）、式（5.1-7）和式（5.1-8）代入式（5.1-4），可得软化阶段耗散能计算公式：

$$U_d = \frac{1}{2}\sigma_c\varepsilon_c + \frac{\sigma_c}{n}\left[e^{n(\varepsilon_1-\varepsilon_c)}-1\right] - \frac{\sigma_1^2}{2E_u} \tag{5.1-9}$$

5.1.2.2 硬化阶段耗散能

弹性＋硬化应力状态下耗散能计算简图如图 5.1-4 所示，设弹性阶段 OA 的弹性模量为 E，软化阶段 C 点对应的卸载模量为 E_u，若 C 点对应的第一主应力和第一主应变分别为 σ_1 和 ε_1，则 C 点对应的耗散能 U_d 为

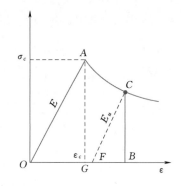

图 5.1-3 弹性＋软化应力状态下
耗散能计算简图

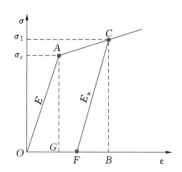

图 5.1-4 弹性＋硬化应力状态下
耗散能计算简图

$$U_d = U_{OABC} - U_{CFB} = U_{OAG} + U_{AGBC} - U_{CFB} \tag{5.1-10}$$

$$U_{OAG} = \frac{1}{2}\sigma_c\varepsilon_c \tag{5.1-11}$$

$$U_{AGBC} = \frac{1}{2}(\sigma_c+\sigma_1)(\varepsilon_1-\varepsilon_c) \tag{5.1-12}$$

由卸载模量 E_u 可知：

$$U_{CFB} = \frac{\sigma_1^2}{2E_u} \tag{5.1-13}$$

将式（5.1-11）、式（5.1-12）和式（5.1-13）代入式（5.1-10），可得硬化阶段耗散能计算公式：

$$U_d = \frac{1}{2}\sigma_c\varepsilon_c + \frac{1}{2}(\sigma_c+\sigma_1)(\varepsilon_1-\varepsilon_c) - \frac{\sigma_1^2}{2E_u} \tag{5.1-14}$$

5.1.2.3 耗散能计算公式

总结耗散能计算公式如下：

$$\begin{cases} U_d = 0 & \text{当 } \varepsilon_1 \leqslant \varepsilon_c \\ U_d = \dfrac{1}{2}\sigma_c\varepsilon_c + \dfrac{\sigma_c}{n}\left[e^{n(\varepsilon_1-\varepsilon_c)}-1\right] - \dfrac{\sigma_1^2}{2E_u} & \text{当 } \varepsilon_c < \varepsilon \leqslant \varepsilon_m,\text{且 } \sigma_c' < \sigma_c(\text{软化模型}) \\ U_d = \dfrac{1}{2}\sigma_c\varepsilon_c + \dfrac{1}{2}(\sigma_c+\sigma_1)(\varepsilon_1-\varepsilon_c) - \dfrac{\sigma_1^2}{2E_u} & \text{当 } \varepsilon_c < \varepsilon \leqslant \varepsilon_m,\text{且 } \sigma_c' \geqslant \sigma_c(\text{硬化模型}) \end{cases}$$

$$\tag{5.1-15}$$

5.1.3　割线弹性模量

传统的弹塑性有限元法，常常采用下式来描述增量弹塑性本构关系：

$$\Delta\sigma = D_{ep}\Delta\varepsilon \tag{5.1-16}$$

式中：D_{ep} 为切线弹塑性矩阵。

这种增量型本构关系，对于弹性阶段以及弹塑性硬化阶段，都能保证 D_{ep} 的正定性，进而保证整体刚度矩阵的正定性。

但对于图 5.1-1（a）对应的软化阶段，应变的增长导致应力的下降，这时出现了负切线模量，这将导致整体方程奇异。为避免负刚度问题，提出采用割线模量进行计算，即岩体任意时刻的应力可以通过割线模量来确定，一维割线应力应变关系为

$$\sigma_1 = E_{cut}\varepsilon_1 \tag{5.1-17}$$

用割线弹性矩阵 D_{cut} 描述的增量弹塑性本构为

$$\Delta\sigma = D_{cut}\Delta\varepsilon \tag{5.1-18}$$

割线弹性矩阵 D_{cut} 形式如下：

对有限元平面应力问题：

$$D_{cut} = \frac{E_{cut}}{1-\mu^2}\begin{bmatrix} 1 & \mu & 0 \\ \mu & 1 & 0 \\ 0 & 0 & \dfrac{1-\mu}{2} \end{bmatrix}$$

对有限元平面应变问题：

$$D_{cut} = \frac{E_{cut}(1-\mu)}{(1+\mu)(1-2\mu)}\begin{bmatrix} 1 & \dfrac{\mu}{1-\mu} & 0 \\ \dfrac{\mu}{1-\mu} & 1 & 0 \\ 0 & 0 & \dfrac{1-2\mu}{2(1-\mu)} \end{bmatrix}$$

对于三维问题：

$$D_{cut} = \frac{E_{cut}(1-\mu)}{(1+\mu)(1-2\mu)}\begin{bmatrix} 1 & & & & & \\ \dfrac{\mu}{1-\mu} & 1 & & \text{对} & & \\ \dfrac{\mu}{1-\mu} & \dfrac{\mu}{1-\mu} & 1 & & \text{称} & \\ 0 & 0 & 0 & \dfrac{1-2\mu}{2(1-\mu)} & & \\ 0 & 0 & 0 & 0 & \dfrac{1-2\mu}{2(1-\mu)} & \\ 0 & 0 & 0 & 0 & 0 & \dfrac{1-2\mu}{2(1-\mu)} \end{bmatrix}$$

显然，在弹性阶段，割线模量与弹性模量相等，即 $E_{cut}=E$。而在软化阶段，由于割

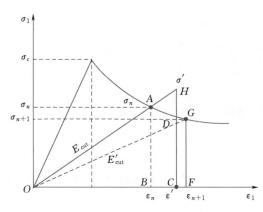

图 5.1-5 弹性＋软化应力状态下割线模量
计算简图

线模量始终为正，从而避免了负刚度问题。

下面分别对软化阶段和塑性硬化阶段的割线模量计算公式进行推导。

1. 软化阶段割线模量

弹性＋软化应力状态下割线模量计算简图如图 5.1-5 所示，设上一步应力和应变分别为 σ_n 和 ε_n，割线模量为 E_{cut}。本步荷载施加后，应力和应变增加至 σ' 和 ε'，此时应力超越了软化阶段的应力应变关系曲线，形成超出部分能量 U_{ADE}，而这是当前岩体应力状态所不能承受的，岩体会产生更大变形，从而将超出部分能量 U_{ADE} 消耗掉，故有：

$$U_{ADH} = U_{DCFG} \tag{5.1-19}$$

G 点对应的应变和应力才是本步对应的真实应变 ε_{n+1} 和应力 σ_{n+1}。由图 5.1-5 所示可知：

$$U_{ADH} = U_{OCH} - U_{OBA} - U_{ABCD} \tag{5.1-20}$$

其中

$$U_{OCH} = \frac{1}{2} E_{cut} \varepsilon'^2 = \frac{1}{2} \sigma' \varepsilon' \tag{5.1-21}$$

$$U_{OAB} = \frac{1}{2} \sigma_n \varepsilon_n \tag{5.1-22}$$

$$\Rightarrow \quad U_{ABCD} = \frac{\sigma_c}{n} \left[e^{n(\varepsilon' - \varepsilon_c)} - e^{n(\varepsilon_n - \varepsilon_c)} \right] \tag{5.1-23}$$

$$\Rightarrow \quad U_{DCFG} = \frac{\sigma_c}{n} \left[e^{n(\varepsilon_{n+1} - \varepsilon_c)} - e^{n(\varepsilon' - \varepsilon_c)} \right] \tag{5.1-24}$$

将式（5.1-21）、式（5.1-22）、式（5.1-23）代入式（5.1-20），并结合式（5.1-24）和式（5.1-20）可得本步应变：

$$\varepsilon_{n+1} = \varepsilon_c + \frac{1}{n} \ln \left[\frac{n}{2\sigma_c} (\sigma' \varepsilon' - \sigma_n \varepsilon_n) + e^{n(\varepsilon_n - \varepsilon_c)} \right] \tag{5.1-25}$$

本步应力为

$$\sigma_{n+1} = \sigma_c e^{n(\varepsilon - \varepsilon_c)} \tag{5.1-26}$$

又因 $\sigma_{n+1} = E'_{cut} \varepsilon_{n+1}$，所以本步割线模量为

$$E'_{cut} = \frac{\sigma_c}{\varepsilon_{n+1}} e^{n(\varepsilon_{n+1} - \varepsilon_c)} \tag{5.1-27}$$

式中：n 为应力软化指数。

2. 硬化阶段割线模量

弹性＋硬化不同应力状态下割线模量计算简图如图 5.1-6 所示，设上一步应力和应

变分别为 σ_n 和 ε_n，此时割线模量为 E_{cut}。本步荷载施加后，应力和应变增加至 σ' 和 ε'，此时应力超越了强化阶段的应力应变关系曲线，形成超出部分能量，岩体会产生更大变形，从而将超出部分能量消耗掉，同理满足式（5.1-19）。

G 点对应的应变和应力才是本步对应的真实应变 ε_{n+1} 和应力 σ_{n+1}。假设应力应变关系曲线上点 D 的应力为 σ_{norm}，则由图 5.1-6 可知：

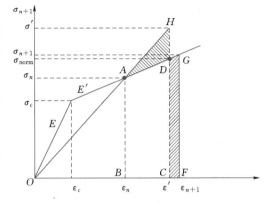

图 5.1-6 弹性+硬化不同应力状态下割线
模量计算简图

$$\sigma_{norm} = \sigma_c + E'(\varepsilon' - \varepsilon_c) \qquad (5.1-28)$$

$$U_{ADH} = \frac{1}{2}(\sigma' - \sigma_{norm})(\varepsilon' - \varepsilon_n) \qquad (5.1-29)$$

$$U_{DCFG} = \frac{1}{2}(\sigma_{norm} + \sigma_{n+1})(\varepsilon_{n+1} - \varepsilon') \qquad (5.1-30)$$

将式（5.1-29）和式（5.1-30）代入式（5.1-28），可得：

$$\sigma_{norm}\varepsilon_{n+1} + \sigma_{n+1}\varepsilon_{n+1} - \sigma_{n+1}\varepsilon' = \sigma'\varepsilon' - (\sigma' - \sigma_{norm})\varepsilon_n \qquad (5.1-31)$$

由图 5.1-6 可知：

$$\sigma_{n+1} = \sigma_c + E'(\varepsilon_{n+1} - \varepsilon_c) \qquad (5.1-32)$$

将式（5.1-32）代入式（5.1-31），可得：

$$E'\varepsilon_{n+1}^2 + (\sigma_{norm} - E'\varepsilon_c - E'\varepsilon' + \sigma_c)\varepsilon_{n+1} + E'\varepsilon_c\varepsilon' - \sigma_c\varepsilon' - \sigma'\varepsilon' + (\sigma' - \sigma_{norm})\varepsilon_n = 0 \qquad (5.1-33)$$

令

$$A = E' \qquad (5.1-34)$$

$$B = \sigma_{norm} + \sigma_c - E'(\varepsilon_c + \varepsilon') \qquad (5.1-35)$$

$$C = (\sigma' - \sigma_{norm})\varepsilon_n + (E'\varepsilon_c - \sigma' - \sigma_c)\varepsilon' \qquad (5.1-36)$$

则式（5.1-33）可简化为

$$A\varepsilon_{n+1}^2 + B\varepsilon_{n+1} + C = 0 \qquad (5.1-37)$$

对于理想弹塑性问题，硬化阶段模量 $E' = 0$，此时：

$$\varepsilon_{n+1} = -\frac{C}{B} \qquad (5.1-38)$$

若 $E' \neq 0$，则

$$\varepsilon_{n+1} = \frac{-B + \sqrt{B^2 - 4AC}}{2A} \qquad (5.1-39)$$

故有本步荷载对应的割线模量为

$$E'_{cut} = \frac{\sigma_{n+1}}{\varepsilon_{n+1}} = \frac{\sigma_c}{\varepsilon_{n+1}} + E'\left(1 - \frac{\varepsilon_c}{\varepsilon_{n+1}}\right) \qquad (5.1-40)$$

3. 割线模量计算公式

总结割线模量计算公式如下:

$$
\begin{cases}
E'_{\mathrm{cut}}=E & \text{当 } \varepsilon_1 \leqslant \varepsilon_c \\[2mm]
E'_{\mathrm{cut}}=\dfrac{\sigma_c}{\varepsilon_{n+1}} e^{n(\varepsilon_{n+1}-\varepsilon_c)} & \text{当 } \varepsilon_c < \varepsilon \leqslant \varepsilon_m, \text{且 } \sigma'_c < \sigma_c \text{(软化模型)} \\[2mm]
E'_{\mathrm{cut}}=\dfrac{\sigma_{n+1}}{\varepsilon_{n+1}}=\dfrac{\sigma_c}{\varepsilon_{n+1}}+E'\left(1-\dfrac{\varepsilon_c}{\varepsilon_{n+1}}\right) & \text{当 } \varepsilon_c < \varepsilon \leqslant \varepsilon_m, \text{且 } \sigma'_c \geqslant \sigma_c \text{(硬化模型)}
\end{cases}
\tag{5.1-41}
$$

5.1.4 卸载模量

计算软化阶段和硬化阶段耗散能时,需要用到卸载模量。岩体试验发现,卸载模量大致与弹性阶段的加载模量相等,如图 5.1-7 所示。显然,当达到极限应变 ε_m 时,岩体完全破坏,岩体承受的应力产生阶跃,衰减至 0,即卸载模量趋于无穷大。

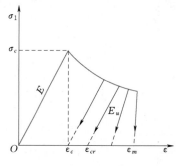

图 5.1-7 卸载模量变化规律图

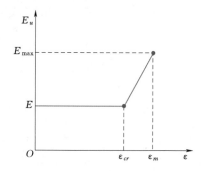

图 5.1-8 卸载模量计算示意图

不妨假设卸载模量 E_u 如图 5.1-8 卸载模量计算示意图所示进行计算:

$$
\begin{cases}
E_u=E & \text{当 } \varepsilon_1 \leqslant \varepsilon_{cr} \\
E_u=E+\alpha(\varepsilon_1-\varepsilon_{cr}) & \text{当 } \varepsilon_1 > \varepsilon_{cr}
\end{cases}
\tag{5.1-42}
$$

其中

$$
\alpha=\frac{E_{\max}-E}{\varepsilon_m-\varepsilon_{cr}}
$$

式中:$E_{\max}$ 为达到极限应变 ε_m 时对应的卸载模量,可以取 $E_{\max}=100E$;ε_{cr} 为临界应变,可以取 $\varepsilon_{cr}=0.9\varepsilon_m$;其他符号意义同前。

5.1.5 围岩破裂过程的泊松比

岩体在弹性工作阶段,泊松比较小。但当接近破坏时,微裂隙发育,岩体趋于破碎,表现出强烈的扩容现象,泊松比快速增大。理论上泊松比应该小于 0.5,但是实验测试中由于扩容影响常会出现泊松比大于 0.5 的情况。为模拟泊松比增大的扩容现象,可假设泊松比为能量耗散比的函数(图 5.1-9):

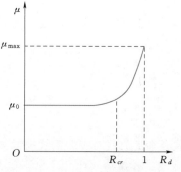

图 5.1-9 泊松比计算示意图

$$\begin{cases} \mu = \mu_0 & \text{当 } R_d \leqslant R_{cr} \\ \mu = \mu_0 + \beta (R_d - R_{cr})^2 & \text{当 } R_d > R_{cr} \end{cases} \qquad (5.1-43)$$

其中
$$\beta = \frac{\mu_{\max} - \mu_0}{(1 - R_{cr})^2}$$

式中：μ_0 为初始泊松比；$\mu_{\max}$ 为破坏时对应的最大泊松比，取值为 0.49；R_{cr} 为临界能量耗散比，可以取 $R_{cr} = 0.90 \sim 0.95$；其他符号意义同前。

5.2 支护结构的抗能研究

5.2.1 围岩支护结构的模拟

对于锚杆和锚索加固作用的分析，多是将锚杆、锚索单元视为杆单元或梁单元考虑，一方面通过考虑锚杆、锚索的刚度贡献；另一方面考虑锚杆、锚索对围岩强度参数的贡献。这种分析方法得到的支护效果往往不明显，围岩在支护前后变形差异很小，塑性区减小也不明显。这给工程人员对支护措施的效果评判带来极大的困扰。

由能量耗散理论可知，围岩破坏不仅取决于峰值抗压强度，而且取决于围岩的极限应变。传统弹塑性理论由于基于峰值强度，可以回答围岩应力是否已经超越弹性极限的问题，但是由于未考虑不同围压下围岩的极限应变，故而传统弹塑性理论不能回答围压进入软化阶段后的变形直至失稳的过程。事实上，由于岩体存在软化阶段，尽管围岩应力可能超越了弹性阶段，但是围岩不一定失去承载能力而破坏，而是会进入应力下降、变形增长的软化阶段。围岩破坏发生在其应变接近极限应变的时刻，此时其耗散能十分接近总抗能，围岩表现出显著扩容，泊松比显著增大，围岩突然失去承载能力，从而退出工作状态。

因此，弹塑性计算所获得的塑性区一定大于真实的破坏区，真实的破坏区是耗散能量比 R_d 接近 1.0 的区域，因此仅仅比较支护前后塑性区的变化难以客观评价支护效果。从能量的角度来看，锚杆、锚索的施加使得原本处于临界状态的岩体得到了新的抗能，从而降低了能量耗散比，避免了围岩突然破坏失稳。

5.2.2 锚杆、锚索对围岩的支护作用

锚杆、锚索施加后，与围岩构成共同的变形和承载体系。相对于岩体，锚杆、锚索的抗拉强度大，且塑性变形量大。支护体系对围岩系统能量输入主要体现在以下 4 个方面：

（1）锚杆、锚索抗拉强度提供的抗能。

（2）锚杆、锚索围岩接触面提供的抗能。

（3）围岩裂隙灌浆提供的抗能。

（4）预应力锚杆、锚索提供的附加侧向应力。

支护结构对围岩总抗能的提高主要体现在两方面：①通过锚杆、锚索输入的附加能量，使得围岩在自身极限应变状态下仍能与锚杆、锚索共同变形，从而将极限应变 ε_m 提高至 ε_m^J（图 5.2-1），增大了总抗能，防止了围岩破坏失稳；②预应力锚杆、锚索提供的附加侧向应力提高了围岩的围压，从而使得围岩的抗压强度由 σ_c 增大至 σ_c^J（图 5.2-2），

从而也增加了总抗能。

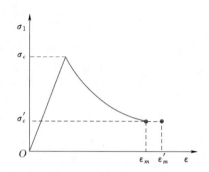

图 5.2-1 锚杆（索）增加围岩极限
应变示意图

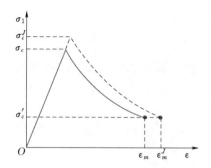

图 5.2-2 锚杆（索）增加围岩
抗能示意图

下面分别阐述上述能量作用效应。

5.2.2.1 锚杆、锚索抗拉强度提供的抗能

如图 5.2-3 所示，设锚杆（索）间排距为 $a \times b$、锚杆（索）长度为 L、截面面积为 A_g、直径为 ϕ，则长 A、宽 B、深 L 的区域岩体体积为

$$V_r = ABL \qquad (5.2-1)$$

该体积岩体内总锚杆（索）数为

$$n = \frac{A}{a} \frac{B}{b} \qquad (5.2-2)$$

锚杆（索）总体积为

$$V_b = nA_g L \qquad (5.2-3)$$

故单位体积岩体内的锚杆（索）体积为

$$r_b = \frac{nA_g L}{V_r} = \frac{A_g}{ab} \qquad (5.2-4)$$

由图 5.2-4 锚杆（索）弹塑性应力应变关系可知，单位体积锚杆（索）提供的总抗能为

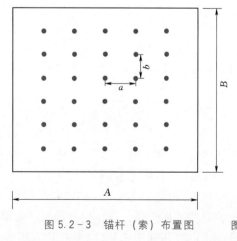

图 5.2-3 锚杆（索）布置图

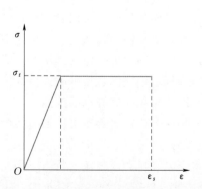

图 5.2-4 锚杆（索）弹塑性应力应变关系

$$U_s = \frac{\sigma_t^2}{2E_s} + \sigma_t \left(\varepsilon_s - \frac{\sigma_t}{E} \right) \qquad (5.2-5)$$

式中：σ_t 为锚杆（索）的抗拉强度；E_s 为锚杆（索）的弹性模量；ε_s 为锚杆（索）的极限拉应变，可以取为 0.2。

结合式（5.2-4）和式（5.2-5）可知，单位体积岩体内的锚杆（索）提供的抗能 U_{TEN} 为

$$U_{TEN} = r_b U_s = \frac{A_g}{ab} \left[\frac{\sigma_t^2}{2E_s} + \sigma_t \left(\varepsilon_s - \frac{\sigma_t}{E} \right) \right] \qquad (5.2-6)$$

由式（5.2-6）可知，要提高锚杆（索）对抗能的贡献，可以通过增大截面面积、减小间排距，或者提高其抗拉强度、增加延性等措施来实现。

5.2.2.2 锚杆（索）围岩接触面提供的抗能

锚杆（索）钻孔在灌注砂浆后，形成了如图 5.2-5 所示的锚杆（索）-岩体接触面，该接触面起到了黏结作用，增加了黏结表面能。这一部分能量也对围岩稳定性起到了正面作用。

设锚杆（索）-岩体接触面黏聚力为 C_m，摩擦系数为 f_m，则接触面抗剪强度为

$$\tau_f = C_m + f_m \sigma_n \qquad (5.2-7)$$

式中：σ_n 为作用于锚杆（索）-岩体接触面上的正应力，在临近围岩破坏时，接触面上的正应力约为岩体极限抗压强度 σ_c'，故而可以取 $\sigma_n = \sigma_c'$。

图 5.2-6 为黏结剪应力与局部滑移量关系曲线，是 Bresler 等所做的轴向拉拔试验结果。黏结剪应力与局部滑移量间存在非线性关系。设出现峰值剪应力时滑移量为 d_s，则黏结面的表面能 γ_τ 可近似表达为

$$\gamma_\tau = \alpha \tau_f d_s \qquad (5.2-8)$$

式中：α 为修正系数。

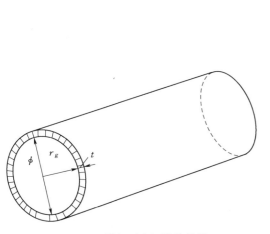

图 5.2-5　锚杆（索）-岩体接触面

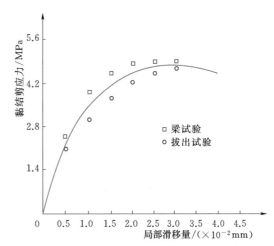

图 5.2-6　黏结剪应力与局部滑移量关系曲线

如图 5.2-5 所示，设锚杆（索）直径为 ϕ（半径为 r_g）、长度为 L、砂浆厚度为 t，则一根锚杆（索）的锚杆（索）-岩体接触面面积为

$$A_m \approx \pi\phi L \tag{5.2-9}$$

一根锚杆（索）的锚杆（索）-岩体接触面提供的抗剪能量为

$$U_{m1} = \gamma_\tau A_m \tag{5.2-10}$$

故单位体积岩体内增加的锚杆（索）-岩体接触面总抗剪能为

$$U_{\text{INT}} = \left(\frac{AB}{ab}U_{m1}\right)/(ABL) \tag{5.2-11}$$

化简后得到：

$$U_{\text{INT}} = \frac{\pi\phi\gamma_\tau}{ab} \tag{5.2-12}$$

因此，要提高锚杆（索）-岩体接触面对抗能的贡献，可以通过增大锚杆（索）截面面积、减小间排距，或者提高接触面抗剪强度等措施来实现。

5.2.2.3 围岩裂隙灌浆提供的抗能

若围岩进行了灌浆处理，则砂浆对灌浆孔周围裂隙会起到填充和黏结作用，增加了黏结表面能，对围岩稳定性起到了正面作用。图 5.2-7 为灌浆影响区，设灌浆深度为 L、单孔灌浆影响区半径为 R_G、裂隙间距为 d_j、裂隙连通率为 η。为简化推导，截取长、宽、深均为 L 的岩体，则：

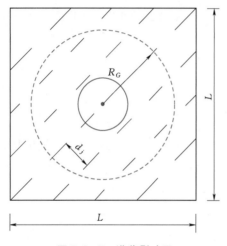

图 5.2-7 灌浆影响区

沿单一裂隙行迹的裂隙面积为

$$A_1 = \eta A \tag{5.2-13}$$

围岩总体积 $V = L^3$ 内的总裂隙迹数为

$$N = L/d_j \tag{5.2-14}$$

则体积 V 内的裂隙总面积为

$$A_j = \eta A \frac{L}{d_j} = \eta \frac{V}{d_j} \tag{5.2-15}$$

故单位体积内的裂隙总面积为

$$r_j = \frac{\eta}{d_j} \tag{5.2-16}$$

由于单孔灌浆影响区半径为 R_G，单孔灌浆影响区内的裂隙总面积为

$$A_{j1} = \pi R_G^2 L \frac{\eta}{d_j} \tag{5.2-17}$$

故单位体积岩体内增加的灌浆影响区裂隙总表面能为

$$U_{\text{GRT}} = \frac{\pi R_G^2 \eta}{abd_j}\gamma_\tau \tag{5.2-18}$$

可见，要提高灌浆裂隙表面能，可以通过增大单孔灌浆影响区半径、减小灌浆孔间排距、提高接触面抗剪强度等措施来实现。另外，由式（5.2-18）也可见，裂隙连通率越高，裂隙间距越小，灌浆效果越显著。

5.2.2.4 预应力锚杆、锚索提供的附加侧向应力

普通锚杆受力变形后，将产生反向施加于围岩的作用力。单根锚杆拉力 $F = \sigma_t A_g$，

单位体积岩体内普通锚杆提供的侧向应力可推得为

$$\Delta \sigma_{pu} = \frac{\sigma_t A_g}{ab} \qquad (5.2-19)$$

对于预应力锚杆（索）有

$$\Delta \sigma_{su} = \frac{N}{ab} \qquad (5.2-20)$$

可见，增大钢筋强度和截面面积、减小间排距、提高预应力可以得到更高的侧向应力。

5.2.2.5 附加极限应变的计算

锚杆、锚索、灌浆输入的附加能量，将极限应变 ε_m 提高至 ε_m^J，使得围岩处于极限应变状态下仍能与锚杆、锚索共同变形，从而增大了总抗能，增强了围岩稳定性。

由锚杆（索）抗拉附加能量 U_{TEN}、锚杆（索）-围岩接触面抗剪附加能量 U_{INT}，以及灌浆影响区裂隙表面附加能量 U_{GRT}，可推得总的支护附加能量为

$$U_{add} = U_{TEN} + U_{INT} + U_{GRT} \qquad (5.2-21)$$

附加极限应变为

$$\Delta \varepsilon_m = \frac{U_{add}}{\sigma_c'} \qquad (5.2-22)$$

式中：σ_c' 为岩体极限应力。

加固后的极限应变为

$$\varepsilon_m^J = \varepsilon_m + \Delta \varepsilon_m \qquad (5.2-23)$$

5.2.2.6 支护后侧向应力的计算

由于锚杆（索）对侧向应力的贡献，围压较支护前有所增加，加固后围压可表示为

$$\sigma_3^J = \sigma_3 + \Delta \sigma_{pu} + \Delta \sigma_{su} \qquad (5.2-24)$$

式中普通锚杆对围压的贡献 $\Delta \sigma_{pu}$ 见式（5.2-19），预应力锚杆（索）对围压的贡献 $\Delta \sigma_{su}$ 见式（5.2-20）。

将式（5.2-24）得到的加固后围压，代入式（3.1-2）和式（3.1-3），可以求出加固后的抗压强度和极限抗压强度。

5.3 围岩稳定耗散能分析

5.3.1 围岩耗散能稳定分析模型（EDM）有限元计算流程

围岩耗散能稳定分析模型（EDM）的有限元计算流程如下：

（1）初始条件：已知第 n 期开挖后应力场 σ_n、应变场 ε_n、高斯点记录量 C_n（包括耗散能 U_{dis}、总抗能 U_{rock}、能量耗散比 R_d、围压 P、割线模量 E_{cut}、泊松比 μ）。

计算目的：开展第 $n+1$ 步开挖及支护计算。

（2）计算第 $n+1$ 步开挖释放荷载 ΔR_{n+1}。

（3）荷载分为 NSTEP 份，进行荷载分级循环，从 1 至 NSTEP。

计算本级增量荷载 ΔR_{n+1}^i。

（4）步内迭代：

1）$\Delta q_{n+1}^{BAK} = 0.0$。

2）ISTER＝1，ISTERMAX 循环。

3）由第 n 期状态 C_n 计算第 n 期时的整体刚度 K。

4）解方程得 $\Delta q_{n+1} = K^{-1} \Delta R^i_{n+1}$，计算应变增量 $\Delta \varepsilon_{n+1}$、应力增量 $\Delta \sigma_{n+1}$。

5）求第 ITER 次循环的总应力 $\sigma_{n+1} = \sigma_n + \Delta \sigma_{n+1}$，总应变 $\varepsilon_{n+1} = \varepsilon_n + \Delta \varepsilon_{n+1}$。

6）刷新高斯点记录量 C_n。

a. 由 ε_{n+1}、σ_{n+1} 计算围压 P，一般取为小主应力 σ_3；由式 $\sigma'_c = \sigma'_{c0} + k_2 P$ 计算 σ'_c，由式 $\varepsilon_m = \varepsilon_{m0} + k_3 P$ 计算 ε_m，由式（5.1-3）计算 U_{rock}。

b. 根据当前应变 ε_{n+1}，由下式计算允许应力 σ_{cr}：

$$\begin{cases} \sigma_1 = E\varepsilon_1 & \text{当 } \varepsilon_1 \leqslant \varepsilon_c \\ \sigma_1 = \sigma_c e^{n(\varepsilon_1 - \varepsilon_c)} & \text{当 } \varepsilon_c < \varepsilon_1 \leqslant \varepsilon_m，\text{且 } \sigma'_c < \sigma_c \text{（软化模型）} \\ \sigma_1 = \sigma_c + E'(\varepsilon_1 - \varepsilon_c) & \text{当 } \varepsilon_c < \varepsilon_1 \leqslant \varepsilon_m，\text{且 } \sigma'_c \geqslant \sigma_c \text{（硬化模型）} \\ \sigma_1 = 0 & \text{当 } \varepsilon_1 > \varepsilon_m \end{cases} \qquad (5.3-1)$$

则有：

（a）若 $\sigma \leqslant \sigma_{cr}$，则第 $n+1$ 步割线模量 $E_{n+1} = E_n$，泊松比 $\mu_{n+1} = \mu_n$。

（b）若 $\sigma > \sigma_{cr}$，则由式（5.1-42）计算第 $n+1$ 步割线模量 E_{n+1}、泊松比 μ_{n+1}。

c. 由 σ_{n+1}、ε_{n+1} 计算第 $n+1$ 步的耗散能 U_{dis}、总抗能 U_{rock}、能量耗散比 R_d。

7）计算增量位移误差：$e = \dfrac{\Delta q^i_{n+1} - \Delta q^{BAK}_{n+1}}{\Delta q^i_{n+1}}$；若 $e > tol$，则 $\Delta q^{BAK}_{n+1} = \Delta q^i_{n+1}$，返回 2）步进行下一次步内迭代；若 $e \leqslant tol$，则返回（2）步，施加下一荷载级。

（5）结束。

5.3.2　岩体破坏的能量耗散比判据

考虑支护作用后的岩体能量耗散比为

$$R_d = U_d / U_{\text{total}} = U_d / (U_{\text{rock}} + U_{\text{add}}) \qquad (5.3-2)$$

式中：U_{total} 为考虑支护效应后的岩石总抗能，是岩石抗能 U_{rock} 和支护措施附加抗能 U_{add} 之和。

可见岩体能量耗散比 R_d 在 0~1 之间变化。岩体能量耗散比 R_d 可以明确分辨围岩处于的状态［弹性、软化或塑性硬化（部分破坏）、完全破坏状态］。岩体能量耗散比判据可以表述为

$$\begin{cases} \text{当 } R_d = 0 & \text{弹性状态} \\ \text{当 } 0 < R_d \leqslant R_{cr} & \text{软化或塑性硬化状态（部分破坏）} \\ \text{当 } R_{cr} < R_d \leqslant 1 & \text{完全破坏状态} \end{cases}$$

R_{cr} 为临界能量耗散比，可以取 $R_{cr} = 0.90 \sim 0.95$。

式（5.3-2）解释了支护结构增加围压、延长极限应变，从而提高总抗能、降低能量耗散比的加固机理。基于能量耗散理论的加固分析表明，支护结构（锚杆、锚索、灌浆）

可以将偏危险的高能量耗散比的围岩，降低至安全的低能量耗散比状态，从能量这一新视角阐述了加固机理。

5.3.3　围岩松弛破坏及稳定性

结合声波实测洞周松弛区深度，可建立围岩破坏分区的耗散能评判标准（表 5.3 - 1），克服了以往弹塑性分析不能定量确定破坏区、强松弛区、弱松弛区的技术难题。

通过锦屏一级地下厂房洞室群围岩稳定耗散能分析模型（EDM）计算得到的松弛破坏区如图 5.3 - 1 所示。分析表明：由于开挖致使围压卸载，洞周环向应力增大，且在上下游拱脚、洞室折角、交叉口等处出现应力集中现象。以主厂房为例，第 3 级开挖结束后，在主厂房下游拱脚出现了深度为 2.43m 的破坏区，以及深度为 8.0m 的强松弛区，与现场实际的主厂房下游拱脚破裂鼓出部位和松弛深度均十分接近；锚杆、锚索等支护措施可以增加围岩抗能，从而降低围岩能量耗散比，避免围岩突然破坏失稳，洞壁表面抗能一般在 0.12MJ/m³ 左右，施加支护结构措施后，抗能大幅提高，特别是主厂房下游拱脚，由于锚索支护，其抗能增加至 1.3MJ/m³，加固后能量耗散比 R_d 达到 0.31，这表明支护后，主厂房下游拱脚处于安全工作状态，且有较高的安全裕度。

综合地下厂房洞室群围岩松弛破坏区的性态以及支护结构措施的有效性，认为地下厂房洞室群围岩处于整体稳定状态。可见围岩稳定耗散能分析方法具有良好的应用前景。

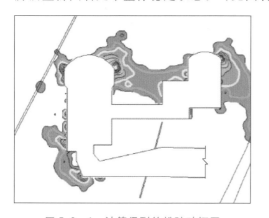

图 5.3 - 1　计算得到的松弛破坏区

表 5.3 - 1　围岩破坏分区的耗散能评判标准

围岩分区	声波波速 /(m/s)	能量耗散比 R_d
破坏区	<3000	>0.9
强松弛区	[3000，4500)	(0.2，0.9]
弱松弛区	[4500，6000)	(0.1，0.2]
原岩区	≥6000	[0.0，0.1]

5.4　围岩合理支护时机研究

5.4.1　合理支护时机研究背景

现代地下工程支护设计的基本指导思想是按照"新奥法"原理，充分发挥围岩自身承载能力，采用喷混凝土、锚杆、锚索等柔性结构作为主要支护型式，通过适时加固围岩，控制围岩变形来充分发挥围岩的自承载能力。其关键在于选择适当的时机施加支护结构，使围岩与支护协同作用，形成统一承载体。所谓"适时加固围岩"，就是支护的时机要恰到好处。支护过早，支护结构要承受很大的变形压力，很不经济；支护过迟，围岩会过度变形而导致破坏失稳。

为此，国内外研究人员采用现场监测、理论推导、数值模拟等多种手段，对"最优支护时机"问题进行了大量研究，并取得了一定成果。根据最优支护时机的判据不同，可分为变形量和应力释放系数两类。

通过现场监测、数值模拟等手段，可获知围岩变形量和变形趋势，从而确定最优支护时机。例如，Marcio 等采用三维数值模拟研究了"新奥法"开挖隧道的位移控制问题。Bizjak 计算得到了隧道中的应力衰减区和周围应力区，并采用有限差分数值模型进行反演，得出了基于反向传播神经网络的隧道位移和演化的预测模型。王祥秋等认为必须控制围岩蠕变不会发展到加速蠕变阶段，从而由蠕变参数反推了合理支护时机。王小平采用 Bingham 硬化模型揭示巷道围岩变形随时间的变化规律，确定了巷道的合理支护时机。Sungo Choih 等根据"新奥法"原理，通过理论分析研究和模拟计算，确定出了软弱岩体中隧道开挖的最优支护时机。刘志春等以乌鞘岭隧道为工程背景，通过现场量测数据相互关系的综合分析，提出了以隧道极限位移为基础、现场量测日变形量和总位移为依托的工程可操作判别指标，对软岩大变形隧道二次衬砌施作时机进行了探讨。王中文等按照流变力学原理对考虑围岩蠕变特性的隧道变形进行解析，并利用现场实测数据对公式中的参数进行拟合，提出了用现场监测数据确定围岩流变参数的方法，以变形量为判据确定二衬的合理支护时机。吴梦军等基于现场测试，对位移历时曲线进行了拟合，研究了以隧道位移释放比为基本指标的支护时机确定方法，选取内部应力最小时为最佳施作时机。关志诚、周先齐等分别基于实际工程，采用伯格斯黏弹塑性流变本构模型，以变形量和变形速率为判据，得到了日本长崎县嬉野隧道和向家坝大型地下厂房典型断面的最优支护时机。陆银龙等在对破裂软岩注浆加固后的力学特性进行分析的基础上，利用 FLAC 软件的应变软化本构模型，对软岩巷道最优锚固支护时机进行数值模拟优化分析，以巷道变形量为判据，提出了一种定量确定巷道最优锚固支护时机的方法。

另外，也可由应力释放系数确定最优支护时机。例如，荣耀等依据巷道掘进过程中各类围岩应变能的释放时间，定性地给出了围岩级别与围岩支护的合理时机；汪波等在分析现场的监控量测资料后，通过数值模拟方法分析了不同应力释放系数时的洞周应力值，以应力释放系数为判据，对苍岭隧道的岩爆预测和初期支护时机进行了探讨。朱泽奇等基于坚硬围岩的应力释放特征研究，以应力释放系数为判据，对某水电站地下厂房洞室群的初期支护时机进行了二维数值分析研究。周勇等推导了考虑围岩流变特性时衬砌位移及围岩位移的表达式，采用应力释放系数为判据，研究了广梧高速公路牛车顶隧道的合理支护时机。

尽管对于最优支护时机的确定已有不少研究文献，但是对该问题的理论分析和机理研究仍然十分欠缺。所提出的判据往往难以直接给出最优支护时机，工程人员难以使用。目前，如何合理准确地确定最优支护时机，做到"适时支护"，还缺乏可靠的理论和公式的指导，只能根据现场监测信息或大量的数值模拟试验来确定。

5.4.2 围岩合理支护时机

地下工程传统弹塑性分析中往往忽略围岩时效作用，认为在给定的地应力荷载下，围岩变形是唯一的。但这与实际地下工程开挖后，围岩变形在一定时间内随时间增长的实际情况不相符。特别是高地应力环境和中等强度围岩的组合条件下，围岩变形常常需要数月甚至更长时间才趋于收敛。例如，锦屏一级地下厂房主厂房在第 Ⅹ 层开挖完成后，主厂房和主变室的多点位移计变形经过约 8 个月才完全收敛。

5.4.2.1　围岩松弛释放时效变形荷载

在第Ⅷ层开挖完成后（2010 年 4 月 26 日），第Ⅷ～Ⅺ层只对尾调室进行开挖，但是主厂房和主变室的多点位移计变形经过了 69～450d 才稳定，达到完全收敛平均需要约 252d，主厂房和主变室多点位移计在第Ⅷ层开挖完成后变形收敛时间统计见表 5.4 - 1。

表 5.4 - 1　主厂房和主变室多点位移计在第Ⅷ层开挖完成后变形收敛时间统计

位　置	桩号	仪器编号	变形起始日期	变形稳定日期	总天数/d
主厂房	0+000.00	$M^4_{ZCF-XZ1}$	2010 - 04 - 28	2011 - 03 - 12	314
	0+031.70	$M^4_{ZCF-XZ4}$	2010 - 04 - 28	2011 - 07 - 28	450
	0+063.40	$M^4_{ZCF-XZ6}$	2010 - 04 - 28	2011 - 02 - 10	282
	0+095.10	$M^6_{ZCF-XZ14}$	2010 - 04 - 27	2011 - 02 - 26	300
	0+126.80	M^6_{ZCF4-1}	2010 - 04 - 27	2011 - 01 - 16	259
	0+160.50	$M^4_{ZCF-XZ18}$	2010 - 07 - 01	2011 - 01 - 23	203
主变室	0+000.00	M^4_{ZBS-Z1}	2010 - 05 - 02	2011 - 03 - 20	378
	0+031.70	M^6_{ZBS-Z5}	2010 - 04 - 27	2010 - 09 - 01	124
		M^4_{ZBS2-3}	2010 - 04 - 27	2010 - 07 - 06	69
	0+063.40	M^4_{ZBS-Z2}	2010 - 04 - 27	2011 - 02 - 10	274
	0+095.10	M^4_{ZBS-Z3}	2010 - 04 - 27	2010 - 10 - 03	156
	0+126.80	$M^6_{ZBS-XZ6}$	2010 - 04 - 30	2011 - 01 - 18	258
		$M^6_{ZBS-XZ7}$	2010 - 04 - 30	2010 - 10 - 19	169
		M^4_{ZBS4-3}	2010 - 04 - 25	2011 - 02 - 18	293

实际工程中，围岩开挖变形并非立即完成，而是需要一定时间。总体来说，完整性好、强度高的围岩所需的地应力释放时间较短；而裂隙发育程度高、地应力水平高的地下厂房围岩在开挖后，将产生临近开挖面的围岩裂隙松弛张开现象，要经过一段时间的变形调整才能稳定收敛。现场开挖表明，围岩松弛现象与松弛程度和岩体自身的物理力学特征及初始地应力大小有直接关系。不妨设围岩松弛现象对应的围岩释放力荷载与地应力释放力成正比，且为时间的指数函数：

$$F_r(t) = \alpha(1 - e^{\beta t})F_0 \qquad (5.4 - 1)$$

式中：α 为时效变形荷载系数；β 为时效变形指数；$F_r(t)$ 为松弛释放荷载；F_0 为地应力释放荷载。

由图 5.4 - 1 可见，时效变形指数 β 越大，释放荷载趋于稳定的时间越长，围岩也就需要更长的时间才能稳定收敛。设松弛释放荷载 $F_r(t)$ 达到最终值 99% 的时间为变形收敛时间 T_c，则稳定收敛时有

$$1 - e^{\beta T_c} = 0.99 \qquad (5.4 - 2)$$

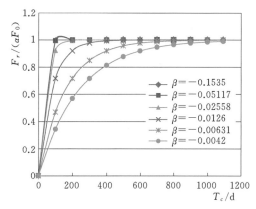

图 5.4 - 1　不同系数 β 对应的松弛释放荷载历时曲线

$$\beta=\frac{\ln 0.01}{T_c}=\frac{-4.605}{T_c} \qquad (5.4-3)$$

表 5.4-2 给出了不同变形收敛时间 T_c 对应的时效变形指数 β 值。可见，式（5.4-1）中系数 α 控制着松弛释放荷载 $F_r(t)$ 相对于地应力释放荷载 F_0 的大小，而系数 β 控制着松弛释放荷载随时间变化的快慢。

表 5.4-2　　　　　不同变形收敛时间 T_c 对应的时效变形指数 β

变形收敛时间 T_c	T_c/d	β	变形收敛时间 T_c	T_c/d	β
1 个月	30	−0.15350	1 年	365	−0.01260
3 个月	90	−0.05117	2 年	730	−0.00631
6 个月	180	−0.02558	3 年	1095	−0.00420

由第 $i-1$ 期至第 i 期开挖时，时效释放荷载增量 $\Delta F_r(t_i)$ 可以表述为

$$\Delta F_r(t_i)=\alpha(e^{\beta t_{i-1}}-e^{\beta t_i})F_0=\alpha(e^{\beta t_{i-1}}-e^{\beta t_i})\int_{a_\sigma}N^t\sigma\vec{n}\,da \qquad (5.4-4)$$

由于松弛释放荷载是时间的函数，在地应力释放后，围岩将会发生持续的变形，这与传统弹塑性理论不考虑时效的唯一解是不同的。

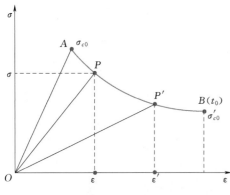

图 5.4-2　松弛释放荷载导致的围岩
持续变形示意图

松弛释放荷载导致的围岩持续变形示意图如图 5.4-2 所示。由于松弛释放荷载的作用，围岩将持续变形，初始处于稳定软化段的点 P 可能会移动至非稳定区的点 P'，从而导致围岩破坏。这就解释了洞室塌方和破坏往往滞后于开挖的现象。

洞室爆破开挖完成后，开挖释放力中的一部分立即得到释放，但剩余时效部分则需要经过一定时间才能得到完全释放。从锦屏、猴子岩等地下厂房围岩变形发展时效响应来看，围岩变形发展及位移收敛有时效性，如图 5.4-3 所示

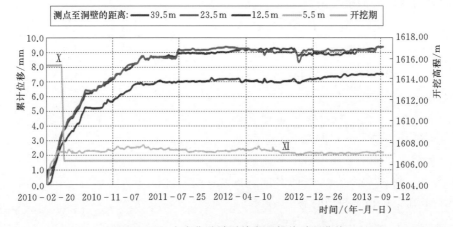

图 5.4-3　多点位移计时效变形规律过程曲线

的多点位移计时效变形规律过程曲线具有典型的指数函数特征。因而不妨设剩余时效释放力为总的地应力释放力的 α 倍（$0<\alpha<1$），且为时间的指数函数：

$$\sigma_r(t)=\alpha(1-e^{\beta t})\sigma_n \qquad (5.4-5)$$

式中：α 为时效变形荷载系数；β 为时效变形指数；$\sigma_r(t)$ 为时效释放应力；σ_n 为开挖面法向上的释放应力。σ_n 可以通过该点地应力张量 σ_0 和开挖面法向 $\vec{n}$ 来计算：

$$\sigma_n=-\vec{n}'\sigma_0\vec{n} \qquad (5.4-6)$$

5.4.2.2 洞壁低围压下的应力应变关系

图 5.4-4 为岩石三轴应力应变全过程曲线，试验表明，岩石的应力应变和破坏与围压关系密切。随着围压增大，岩石从弹性—软化的脆性破坏特征，逐步演变成弹性—塑性硬化的塑性破坏特征，并且岩石所能承受的极限应变也随围压而增大。洞室开挖后，由于地应力释放，洞壁围岩近似处于解除侧向力的单轴受力状态，此时岩石本构关系一般表现为图 5.4-4 中无围压或低围压下的弹性—软化模式，在破坏模式上一般表现为弹脆性破坏。

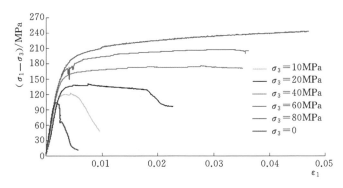

图 5.4-4 岩石三轴应力应变全过程曲线

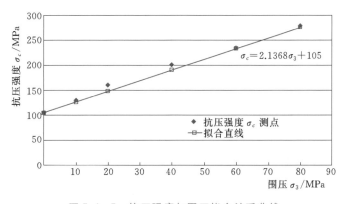

图 5.4-5 抗压强度与围压拟合关系曲线

通过对多种岩石全过程应力应变关系的研究，发现峰值抗压强度 σ_c 与围压 P（或 σ_3）存在较好的线性相关关系。因此，可由图 5.4-4 拟合得到图 5.4-5 的抗压强度与围压拟合关系曲线，亦可表达为

$$\sigma_c'=\sigma_c+\lambda P \qquad (5.4-7)$$

式中：σ_c 为单轴抗压强度；P 为围压；λ 为强度增长常数；σ_c' 为围压 P 作用下的抗压

强度。

围压 P 可以由锚杆或者锚索提供的侧向压力得到，例如，对于锚杆、锚索支护：

$$P = \frac{\sigma_t A_g}{a_1 b_1} + \frac{N_s}{a_2 b_2} \qquad (5.4-8)$$

式中：σ_t 为锚杆抗拉强度；A_g 为锚杆截面面积；N_s 为锚索吨位；a_1、b_1 为锚杆间排距；a_2、b_2 为锚索间排距。

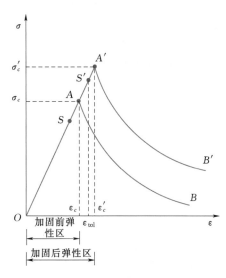

图 5.4 - 6 低围压下岩体应力应变关系

由低围压下岩体应力应变关系（图 5.4 - 6）可见，洞壁附近随着周向应变 ε 的增加，围岩应力在经历弹性阶段（OA 段）到达峰值应力后便进入应力急剧下降的非稳定软化区（AB 段）。显然，围岩应变一旦超过弹性区极限应变，围岩就处于非稳定状态。而增加了锚杆、锚索后，对围岩产生了侧向压力，据式（5.4 - 7）可知，围岩抗压强度将在围压作用下有所提高，从而将弹性段延伸至 OA' 段，弹性极限应变也由单轴弹性极限应变 ε_c 增大至 ε_c'。

对于脆性围岩，所谓"适时支护"，是指让围岩充分发挥自承能力：在开挖后，以及围岩时效变形过程中，围岩应力最终处于弹性末端之前，围岩应变最多达到稳定和非稳定软化区分界应变 ε_c'。对实际工程而言，要求围岩应变始终处于弹性极限应变 ε_c' 以内，故而定义允许弹性应变为 ε_{tol}，且有

$$\varepsilon_{tol} = \frac{\varepsilon_c'}{K} \qquad (5.4-9)$$

式中：K 为应变裕度，$K > 1$，显然有 $\varepsilon_c < \varepsilon_{tol} < \varepsilon_c'$。

由图 5.4 - 6 可知，在时效变形作用下，某点应力由 S 移动至 S'，仍然处于弹性稳定区，所以该点仍然处于可承载的状态。

依据这一思想，假设开挖后围岩周向应力 σ_1 已经达到单轴抗压强度 σ_c 的 r 倍（$0 \leqslant r \leqslant 1$），若无支护措施，后续时效变形使得该点应变最多达到 ε_c；但是考虑支护作用后，后续时效变形使得该点应变可以达到允许弹性应变 ε_{tol}，故而，在支护作用下，时效松弛荷载所产生的最大侧向应变增量为

$$\Delta \varepsilon_{rm} = \mu \left(\varepsilon_{tol} - r \frac{\sigma_c}{E} \right) = \mu \left(\frac{\varepsilon_c'}{K} - r \frac{\sigma_c}{E} \right) \qquad (5.4-10)$$

式中：E 为岩体弹性模量。

根据式（5.4 - 5），支护完成后时间 t 至围岩变形收敛时间 T_c 对应的围岩松弛释放应力荷载增量为

$$\Delta \sigma_r(t_i) = \sigma_r(T_c) - \sigma_r(t) = \alpha(e^{\beta t} - e^{\beta T_c}) \sigma_n \qquad (5.4-11)$$

本节定义最优支护时间 T_x 为围岩环向应变在时效荷载作用下达到变形收敛时，刚好

达到允许弹性应变 ε_{tol}，此时应力仍然处于弹性稳定变形阶段，围岩应变已经处于稳定到非稳定的临界点，但是围岩仍然承担荷载。T_x 是支护结构施工完成后开始发挥作用的时间。

依据式（5.4-11），从最优支护时间 T_x 至围岩变形收敛时间 T_c 对应的围岩松弛释放荷载增量导致的侧向应变为

$$\Delta\varepsilon_r = \alpha(e^{\beta T_x} - e^{\beta T_c})\frac{\sigma_n}{E} \tag{5.4-12}$$

考虑到式（5.4-10）与式（5.4-12）等量，可得

$$\alpha(e^{\beta T_x} - e^{\beta T_c})\frac{\sigma_n}{E} = \mu\left(\frac{\varepsilon_c'}{K} - r\frac{\sigma_c}{E}\right) \tag{5.4-13}$$

由 $\varepsilon_c' = \dfrac{\sigma_c'}{E}$，结合式（5.4-7），则式（5.4-13）变化为

$$e^{\beta T_x} - e^{\beta T_c} = \frac{\mu\sigma_c}{\alpha K\sigma_n}\left(1 + \lambda\frac{P}{\sigma_c} - rK\right) \tag{5.4-14}$$

引入强度应力比 $K_\sigma = \dfrac{\sigma_c}{\sigma_{max}}$，其中 σ_{max} 为洞室初始地应力极值。

定义释放力系数 γ 为释放应力 σ_n 与洞室初始地应力极值 σ_{max} 之比，则有

$$\sigma_n = \gamma\sigma_{max} \tag{5.4-15}$$

则式（5.4-14）变化为

$$e^{\beta T_x} = e^{\beta T_c} + \frac{\mu K_\sigma}{\alpha\gamma K}\left(1 + \lambda\frac{P}{\sigma_c} - rK\right) \tag{5.4-16}$$

从而，可知最优支护时间：

$$T_x = \frac{1}{|\beta|}\ln\left[e^{\beta T_c} + \frac{\mu K_\sigma}{\alpha\gamma K}\left(1 + \lambda\frac{P}{\sigma_c} - rK\right)\right] \quad 0 \leqslant T_x \leqslant T_c \tag{5.4-17}$$

考虑到 $e^{\beta T_c}$ 很小，可以略去该项。最优支护时间 T_x（单位：d）可以进一步简化为

$$T_x = \frac{T_c}{4.605}\left[\ln\left(\frac{\mu}{\alpha}\right) + \ln\left(\frac{K_\sigma}{\gamma K}\right) + \ln\left(1 + \lambda\frac{P}{\sigma_c} - rK\right)\right] \quad 0 \leqslant T_x \leqslant T_c \tag{5.4-18}$$

式（5.4-18）表明，最优支护时间是围岩变形收敛时间 T_c、强度应力比 K_σ、应变裕度 K、开挖后围岩第一主应力 σ_1 与单轴抗压强度 σ_c 之比 r、支护围压 P，以及时效变形荷载系数 α 的函数。

根据均质各向同性脆性岩体在开挖面附近处于无侧限单轴受力状态，可推导出式（5.4-18）。而对于距离洞壁稍远的围压围岩，该式是一个近似公式。可以通过对洞室围岩变位的监测和破裂现象发生的情况，确定几个主要参数，如时效变形荷载系数 α、释放力系数 γ 等，得到符合具体工程的最优支护时间。

计算最优支护时间 T_x 时，需要确定时效变形荷载系数 α、释放力系数 γ 等，下面给出各参数的确定方法。

（1）围岩变形收敛时间 T_c 的确定：需要根据多点位移计时程曲线拟合其随时间发展的关系。变形收敛时间 T_c 是流变变形开始到变形恒定的时间间隔。

（2）时效变形荷载系数 α 的确定：如图 5.4 - 7 所示，开挖后的多点位移计先经历随时间快速增长的线性变形 u_l，而后经历一个短暂的平台期后进入时效变形阶段 u_t，由于时效变形由时效变形荷载引起，故而时效变形荷载系数 $\alpha = \dfrac{u_t}{u_l}$。由厂房各支多点位移计计算所得的时效变形荷载系数 α 有一定的离散性，可以取其算术平均值。

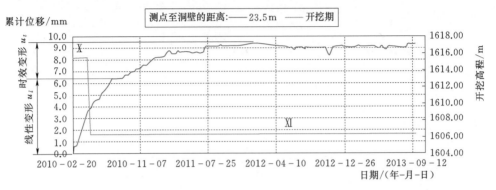

图 5.4 - 7　多点位移计的位移时间过程线

（3）围岩泊松比 μ 的确定：由三轴试验和现场实验综合获取。

（4）释放力系数 γ 的确定：定义释放力系数 γ 为释放应力 σ_n 与洞室初始地应力极值 $\sigma_{\max}$ 之比，即 $\gamma = \sigma_n / \sigma_{\max}$。在对地下工程进行地应力回归以后，洞壁上各点应力分量都是已知的，法向释放力就可以由式（5.4 - 6）计算得到，而洞室区地应力极值也是已知的，这样洞壁上各点的释放力系数 γ 就确定了。

（5）岩石强度应力比 K_σ 的确定：强度应力比 $K_\sigma = \dfrac{\sigma_c}{\sigma_{\max}}$，其中 σ_c 为单轴抗压强度，$\sigma_{\max}$ 为初始地应力极值。

（6）围岩强度增长系数 λ 的确定：由室内三轴压缩试验获取，按照式（5.4 - 7）拟合得到。

（7）支护围岩 P 的确定：根据锚杆、锚索间排距、内力，按式（5.4 - 8）计算得到。

（8）应力比 r 的确定：由围岩开挖有限元计算，可以得到围岩洞周第一主应力 σ_1，进而可以得到应力比 $r = \sigma_1 / \sigma_c$。由于洞周各点 σ_1 处处不同，应力比 r 是一个空间分布的函数。

（9）应变裕度 K 的确定：建议应变裕度 $K = 1.0 \sim 1.2$。

5.4.3　最优支护时间敏感性分析

根据锦屏一级地下厂房参数反演分析成果，取时效变形荷载系数 $\alpha = 0.15$，泊松比 $\mu = 0.25$，释放力系数 $\gamma = 1.0$，岩体单轴压缩强度 $\sigma_c = 70\text{MPa}$，应变裕度 $K = 1.0$，锚索支护参数 $N_s = 2500\text{kN}$，间排距为 $4.5\text{m} \times 4.5\text{m}$，则由式（5.4 - 8）可得支护围岩 $P = 0.123\text{MPa}$，由图 5.4 - 5 可拟合推求出强度增长常数 $\lambda = 2.1368$。分别假设开挖后围岩周向应力达到单轴抗压强度 σ_c 的 30%，即 $r = 0.3$，以及达到单轴抗压强度的 60%，即 $r = 0.6$，则对于变形收敛时间 T_c 分别为 90d、180d、365d 的最优支护时间，可由式（5.4 -

18) 得到表 5.4 - 3 和图 5.4 - 8。

表 5.4 - 3　最优支护时间 $T_x(d)$ 与强度应力比 K_σ 和变形收敛时间 T_c 的关系

强度应力比 K_σ	$T_c = 90d$		$T_c = 180d$		$T_c = 365d$	
	$r = 0.3$	$r = 0.6$	$r = 0.3$	$r = 0.6$	$r = 0.3$	$r = 0.6$
1	3.12	0	6.4	0	12.6	0
2	16.6	5.8	33.3	11.6	67.5	23.5
3	24.5	13.7	49.1	27.4	99.7	55.6
4	30.2	19.3	60.4	38.7	122.5	78.4
5	34.5	23.7	69.1	47.4	140.2	96.1
6	38.1	27.2	76.2	54.5	154.6	110.6
7	41.1	30.2	82.3	60.5	166.8	122.8
8	43.7	32.9	87.5	65.8	177.4	133.4
9	46.0	35.2	92.1	70.4	186.8	142.7
10	48.1	37.2	96.2	74.5	195.1	151.1

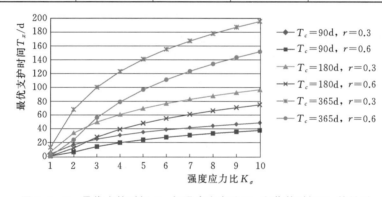

图 5.4 - 8　最优支护时间 T_x 与强度应力比 K_σ 和收敛时间 T_c 的关系

由表 5.4 - 3 和图 5.4 - 8 可知:

(1) 最优支护时间与强度应力比相关，强度应力比越大，围岩稳定性越好，最优支护时间也越晚；强度应力比越小（围岩趋于不稳定），最优支护时间则越早。

(2) 同一强度应力比下，若变形收敛时间越长，则围岩时效变形越明显，最优支护时间也应越后延。

(3) 开挖后应力越大，则应力比 r 越大，围岩稳定性越差，故而最优支护时间越早。

锦屏一级地下厂房的有限元分析表明，主厂房右上角主应力极值达到 42.5MPa，由式 (5.4 - 18) 计算表明该处最优支护时间为 16.13d，若超过这一时间，则围岩可能在该处产生破坏现象。事实上，由于该处未能及时施作锚索等支护结构措施，导致该处出现了压溃式的向内鼓出弯折破坏。相对地，主厂房上游拱座最优支护时间则长达 47.54～60.19d，支护紧迫性明显弱于下游拱座。岩锚梁以上边墙最优支护时间在 32.24～48.30d，而岩锚梁以下高边墙最优支护时间在 49.25～72.69d 不等，按照小值控制原则，边墙支护应在 1 个月左右完成，这与程良奎等所推荐的锦屏地下厂房支护时间相符。

5.5 预应力锚索锁定系数

5.5.1 锁定系数研究现状

锦屏一级地下厂房施工期变形破坏机制复杂，卸载深度大，围岩时效变形问题突出，为了有效控制围岩大变形，避免围岩破坏，需要对围岩变形突出的高边墙、洞室交叉口区域采用预应力锚索加固。在锁定预应力锚索时，考虑到后期围岩变形，一般按经验设定锚索锁定系数，使得锚索内力随着围岩后期变形逐步增长，并最终接近设计预应力锚固力。

程良奎等认为锦屏一级地下厂房预应力锚索施锚时机严重滞后，且锚索初始预应力低，对围岩变形与支护抗力的不协调性缺乏调控是围岩出现过度变形、局部围岩破坏的主要原因，并建议预应力张拉锁定应在开挖后 $20 \sim 30\mathrm{d}$ 完成，初始预应力为设计值的 50%（锁定系数＝0.5）。但是没有给出锁定系数的计算方法，以及锁定系数与锁固时间的关系。

王华宁等考虑时效变性特征，开展了开挖、锚固与衬砌的全过程模拟和理论推导，但是没有计入预应力锚索的时效变形。王洪涛等研究了不同直径、不同预紧力的锚杆应力分布，并认为锚杆采用高预紧力，并预留一定自由端长度有利于锚杆预紧力在围岩中的扩散，形成有效围岩承载结构。郑西贵等采用 $\mathrm{FLAC^{3D}}$ 模拟研究了不同预紧力作用下锚固系统对巷道顶板的作用，得出了维持顶板变形稳定的最佳预紧力。

刘建庄等通过构建拉簧串联模型，推导了锚索由张拉至锁定过程中各元件的受力变形，得出了预紧力锁定锚固力计算公式。郑选荣基于单根全长锚固预应力锚杆在围岩中的作用机理，推导了锚杆最大和最小预紧力计算公式。但郑选荣提出的预紧力计算公式与施锚锁固时间没有建立联系，与围岩地应力释放导致的时效变形也没有关联，不适用于锦屏这样的具有显著时效变形的高地应力地下厂房。

Rudolf 对比分析了按"新奥法"和 Q 系统对于鼓胀岩的支护，但是其研究没有涉及锚索预紧力的问题。关志诚利用 Burger – MC 模型考虑时效变形特征，采用 $\mathrm{FLAC^{3D}}$ 软件分析了围岩长期参数下降对围岩变形和应力的影响，但是没有对锚索（杆）内力变化进行分析。

综上可知，对于具有时效变形特征的高地应力、低强度应力比的地下厂房锚索锁定系数的相关研究报道尚较少。有学者指出，施锚过晚、预紧力（锁定锚固力）过小都会给控制围岩时效变形带来不利影响。预紧力过小使得围岩变形稳定后，锚索内力并未达到设计吨位，造成锚索吨位损失；而预紧力过大，则有可能导致锚索内力随着时效变形持续增长，甚至严重超张拉以至于发生强度破坏。可见，如何合理确定预应力锚索的锁定系数，不仅具有理论意义，而且对高地应力地下工程也有重大的推广价值。

5.5.2 围岩时效变形机理

考虑到地下厂房是多期开挖形成的，则由第 $i-1$ 期至第 i 期开挖时，时效释放荷载增量 $\Delta F_r(t_i)$ 可以表述为

$$\Delta F_r(t_i)=F_r(t_i)-F_r(t_{i-1}) \qquad (5.5-1)$$

时效释放荷载导致的围岩持续变形如图
5.5-1 所示。由图 5.5-1 可见，由于时效释
放荷载的作用，围岩将持续变形，初始处于
稳定软化段的点 P 会在时效释放荷载的作用
下进一步变形，直至移动到应力非稳定软化
区的点 P'，从而导致围岩破坏。因此，洞室
塌方和破坏往往滞后于开挖后一定时间。

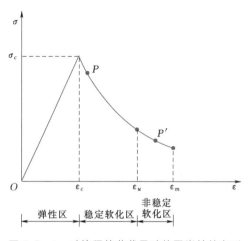

5.5.3　锁定系数推导

由于围岩时效变形的作用，已施加的锚
索和锚杆内力将随分层开挖下卧而逐步增大，
甚至出现超过锚索抗拉极限而破坏的情况。

图 5.5-1　时效释放荷载导致的围岩持续变形

工程上为了避免这种情况的发生，对于时效变形突出的围岩，在安装预应力锚索时，相比
锚固力设计值，按小于 1 的锁定系数 η（如 $\eta=0.85$）预张拉锚索并锁定预应力锚索吨位。
在围岩和锚索联合受力后，通过后续围岩变形使预应力锚索内力增至设计荷载左右。

利用时效作用荷载表达式［式（5.5-1）］，可推导出开挖面形成至安装锚索的时间 t
与锁定系数 η 的关系。时间 t 至变形收敛时间 T_c 之间的围岩松弛释放荷载增量为

$$\Delta F_r(t_i)=\alpha(e^{\beta t}-e^{\beta T_c})F_0 \qquad (5.5-2)$$

间排距为 $a\times b$ 的预应力锚索对应的开挖面上的总释放力为

$$F_0=\sigma_n ab \qquad (5.5-3)$$

式中：σ_n 为开挖面法向上的地应力，可以通过应力张量 σ 和开挖面法向 $\vec{n}$ 来计算。其物
理意义是法向释放应力：

$$\sigma_n=-\vec{n}^t\sigma\vec{n} \qquad (5.5-4)$$

式（5.5-4）的释放应力是由围岩和锚索共同承担的，设锚索承担的荷载为总释放荷
载的 κ 倍，则预应力锚索承担的荷载增量为

$$\Delta F_{rm}=\alpha\kappa(e^{\beta t}-e^{\beta T_c})\sigma_n ab \qquad (5.5-5)$$

设预应力锚索锁定系数为 η，预应力锚索设计锚固力为 N_s，则预应力锚索承担的后
期内力增量为

$$\Delta F_m=(1-\eta)N_s \qquad (5.5-6)$$

预应力锚索承担的荷载增量 ΔF_{rm} 应该恰好等于预应力锚索承担的后期内力增量
ΔF_m，即有 $\Delta F_{rm}=\Delta F_m$。故而：

$$\alpha\kappa(e^{\beta t}-e^{\beta T_c})\sigma_n ab=(1-\eta)N_s \qquad (5.5-7)$$

或

$$1-\eta=\alpha\kappa(e^{\beta t}-e^{\beta T_c})\frac{\sigma_n ab}{N_s} \qquad (5.5-8)$$

故而预应力锚索的锁定系数 η 的表达式为

$$\eta = 1 - \alpha\kappa\frac{\sigma_n ab}{N_s}(e^{\beta t} - e^{\beta T_c}) \quad \eta_{min} \leqslant \eta \leqslant 1 \quad (5.5-9)$$

满足式（5.5-9）的锁定系数 η 使得围岩变形收敛稳定后，锚索预应力刚好达到设计吨位。

式（5.5-9）中 $e^{\beta T_c}$ 可取为 0.01，故式（5.5-9）近似为

$$\eta = 1 - \alpha\kappa\frac{\sigma_n ab}{N_s}e^{\beta t} \quad \eta_{min} \leqslant \eta \leqslant 1 \quad (5.5-10)$$

实际地下工程施工中，锁定系数 η 一般大于 η_{min}（如锦屏地下厂房取 $\eta_{min}=0.75$，猴子岩地下厂房取 $\eta_{min}=0.5$）。按式（5.5-9）计算锁定系数时，若 $\eta<\eta_{min}$，则可以取为 η_{min}。

对锦屏一级地下厂房工程，若取锚索分载系数 $\kappa=0.5$，释放应力 $\sigma_n=9.0$MPa，锚索间排距 $a\times b=4.5$m×4.5m，锚索设计吨位为1750kN，时效变形荷载系数分别为 $\alpha=0.1$ 和 $\alpha=0.3$，则对于变形收敛时间 T_c 分别为 90d（$\beta=-0.05117$）、180d（$\beta=-0.02558$）、365d（$\beta=-0.01260$）的锁定系数，可由式（5.5-8）得到表5.5-1和图5.5-2。可见：

（1）预应力锚索安装时间越接近变形收敛时间 T_c，锁定系数就越接近1.0。地下厂房释放应力越大，施锚时间越短，则锁定系数相应越小。

（2）变形收敛时间 T_c 越大，则相同预紧系数对应的预应力锚索安装时间越滞后。

（3）时效变形荷载系数 α 增大，则时效变形将增大，导致预应力锚索承担的后期荷载变大，相应的锁定系数减小。

（4）锚索分载系数 κ 增大，则锚索承担的时效变形将增大，也导致预应力锚索承担的后期荷载变大，相应的锁定系数减小。

表5.5-1　　　不同变形收敛时间 T_c、预应力锚索安装时间与锁定系数 η 的关系

变形收敛时间 T_c=90d			变形收敛时间 T_c=180d			变形收敛时间 T_c=365d		
安装时间 t/d	$\alpha=0.1$	$\alpha=0.3$	安装时间 t/d	$\alpha=0.1$	$\alpha=0.3$	安装时间 t/d	$\alpha=0.1$	$\alpha=0.3$
45	0.531		90	0.531		182.5	0.530	
54	0.724		108	0.723		219	0.723	
63	0.845	0.534	126	0.845	0.534	255.5	0.844	0.533
72	0.921	0.764	144	0.921	0.764	292	0.921	0.763
81	0.970	0.909	162	0.970	0.909	328.5	0.969	0.908
90	1.000	1.000	180	1.000	1.000	365	1.000	1.000

地下洞室围岩由于各部位初始地应力不同，洞室各级开挖后锚索安装时间不同，使得理论锁定系数也有所差异。随着安装时间的滞后，洞壁变位逐步趋于收敛，锁定系数会逐步趋于1。

对该工程而言，厂房上部高程拱座及岩锚梁区域应力集中，容易导致后期岩体破坏，建议锚索锁定系数为0.80~0.85；厂房中部高程应力集中程度较低，但由于边墙变形突

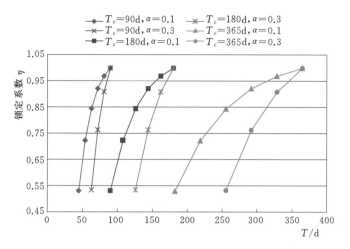

图 5.5－2　预应力锚索安装时间与锁定系数关系

出，建议锚索锁定系数为 0.65～0.80；厂房下部高程开挖后期变形较小，建议锚索锁定系数为 0.80～0.90。

第 6 章

围岩破裂扩展分析方法与演化机制研究

锦屏一级地下厂房洞室群施工期的围岩破坏明显，卸载深度及范围大，时效变形特征显著，变形量值大，锚索超限。这些现象与高应力、复杂地质条件和大理岩特殊的卸载力学特征等密切相关，深入研究大理岩破裂及破裂扩展机制是保证该工程围岩稳定的关键。该工程围岩复杂的卸载力学特征、峰后非线性力学特征和破裂扩展机制，导致采用传统弹塑性分析存在一定的局限性，难以从本质上解译这些现象和破裂发展机制。本章在高应力与强卸载作用下脆性围岩的质量劣化及时效破裂扩展特征的基础上，基于 Hoek - Brown 强度准则，建立了考虑大理岩脆—延转换峰后特性的破裂扩展宏观力学本构关系和破裂扩展分析方法，开展了锦屏一级地下厂房洞室群围岩破裂及破裂扩展机制分析，揭示了地下厂房围岩渐进破裂演化机制。

6.1 围岩变形破裂现象及卸载松弛特征

6.1.1 围岩变形破坏现象及特征

施工期地下厂房洞室群破坏明显，稳定影响较大的部位有：主厂房下游拱腰、主变室下游拱座附近，以及母线洞等顺河向洞室的外侧拱部位等。

1. 厂房下游拱腰喷层开裂及岩体劈裂

2008 年 4 月下旬，地下厂房首先在厂纵 0＋101.00～厂纵 0＋145.00 段，高程 1670.00～1672.00m 范围出现喷层裂缝，此时厂房第Ⅲ层（岩壁吊车梁）已开挖完成，之后裂缝持续发展，到 2008 年 8 月，范围已扩展至整个主机间下游拱腰。

裂缝均出现在洞室下游拱座至拱腰的区域内（高程 1667.00～1672.00m），裂缝呈锯齿状断续弯曲延伸，总体上以水平向延伸为主，张开 2～6cm（厂纵 0－055.00～厂纵 0＋115.00 段多张开 1～2cm），并伴有混凝土剥落现象，裂缝形态为喷层受挤压剪切所形成，在钢筋肋拱部位可见钢筋受压向厂房内弯曲变形，如图 6.1－1 所示。

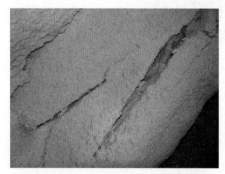
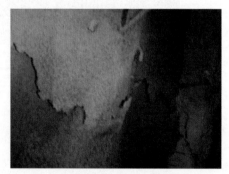

(a) 混凝土喷层裂缝、钢筋肋拱弯曲   (b) 锯齿状混凝土喷层裂缝

图 6.1－1 厂房下游拱腰喷层裂缝和钢筋弯折

2009 年 3 月，对厂房下游侧拱腰（厂纵 0＋132.00～厂纵 0＋185.00 段、高程 1670.00～1671.00m）范围内的开裂喷层进行了人工清撬，发现原新鲜完整的大理岩劈

裂、弯折，局部压碎，呈 10～20cm 厚的不规则板状或碎块状，板状破裂面新鲜，较平直，产状一般为 N50°～60°W/NE∠30°～40°，即在拱腰部位劈裂形成的岩板与开挖面近于平行，同时发现钢筋肋拱向洞内弯曲明显，如图 6.1-2 所示。

(a) 完整岩体压碎松弛

(b) 完整岩体板状劈裂

(c) 厂房下游拱腰岩体劈裂、弯折

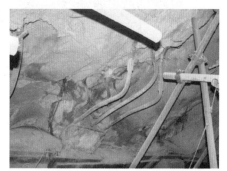
(d) 厂房下游拱腰钢筋肋拱挤压弯曲

图 6.1-2　厂房下游拱腰岩体劈裂、碎裂

2. 主变室下游拱座附近混凝土喷层开裂

在第 Ⅳ 层开挖时，主变室下游拱座部位开始出现裂缝，且发展较快，到 2008 年 12 月，整个主变室下游侧拱座附近几乎都出现了喷层裂缝，裂缝总体发育在下游拱座附近。主变室下游拱座裂缝特征与厂房基本一致，裂缝主要表现为纵向锯齿状延伸，张开 0.5～10cm。拱座及拱腰附近主要为剪切破坏，形成喷层开裂，并伴随喷层脱落，如图 6.1-3 所示。

3. 主变室上游边墙母线洞间裂缝

裂缝主要分布于主变室上游边墙下部母线洞之间，主变室底板以上 3～4m 高度范围（图 6.1-4）为一系列倾向山外的张裂缝，倾角为 50°～70°。裂缝最早发现于 2008 年 12 月，当时母线洞大部分开挖完成，表现为张性开裂，两侧平整，未见剪切错动、错台现象，初发现时一般张开 1～3mm，至 2009 年 8 月，最大张开 10mm，特别是近母线洞外侧边墙的裂缝变化最明显，一些裂缝向上延伸，和母线洞外侧顶拱喷层裂缝贯通，喷层局部有向外鼓出现象。

裂缝在整个主变室上游边墙均有分布，且其倾角较层面陡，地下厂房该组裂隙不发

图 6.1-3　主变室下游拱座附近喷层裂缝

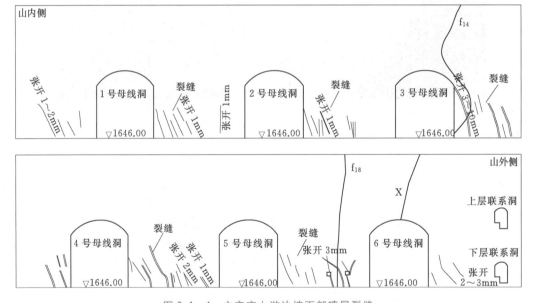

图 6.1-4　主变室上游边墙下部喷层裂缝

育，裂缝也未见剪切错动现象，因此裂缝不是沿某一组结构面滑移破坏，而是在主压应力下压至拉裂破坏。

4. 顺河向洞室外侧拱弯折、劈裂

外侧拱座附近裂缝在压力管道下平段、母线洞、尾水管表现明显，主要为混凝土喷层水平向开裂，与厂房下游侧喷层裂缝类似，局部喷层脱落，岩体劈裂、松动碎裂，如图 6.1-5 所示。

图 6.1-5　顺河向 2 号母线洞外侧拱劈裂

6.1.2　围岩卸载松弛特征

声波曲线和孔内成像清楚地反映了主厂房、主变室围岩卸载松弛影响深度较大，边墙最大松弛深度达 16m。声波曲线随深度变化一般无明显拐点，多呈锯齿状跳跃，浅表松弛程度较深部强烈。为了更好地评价围岩松弛情况，根据物探声波值和孔内成像成果，并结合围岩开裂破坏情况，按照围岩破坏程度，将围岩松弛区大致分为破坏区、强松弛区和弱松弛区三部分。

破坏区：岩石板裂、碎裂破坏严重，施工期围岩有明显的变形开裂现象，岩体已经破坏，破碎、松动，失去承载能力。该部分主要分布于主厂房和主变室下游拱部位表层。

强松弛区：岩石破坏较严重，新鲜张开裂缝发育，间距一般小于 30cm，裂缝多与开挖面近于平行。岩体结构已经发生改变，多呈板状，波速较低或波速曲线起伏大，平均波速一般为 3000～4500m/s，围岩自稳能力差。典型强松弛区岩体孔内成像如图 6.1-6 和图 6.1-7 所示。

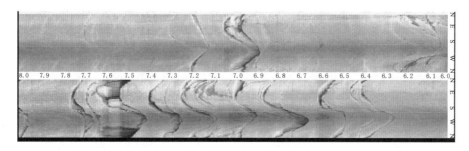

图 6.1-6　典型强松弛区岩体孔内成像（主厂房下游拱腰厂纵 0+040.00、高程 1670.00m）

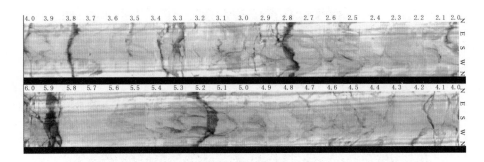

图 6.1-7 典型强松弛区岩体孔内成像（主变室下游边墙厂纵 0+143.00、高程 1660.00m）

弱松弛区：岩石有一定破坏，但破坏程度较轻，裂缝间距较大，一般为 1~3m，甚至更大，平均波速较高，一般为 4500~6000m/s。局部偶尔出现的裂缝在波速曲线上表现为大幅向下的锯齿，这是由于波速穿过裂缝衰减造成的，而规模很小的裂纹在波速曲线上反映不明显。岩体结构有一定程度的松弛，围岩还有自稳能力。典型弱松弛区岩体孔内成像如图 6.1-8 和图 6.1-9 所示。

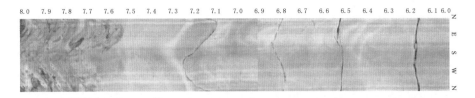

图 6.1-8 典型弱松弛区岩体孔内成像（厂房上游边墙厂纵 0+124.00、高程 1657.00m）

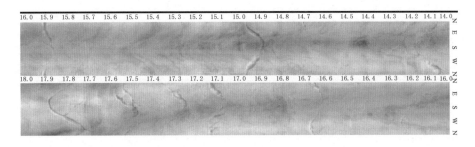

图 6.1-9 典型弱松弛区岩体孔内成像（主变室上游边墙厂纵 0+143.00、高程 1668.00m）

根据地下厂房开挖揭示的地质条件，施工期出现变形破坏现象的分布位置、变形程度，结合物探检测成果，对地下厂房围岩松弛情况进行了分析研究，划分了围岩松弛圈，典型剖面围岩卸载范围示意图如图 6.1-10 所示。

厂房围岩卸载松弛具有以下特点：

（1）主厂房围岩卸载深度上下游侧不对称，下游侧上部和上游侧中下部相对较深，主厂房与主变室之间岩墙的卸载深度较大，这与地下厂区岩体的各向异性、地应力场偏压、

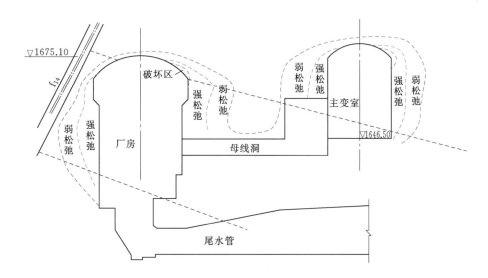

图 6.1 - 10　厂房纵 0 + 126.80 剖面围岩卸载范围示意图

岩层产状、洞群效应等有关。

（2）破坏区主要分布于下游侧拱腰、拱座附近，高程为 1667.00～1672.00m，深度为 2m 左右，与下游拱喷层开裂破坏区相对应。

（3）主厂房下游侧拱座附近岩体卸载深度一般为 7～12m，其中强卸载深度一般为 4～8m；上游侧拱座附近卸载深度为 1.2～3.2m。下游侧较上游侧围岩卸载深度大得多。

（4）上游边墙围岩卸载深度一般为 8～13m，最深约 16m，其中强卸载深度为 3.8～6.4m，最深约 9.8m；下游边墙围岩卸载深度一般为 9～16m，最深为 16m，其中强卸载深度一般为 4～8m；下游侧由于母线洞开挖后岩墙下部挖空率较高，故围岩卸载深度也就较上游侧深，卸载深度超过 15m 的区域基本上都位于下游边墙。

6.2　围岩破裂与扩展分析方法研究

6.2.1　围岩脆—延转换本构模型及参数取值

6.2.1.1　脆—延转换本构模型

本节采用胡克定律，以 Hoek - Brown 强度准则作为屈服准则，同时定义了流动法则及其塑性流动系数 γ，建立了围岩脆—延转换本构模型。

1. 本构关系

应力应变关系服从线性假定，即本构方程仍采用胡克定律：

$$
\begin{cases}
\sigma_1^t = \sigma_1 + E_1 \Delta e_1 + E_2 (\Delta e_2 + \Delta e_3) \\
\sigma_2^t = \sigma_2 + E_1 \Delta e_2 + E_2 (\Delta e_1 + \Delta e_3) \\
\sigma_3^t = \sigma_3 + E_1 \Delta e_3 + E_2 (\Delta e_1 + \Delta e_2)
\end{cases}
\tag{6.2-1}
$$

式（6.2 - 1）表达的是，将当前迭代步内发生的应变增量全部视为弹性成分作为对应力增量的贡献，得到当前迭代步单元主应力 $\sigma_i^t (i=1,2,3)$；E_i 为由弹性模量 E 和泊松比 ν 所定义的常数。

2. 屈服准则

脆—延转换本构模型的屈服准则采用 Hoek - Brown 强度准则，以体现岩体强度具有的非线性性质。将式（6.2-1）定义的主应力状态代入 Hoek - Brown 强度准则，得到：

$$F = \sigma_1^t - \sigma_3^t - \sigma_{ci}\left\{ m_b \frac{\sigma_3^t}{\sigma_{ci}} + s \right\}^a \tag{6.2-2}$$

若 $F \geqslant 0$，则需引入流动法则对应力、应变作二次修正。Hoek - Brown 强度准则与中间主应力无关，总应变增量与弹性、塑性应变增量满足定义：

$$\begin{cases} \Delta e_1 = \Delta e_1^e + \Delta e_1^p \\ \Delta e_2 = \Delta e_2^e \\ \Delta e_3 = \Delta e_3^e + \Delta e_3^p \end{cases} \tag{6.2-3}$$

将式（6.2-3）代入式（6.2-1），得到修正后的单元主应力状态 σ_i^f 为

$$\begin{cases} \sigma_1^f = \sigma_1^t - E_1 \Delta e_1^p - E_2 \Delta e_3^p \\ \sigma_2^f = \sigma_2^t - E_2 (\Delta e_1^p + \Delta e_3^p) \\ \sigma_3^f = \sigma_3^t - E_1 \Delta e_3^p - E_2 \Delta e_1^p \end{cases} \tag{6.2-4}$$

进一步引入假定 $\Delta e_1^p = \gamma \Delta e_3^p$，式（6.2-4）改写为

$$\begin{cases} \sigma_1^f = \sigma_1^t - \Delta e_3^p (\gamma E_1 + E_2) \\ \sigma_2^f = \sigma_2^t - \Delta e_3^p E_2 (1+\gamma) \\ \sigma_3^f = \sigma_3^t - \Delta e_3^p (E_1 + \gamma E_2) \end{cases} \tag{6.2-5}$$

式中：γ 为由流动法则确定的塑性流动系数。

3. 流动法则

破裂扩展本构模型需要建立流动法则与岩体受力状态之间的联系，流动法则及其塑性流动系数 γ 有以下几种定义形式：

（1）关联流动法则。该法则特别针对岩体在低围压条件下轴向压缩受力状态及其导致的体积变化行为，这种类型的体积变化主要来源于轴向劈裂作用。流动法则建立起势函数与塑性变形之间的联系：

$$\Delta e_i^p = -\gamma \frac{\partial g}{\partial \sigma_i} \tag{6.2-6}$$

式中：g 为与 Hoek - Brown 强度准则表达式相一致的势函数。

联立式（6.2-5）和式（6.2-6）得到：

$$\gamma_{af} = -\frac{1}{1 + a\sigma_{ci}(m_b\sigma_3/\sigma_{ci} + s)^{a-1}(m_b/\sigma_{ci})} \tag{6.2-7}$$

（2）径向流动法则。该法则适用于岩体单纯受拉的情况，这种受力状态的基本特征是塑性流动与主应力方向相同即满足共轴条件，因此得到塑性流动系数：

$$\gamma_{rf} = \frac{\sigma_1}{\sigma_3} \qquad\qquad (6.2-8)$$

（3）常体积流动法则。现实中岩体"剪胀"体积变化行为的发生具有条件性，即围压水平应在一定的范围之内，即满足 $\sigma_3 < \sigma_3^{cv}$（σ_3^{cv} 为脆—延转换本构模型参数），否则岩体在外力作用下体积恒定为常量，此即为常体积流动法则，并定义塑性流动系数：

$$\gamma_{cv} = -1 \qquad\qquad (6.2-9)$$

（4）复合型流动法则。岩体体积变化性质与围压条件密切相关，以上 3 种情况分别针对某一特定情形进行力学定义，而复合型流动法则尝试将这些情形进行统一，定义塑性流动系数：

$$\gamma = \frac{1}{1/\gamma_{af} + (1/\gamma_{cv} - 1/\gamma_{af})\sigma_3/\sigma_3^{cv}} \qquad\qquad (6.2-10)$$

式（6.2-10）综合体现了围压水平对塑性流动的影响：①当 $\sigma_3 \leqslant 0$ 时（压力为正），$\gamma = \gamma_{af}$；②当 $0 < \sigma_3 < \sigma_3^{cv}$ 时，γ 的取值满足式（6.2-10）的定义；③当 $\sigma_3^{cv} \leqslant \sigma_3$ 时，$\gamma = \gamma_{cv}$。

6.2.1.2 脆—延转换的数值实现

1. FLAC^{3D} 中的力学定义

破裂扩展本构模型是基于 FLAC^{3D} 实现的。FLAC^{3D} 中的本构关系、屈服准则和流动法则共同实现对岩体力学行为的描述。

（1）FLAC^{3D} 采用牛顿第二定律作为基本控制方程，相应的控制变量为速度，对模型中的节点运用牛顿第二定律即可依序得到当前迭代步节点的速度、位移增量，在位移增量已知的条件下，可计算得单元应变增量，引入本构方程定义应力与应变之间的关系：

$$\Delta\sigma_i = S_i(\Delta\varepsilon_i^e) = S_i(\Delta\varepsilon_i) \quad i = 1, \cdots, n \qquad\qquad (6.2-11)$$

式中：$S_i(\cdot)$ 是描述应力应变关系的本构方程；$\Delta\varepsilon_i^e$、$\Delta\sigma_i$ 分别为当前迭代步内弹性应变增量和应力增量。注意该式对应变采用了一定的假定，即认为应变增量全部由弹性应变构成；单元实际应力状态还需要通过屈服准则和流动法则进行进一步判断和修正。

（2）将上一迭代步的单元应力与式（6.2-11）所定义的应力增量进行累加，即可得到当前迭代步的单元应力值，并引入屈服准则进行应力状态判断：

$$F = F(\sigma_i + \Delta\sigma_i) \qquad\qquad (6.2-12)$$

式（6.2-12）是用来判断单元是否已发生屈服，$F \geqslant 0$ 指示单元处于屈服状态，$F < 0$ 表示单元尚处于弹性状态。

（3）若单元已发生屈服，则意味着当前迭代步中单元所发生的应变增量不仅包含了弹性部分，还应考虑塑性应变的影响，即满足：

$$\Delta\varepsilon_i = \Delta\varepsilon_i^e + \Delta\varepsilon_i^p \qquad\qquad (6.2-13)$$

式（6.2-13）中的 $\Delta\varepsilon_i^p$ 为单元塑性应变增量，且满足定义：

$$\Delta\varepsilon_i^p = \lambda\frac{\partial g}{\partial\sigma_i} \qquad\qquad (6.2-14)$$

式（6.2-14）即为所谓的流动法则，建立起了塑性应变及能量势与应力状态之间的联系。其中，$g(\sigma_i)$ 为势函数，λ 为由岩体性质所决定的常数。

（4）当前迭代步内单元应力增量采用下式进行修正：

$$\Delta\sigma_i = S_i(\Delta\varepsilon_i) - \lambda S_i\left(\frac{\partial g}{\partial\sigma_i}\right) \qquad (6.2-15)$$

2. FLAC³ᴰ的破裂扩展本构模型二次开发

FLAC³ᴰ程序所指定的本构模型开发平台是 VC++，并通过程序所提供的接口技术完成自定义本构的模拟应用。FLAC³ᴰ为本构模型开发提供了基于 C++语言的基本材料类库，依据前述理论，对这些类库函数进行二次开发，实现了脆—延转换本构模型的程序化。

脆—延转换本构模型包括的参数汇总见表 6.2-1。其中，bulk、shear 为变形参数；hbmb、hba、hbs、hbsigci 对应于 Hoek-Brown 强度准则输入参数 m_b、a、s 和 UCS；hbs3cv 为脆—延转换本构模型参数 σ_3^{cv}，其影响计算迭代过程中流动法则的选择应用；citable、mtable、atable、stable 为体现屈服对岩体强度的影响的一系列数据表，具体实现环节是建立 Hoek-Brown 强度准则输入参数 UCS、m_b、a、s 与塑性应变 Δe_3^p 之间的联系，反映强度参数随塑性应变的退化关系，且脆—延转换本构模型假定岩体残余强度仍然服从 Hoek-Brown 强度准则关系；multable 是脆—延转换本构模型的关键参数，是与塑性应变相关的数据表，该参数建立了应力自峰值状态演变至残余状态所发生的塑性应变量与围压之间的联系。

表 6.2-1　　　　　脆—延转换本构模型包括的参数汇总表

序号	参　数	含　　义
（1）	bulk	体积模量
（2）	shear	剪切模量
（3）	hbmb	Hoek-Brown 强度准则参数 m_b
（4）	hba	Hoek-Brown 强度准则参数 a
（5）	hbs	Hoek-Brown 强度准则参数 s
（6）	hbsigci	岩石单轴抗压强度 UCS
（7）	hbs3cv	脆—延转换本构模型参数 σ_3^{cv}
（8）	hb_e3plas	塑性应变 Δe_3^p（可不作为输入参数）
（9）	citable	参数表，建立 UCS 与 Δe_3^p 之间的关联，体现 UCS 随屈服弱化
（10）	mtable	参数表，建立 m_b 与 Δe_3^p 之间的关联，体现 m_b 随屈服弱化
（11）	atable	参数表，建立 a 与 Δe_3^p 之间的关联，体现 a 随屈服弱化
（12）	stable	参数表，建立 s 与 Δe_3^p 之间的关联，体现 s 随屈服弱化
（13）	multable	参数表，是脆—延转换本构模型的关键参数，用以调整峰值状态过渡至残余状态过程中所发生的应变值，体现围压的作用
（14）	hb_ind	屈服状态指标，用以指示单元是否发生屈服

6.2.1.3 脆—延转换本构模型关键参数取值

破裂扩展力学特性是岩石材料峰后力学行为，即峰值状态与残余状态两点间过渡方式不同所呈现的差异，脆—延转换本构模型可以描述这种特殊的过渡方式。下面简要介绍脆—延转换本构模型针对大理岩力学特性描述的关键参数及其工程含义。

大理岩峰后行为所表现的脆—延特性本质上取决于峰值状态与残余状态两点间过渡时塑性应变 ε_p 的发生量。图 6.2-1 为某一围压条件下岩石材料典型应力应变关系曲线，曲线 A 表示岩石在该级围压下呈现理想弹塑性行为，此时峰值状态与残余状态两点间的过渡需要发生无穷大的塑性应变 ε_p；曲线 C 指示岩石应力应变关系服从完全的脆性特性，塑性应变 ε_p 接近于 0；曲线 B 则体现出曲线 A 与曲线 C 即理想弹塑性与完全脆性的中间状态，曲线峰后过渡过程中所发生的塑性应变量可写为 $\varepsilon_p = \varepsilon_{pc}/u$，对应过渡曲线的斜率 $k = u \cdot (\sigma_f - \sigma_r)/\varepsilon_{p0}$，其中 u、ε_{p0} 为脆—延转换本构模型参数，σ_f、σ_r 分别为对应围压水平的峰值强度与残余强度。

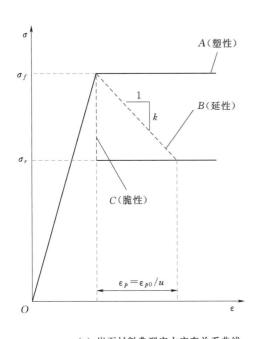

（a）岩石材料典型应力应变关系曲线

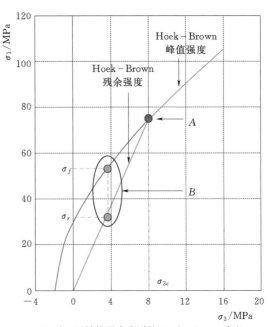

（b）脆—延转换强度准则的 Hoek-Brown 定义

注：当 σ_3 大于脆—延转换临界围压 σ_{3c} 时，峰值强度包络线与残余强度包络线重合。

图 6.2-1 脆—延转换概念图

当 σ_f、σ_r 既定时，参数 k 的数值大小直接描述了岩石材料峰后力学行为或延性特性所发挥的程度，k 较大时，呈现脆性特性；随着 k 减小，岩石延性特性得到逐步发挥并最终趋近理想塑性，而理想塑性和完全脆性是当 $k=0$ 和 $k \to +\infty$ 时所对应的两种特殊情形。

k 在数值上的差异是脆—延转换本构模型参数 u、ε_{p0} 采用不同取值的结果，其中 ε_{p0}

为应变指标，其物理意义为岩石在单轴或围压 $\sigma_3 = 0$ 条件下自峰值状态过渡至残余状态过程中所发生的塑性应变量；特别地，u 对应于模型参数 multable，该参数的取值与围压 σ_3 有关，即 u 服从函数关系 $u = f(\sigma_3)$，$f(\sigma_3)$ 的数学定义取决于岩石峰后力学性质。大理岩脆—延转换力学特性描述的关键环节是设定参数 u，体现塑性应变 ε_p 与围压 σ_3 之间的关系。式（6.2 - 16）假定 u 与 σ_3 服从线性关系：

$$u = \begin{cases} -\sigma_3 / \sigma_{3c} + 1 & \text{当 } \sigma_3 < \sigma_{3c} \\ 0 & \text{当 } \sigma_3 \geqslant \sigma_{3c} \end{cases} \qquad (6.2-16)$$

式中：σ_{3c} 为岩石应力应变关系自延性转换至塑性的临界应力。

由式（6.2 - 16）所定义的参数 u 的取值应在 $0 \sim 1$，取值的不同对应于相异的物理含义。

当 $\sigma_3 < \sigma_{3c}$，即 $0 < u < 1$ 或 $k = u \cdot (\sigma_f - \sigma_r) / \varepsilon_{p0}$ 时，应力应变关系曲线自峰值强度 σ_f 遵循斜率为 k 的线段过渡至残余强度 σ_r，岩石峰后力学性质表现为不同程度的延性性质，特别地，完全脆性是参数 $\varepsilon_{p0} = 0$ 的极端情形，此时 $k \to +\infty$，意味着岩石在峰值状态过渡至残余状态的过程中不发生塑性变形。

若 $\sigma_3 \geqslant \sigma_{3c}$，此时 $u = 0$，即 $k = 0$ 或 $\varepsilon_p = \varepsilon_{p0} / u \to +\infty$，峰后行为或峰值状态至残余状态的过渡需要产生接近无穷大的塑性应变。显然地，岩石材料在破坏阶段发生的塑性变形通常相对有限，从模型应用的角度出发，参数 u 和 ε_{p0} 应依据现场变形破坏现象和室内试验成果，综合分析，合理取值。

需要强调的是，脆—延转换本构模型对复杂力学性质的描述更多地体现在对应力应变关系的简化处理。当 $u = 0$ 时所表现的理想塑性并不意味着此时岩体峰值强度与残余强度相等，而是因为峰值与残余状态之间的过渡需要产生无穷大的塑性变形或 $\varepsilon_p = \varepsilon_{p0} / u \to +\infty$，在现实工程有限应变范围尺度内，可认为该过程中峰值强度与残余强度近似一致，即峰后行为呈理想塑性。

当参数 u 采用类似式（6.2 - 16）的线性假定后，相应的脆—延转换本构模型强度包络线的相对关系如图 6.2 - 1（b）所示。图中 A、B 标识对应于图 6.2 - 1（a）中 A、B 曲线所呈现的塑性和延性特性。总之，脆—延转换本构模型峰值强度与残余强度包络线的相对关系满足岩石脆—延力学特性的描述要求，特别体现了围压水平对强度的影响，即随着围压水平的增加，峰值强度与残余强度在数量上的差异逐渐减小，至围压达到临界压力即 $\sigma_3 \geqslant \sigma_{3c}$ 时峰值强度包络线与残余强度包络线重合，岩石材料在应力应变关系上表现为理想塑性特征。

图 6.2 - 2 给出了脆—延转换本构模型三轴压缩数值试验成果。数值试验采用尺寸为 $50\text{cm} \times 50\text{cm} \times 100\text{cm}$ 的大尺寸岩样，单轴抗压强度 UCS $= 140\text{MPa}$，Hoek - Brown 峰值强度和残余强度参数 m_b、s、a 分别为 4.41、0.11、0.50 和 9.1、0.0、1.0；假定 u 与 σ_3 服从线性关系，将函数 $u = f(\sigma_3)$ 以数据表的方式分段描述，见表 6.2 - 2。在模型具体应用中，参数 u 的输入在格式上是由两列数据构成的数据表格，其中第一列为围压 σ_3 的大小，而第二列是对应于该围压水平的参数 u 值，在有限围压区间和分段内该数据表实现了对函数 $u = f(\sigma_3)$ 的近似表达。

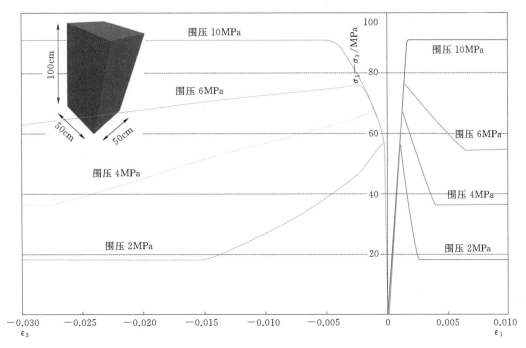

图 6.2-2 脆—延转换本构模型三轴压缩数值试验成果

表 6.2-2　　　　　　　　　　参数 u 的分段取值表

围岩 σ_3/MPa	参数 u	围岩 σ_3/MPa	参数 u
0.0	1.0	100.0	0.0
10.0	0.0		

表 6.2-2 中的两个线性段分别定义了函数 $u=f(\sigma_3)$ 在围压分别为 [0，10] 与 [10，100] 内的取值。当 $\sigma_3 > 10\text{MPa}$ 时，$u=0.0$，即延性与塑性性质转换的临界围压 $\sigma_{3c}=10\text{MPa}$。图 6.2-2 给出了与输入参数吻合的岩体力学性质，当围压 $=2\text{MPa}$ 时，岩样呈现较为显著的脆性特征，随围压增加，延性性质得到逐步体现，当围压大于等于临界围压时，岩样在应力应变关系上表现为理想弹塑性状态。

6.2.2　围岩破裂扩展本构模型

6.2.2.1　研究思路

大理岩破裂扩展特性是指应力集中导致围岩屈服以后，屈服深度随时间不断扩展，屈服围岩破裂程度加剧，出现开裂、剥落、鼓胀等现象，导致变形增加，锚杆或锚索应力随时间持续发展。

从工程实践角度看，锦屏一级地下厂房下游拱腰"松弛深度增大的时效性"表现为破裂不断加剧，在这一过程中岩体完整性不断恶化，围岩如从初始的Ⅲ₁类恶化到Ⅴ类。当采用 Hoek - Brown 强度准则描述岩体强度特征时，其中的地质强度指标 GSI 实质上描述了岩体的完整程度和质量，因此，破裂扩展等同于 GSI 随时间不断衰减，直到残余值。

从岩石力学角度看，可以将 GSI 理解为岩体质量或者强度特征，破裂扩展就是围岩质量和强度随时间不断降低，这一基本理念符合现场实际：围岩破损松弛程度加剧时，围岩质量和强度不断降低。因此，一些研究人员通过建立 c、f 随时间变化的关系来描述破裂扩展问题，它们与本书所建立的 GSI 随时间变化的关系具有相似性，但也存在具体环节的差异。

（1）GSI 变化可以同时影响岩体变形模量和强度指标，保证这些指标之间的变化服从 Hoek 等的既往研究总结，具有良好的工程应用经验保障。

（2）GSI 衰减过程中体现了 c 值降低、f 值增高的特点，符合 20 世纪 90 年代以来基于试验研究获得的认识和成果，即自动体现了岩体非线性莫尔-库仑强度中的 CWFS（Cohesion Weakening Friction Strengthening）现象，避免了描述围岩破坏加剧 f 值增高在实际应用时的取值困难。

GSI 是一个宏观力学参数，很多三维数值计算程序如 FLAC^{3D}、3DEC 中都引用了 Hoek - Brown 强度准则，因此也包含参数 GSI。因此，如果建立了 GSI 随时间衰减的关系，即可以采用传统的宏观力学理论描述岩体破裂扩展行为，且能够直接应用于成熟商业软件中，在现实可行的条件下可应用于锦屏一级地下厂房的研究中。

因此，破裂扩展本构模型开发的基本思路是尝试采用 GSI 随时间降低的方式描述现场"松弛程度随时间加剧"的现象，这里涉及以下 3 个具体技术环节：

（1）建立 GSI 随时间降低的关系式，该关系式需要体现破裂扩展的影响因素，如驱动应力的概念和环境因素等。

（2）建立破裂扩展的判断准则，现实中"松弛时效性"并不是出现在洞室所有围岩中，而是出现在某些特定部位，这意味着破裂扩展是在围岩满足某种特定条件以后才开始出现的。

（3）破裂扩展本构模型中相关参数的合理取值，需要通过现实数据进行验证。由于该项研究基于传统宏观力学理论、针对大尺度现实问题，因此，需要采用大尺寸的实际工程资料获得参数合理取值和验证成果的可靠性。

6.2.2.2 破裂扩展本构模型

无论岩石长期强度受控于哪一种机制，其直接作用结果都是导致岩体强度的衰减。常采用岩体质量指标如 GSI 来评估岩体强度特性，本节开发的破裂扩展本构模型（SC 模型），尝试将岩体强度的时效特性与传统意义的岩体质量联系起来。定义岩体质量指标按一定的规律随时间衰减，反映应力侵蚀等作用导致的岩体破裂或强度弱化行为。因此，SC 模型以 GSI 作为指标定义类似数学形式的衰减定律：

$$\frac{d(GSI)}{dt} = \begin{cases} 0 & \text{单元处于弹性状态} \\ -\beta_1 e^{\beta_2 \gamma} \Delta t & \text{GSI 降低激活判据：单元屈服} \end{cases} \quad (6.2-17)$$

式中：γ 为强度的应力侵蚀系数，$\gamma = (\sigma_1 - \sigma_3)/(\sigma_1 + \sigma_3)$，$\sigma_1$、$\sigma_3$ 分别为最大主应力和最小主应力；β_1、β_2 为反映 GSI 随时间变化关系特征的两个常量，当 GSI 随时间衰减至残余值 GSI_{res} 时，则保持 GSI 为残余值不变。

SC 模型中强度的应力侵蚀系数 γ 遵循岩体开挖损伤的一般性认识，即随着应力集中区向围岩深部迁移，岩体损伤必然也经历从浅表层向深部扩展的过程。对应于某一时间点，岩体内的强度应具有围岩浅表层强度最低，并随深度增加，逐渐变化至原岩强度的特征。如果以 Hoek - Brown 强度准则来描述上述特点，并认为岩体单轴强度不随时间变化，可以归纳为如下认识，如图 6.2 - 3 所示。

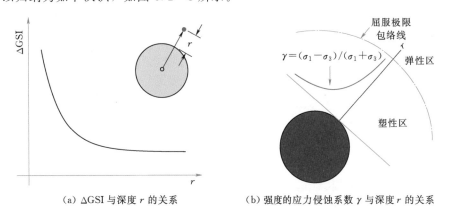

(a) ΔGSI 与深度 r 的关系　　　　(b) 强度的应力侵蚀系数 γ 与深度 r 的关系

图 6.2 - 3　洞室开挖过程中岩体内不同位置 GSI 的变化特征

（1）浅表层 GSI 最低，并随深度逐渐演变至初始 GSI。

（2）浅表层 GSI 的变化幅度最大，当超过某一深度后岩体 GSI 无变化。

围岩岩体质量即强度分布的上述特点，要求强度的应力侵蚀系数 γ 也应遵循浅表层最大且随深度增加逐渐减小的简单规律。

参考 Carranza - Torres 和 Fairhurst（1999 年）基于 Hoek - Brown 理想弹塑性准则的解析解结果，圆形洞室屈服区内围岩应力状态可表达为

$$\sigma_3 = [S_r(r) + s/m_b^2] m_b \sigma_{ci}$$
$$\sigma_1 = [S_\theta(r) - s/m_b^2] m_b \sigma_{ci} \tag{6.2-18}$$
$$S_r(r) = \left[\sqrt{P_i^{cr}} + \frac{1}{2}\ln\left(\frac{r}{b_{pl}}\right)^2\right]$$
$$S_\theta(r) = S_r(r) + \sqrt{S_r(r)}$$

式中：s、m_b 分别为 Hoek - Brown 强度准则参数；σ_{ci} 为岩石的单轴抗压强度；b_{pl} 为塑性区的深度；r 为距隧洞中心的距离。因此可以得到：

$$\frac{\sigma_1 - \sigma_3}{\sigma_1 + \sigma_3} = \frac{1}{1 + 2\sqrt{S_r(r)} - 2s/[m_b^2\sqrt{S_r(r)}]} \tag{6.2-19}$$

由式（6.2 - 19）可知，偏应力与球应力之比随围岩深度显然呈现由大到小的单调变化规律 [图 6.2 - 3（b）]，佐证了强度的应力侵蚀系数随深度增加而逐渐减小的规律。

6.2.3　围岩破裂扩展的数值分析方法

锦屏一级地下厂房开挖过程中出现的围岩"时效"松弛现象，其内在机制是高应力条件下完整岩块内部细小裂纹随时间不断发展，即脆性岩石破裂扩展特性的现场表现；其本质是硬质围岩强度与应力集中程度之间的矛盾，是应力升高导致围岩破损、性状变差、峰值强度参数降低所致。因此，在厂房开挖过程中，围岩应力集中区应力的不断变化，决定

了破裂扩展、时效松弛及发展的程度。

开挖过程的数值模拟，可根据计算单元的受力条件判断该单元是否出现破裂扩展、围岩峰值强度参数降低；当满足条件时，需要用合理的方式模拟围岩强度参数的衰减量。由于大理岩具有脆—延转换的基本特性，现场是否表现出这种特性主要取决于两个因素：围岩质量和围压水平。锦屏一级地下厂房开挖过程数值模拟时的力学关系十分复杂，在反映围岩脆—延转换特性的同时，还需要根据各部位围岩应力水平判断围岩是否满足破裂扩展的条件，一旦满足时，需要合理模拟围岩性状（如峰值强度）的变化，而这一变化会反过来影响围岩脆—延转换特性。因此，数值模拟过程要体现二者之间的相互影响，通过反复的迭代计算使得脆—延转换和破裂扩展两种特性都得到合理反映。

图 6.2-4 给出了同时模拟脆—延转换和破裂扩展特征的控制流程，计算软件为 FLAC³ᴰ，计算流程通过 FISH 语言实现。其力学过程模拟中采用了 Hoek-Brown 强度准则，围岩性状变化（峰值强度衰减）通过调整 GSI 值来实现，GSI 更多地体现了围岩质量，直接影响围岩各峰值强度参数，且能保证这些参数彼此之间关系的合理性。此外，围岩脆—延转换临界围压也与围岩性状（围岩质量）相关，数值模拟过程中采用 GSI 描述围岩性状，因此，计算过程中 GSI 变化会导致相应的脆—延转换临界围压（σ_{3cr}）的变化，通过迭代计算实现二者之间的平衡。

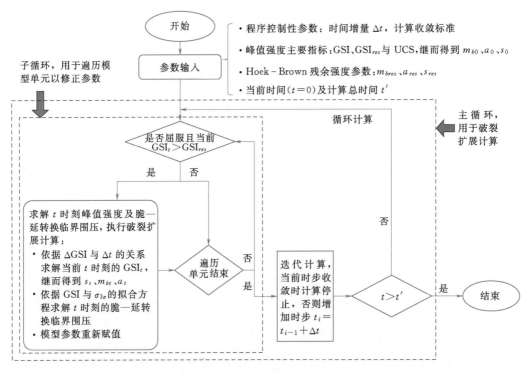

图 6.2-4 破裂扩展模型的算法流程

由于破裂扩展涉及时间变量，在开始按照图 6.2-4 所示流程进行迭代计算之前，输入围岩 Hoek-Brown 峰值强度、残余强度参数，再确定控制计算过程的时步参数值，如

计算总时间 t' 和时间增量 Δt，即破裂扩展计算中将总时间分解为若干时间增量 Δt 的累加，在每一 Δt 时间内，岩体峰值强度和残余强度为定值，但不同时步之间的峰值强度可能发生变化。

当计算模型模拟厂房开挖过程时，根据围岩应力变化同时体现脆—延转换和破裂扩展的迭代计算过程如下：

（1）进行围岩开挖模拟，获得围岩各单元应力，在达到静力平衡以后，设置破裂扩展计算初始时间（$t=0$）和时间增量 Δt。

（2）在当前时步下遍历模型中所有单元，并以单元是否屈服且当前 $GSI_t>GSI_{res}$ 的双重判据作为是否启动围岩地质强度（围岩质量）指标 GSI 衰减的依据，其中 GSI_{res} 为残余 GSI。满足这两个条件时，根据拟合得到的 $GSI-t$ 变化曲线获得当前时步下的 GSI 值（GSI_t）；并通过 $\sigma_{3cr}-GSI$ 曲线 ［图 6.2-6（b）］获得对应的脆—延转换临界围压 σ_{3cr}，由此获得对应的体现脆—延转换特性的围岩力学参数。

（3）在当前时步下对调整参数后的模型（静态）进行迭代计算，计算过程遵循脆—延转换本构关系。当计算模型能够收敛时，表明该时步下破裂扩展达到平衡状态，迭代计算过程结束，对应于该时刻的 GSI_t 即为破裂扩展发展稳定后对应的围岩状态（质量等级）。

（4）在当前时步下静态计算不能收敛时，意味着该时步下破裂扩展还没有达到平衡、破裂还在发展。此时令计算时间 $t_i=t_{i-1}+\Delta t$，进入步骤（2）～（3）所定义的循环（若 t 大于指定的破裂总运算时间 t'，则全局破裂计算完成）。

6.2.4 分析方法合理性验证

基于锦屏大理岩所具备的非线性特征与破裂扩展特征，以及围岩现场实测信息，开发并应用了基于 FLAC[3D] 破裂与扩展的数值分析方法，其核心在于采用脆—延转换本构模型来描述围岩峰后非线性特性，以及采用 GSI 衰减函数来描述围岩破裂扩展特性。围岩峰前弹性阶段参数采用传统方法确定，峰后强度采用 Hoek - Brown 强度准则来描述。合理性验证的基本依据是脆—延转换本构模型计算获得的结果与对应条件下现场实际情况的一致性，具体为计算获得的应力集中部位的屈服区深度和对应部位实测的松弛区深度的一致性，注意屈服和松弛之间并不具备唯一性的对应关系，但计算模型中应力集中引起的屈服与现场围岩破损引起的松弛之间存在良好的对应关系。

1. 脆—延转换本构模型合理性验证

脆—延转换本构模型合理性验证采用开挖后断面松弛深度测试结果的对比，此时破裂扩展导致的松弛可忽略不计。采用锦屏二级白山组大理岩段的相关现场测试资料，分别对 0MPa、15MPa 和 20MPa 围压水平下的洞周围岩屈服深度进行计算分析，逐步调整残余强度，与现场测试成果进行比对，最终反算确定脆—延转换的计算力学参数，其成果如图 6.2-5 所示。由于锦屏一级岩石特性与锦屏二级岩石特性极其相似，开挖后洞周围岩围压水平与上述条件相一致，因此采用上述反算方法确定的参数具备合理性。

（1）图 6.2-5（a）表示了通过数值模拟获得的计算结果，在图中所标注的南侧 1 号孔部位，现场实测松弛深度为 1.8m，计算模型揭示的屈服深度介于 1.5～2.0m，其中

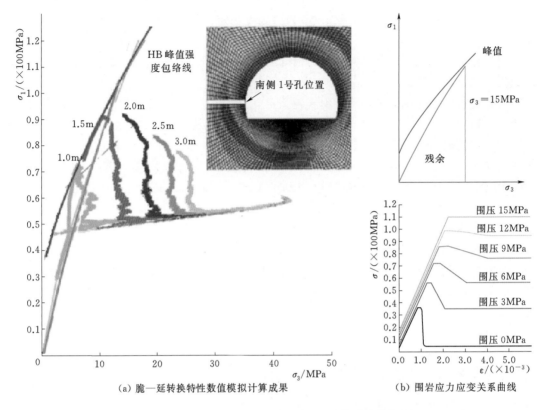

图 6.2-5 临界围压为 15MPa 时脆—延转换特性模拟结果

1.0m 深度部位屈服程度高，围压水平低、围岩脆性特征明显；1.5m 深度部位屈服后保持一定的围压，围岩表现出良好的延性特征。

1）在洞壁 1.0m 深度处，图 6.2-5（a）所示计算获得的围岩应力变化路径（$\sigma_1 - \sigma_3$ 曲线）触及峰值强度包络线，围岩发生了屈服，屈服时对应的围压（σ_3）不足 6MPa，根据图 6.2-5（b）中 6MPa 围压条件下的应力应变关系曲线，此时围岩表现较弱的脆性特征。但是，注意图 6.2-5（a）中该部位围压水平也迅速下降到 2MPa 左右，这一过程围岩脆性特征增强，导致围岩强度（即承载力）从高峰时的 73MPa 降低至 27MPa 左右，体现了围岩低围压水平下的脆性特征。

2）在洞壁 1.5m 深度处，围岩应力变化路径也触及峰值强度包络线，但屈服后应力路径基本与峰值强度包络线重合，围压水平从屈服时的 12MPa 左右降低到稳定平衡后的 8MPa 左右。对比图 6.2-5（b），该围压水平下围岩延性特征明显，围岩强度（承载力）下降幅度减小（从 90MPa 下降到 75MPa 左右），仍然维持良好的承载力。

（2）图 6.2-5（b）表示了对应部位围岩应力应变关系随围压的变化，靠近洞壁低围压（σ_3 接近于 0）时表现出强烈的脆性特征，随着围压增高，脆性特征减弱、延性特征增强，当围压达到 15MPa 时（远离洞壁一定距离），表现出理想弹塑性。显然，当计算模型中围岩强度服从这一规律时，计算结果与现场实际吻合，验证了脆—延转换本构模型的合理性。

2. 破裂扩展本构模型合理性验证

破裂扩展本构模型合理性验证考虑了脆—延转换特性，主要验证计算结果的宏观合理性，揭示开挖后围岩破损松弛随时间变化的基本规律。

以圆形隧洞开挖模拟为例，分析模拟结果中围岩特性、屈服深度等指标随时间变化的规律，通过判断其合理性来评价破裂扩展本构模型的正确性，这一过程同时考虑了围岩脆—延转换基本特性。图6.2-6（a）为验证分析时围岩强度包络线在破裂扩展过程中的变化及其对象的参数取值（以Ⅱ类大理岩为例），图中最上面的曲线是没有发生破裂扩展时（$t=0$）Ⅱ类大理岩的峰值强度包络线，红色虚线是破裂扩展到某个时刻t时对应的峰值强度包络线，峰值强度包络线的差异通过GSI的变化来体现，意味着围岩完整程度的不同，对应的脆—延转换临界压力也会发生变化。注意该验证计算中同时考虑了围岩脆—延转换特性，图6.2-6（b）则表示了临界围压与GSI的关系。

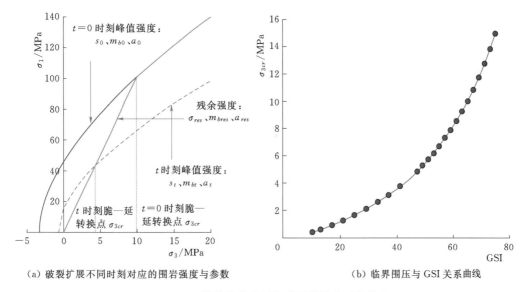

（a）破裂扩展不同时刻对应的围岩强度与参数　　　　（b）临界围压与GSI关系曲线

图6.2-6　岩体强度准则和破裂扩展准则原理图

图6.2-7表示了破裂扩展过程的计算结果（其中彩色区域为屈服区，不同颜色代表不同的GSI值，红色表示初始值，蓝色表示残余值），注意计算开始前所有单元的GSI值相同，均为70。在模拟破裂扩展以后屈服单元GSI值降低，且不同屈服单元内GSI值发生变化，揭示了同一时刻不同部位破裂扩展程度的差异（围压影响）。此外，对应同一单元，随着时间推移，围岩破裂扩展，GSI值有所降低，屈服程度增高且导致屈服区范围有所增大。显然，这些特征符合现有基本规律：开挖后破损导致的松弛出现在应力集中部位，且随着时间推移，松弛程度和松弛区范围都有所增大。

3. 工程验证

计算方法和计算条件的合理性可以通过计算成果与实际工程的检测监测成果之间的吻合程度来判别。

图6.2-8（a）表示了2009年4—11月厂房开挖完成后围岩松弛区的实测成果，图

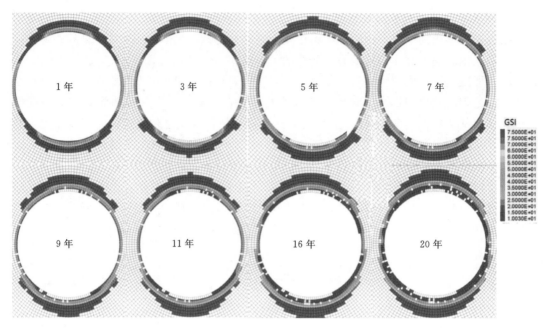

图 6.2-7　破裂扩展过程屈服区和 GSI 大小变化计算结果

6.2-8（b）表示了计算成果。图 6.2-9 表示了厂房开挖完成后的围岩变形分布，总变形量与现场预埋多点变形计的测量结果基本相当；120mm 量级的大变形区域与现场出现围岩破损松弛和掉块现象的部位具有一致性；松弛区以内的围岩变形量一般在 100mm 以内，与监测得到的 70～80mm 相比，计算结果接近或略高于监测值，二者吻合良好；计算得到的总变形量超过 120mm 量级的部位主要是在下游岩锚梁和上游边墙，与现场观测成果基本一致。

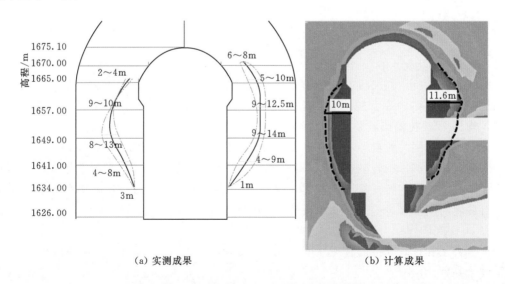

（a）实测成果　　　　　　　　　　　（b）计算成果

图 6.2-8　围岩松弛区实测成果与计算成果对比图

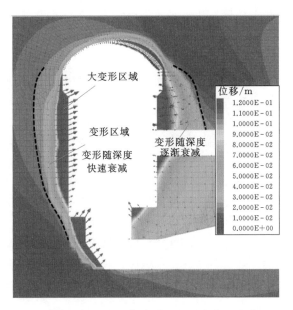

图 6.2-9　厂房开挖完成后的围岩变形分布

　　总之，计算结果与现场实测成果在基本规律和内在本质上具有良好的一致性，说明计算模型把握了问题的本质。在屈服区深度和变形大小等量值上，计算结果与现场监测检测成果保持相对较好的吻合性，证明了计算模型和计算方法的合理性。

6.3　围岩渐进破裂与扩展机理分析

6.3.1　围岩变形破裂特征

6.3.1.1　开挖过程的应力响应

　　主厂房第Ⅱ期（顶拱）开挖完成后的围岩应力分布如图 6.3-1 所示，计算结果揭示

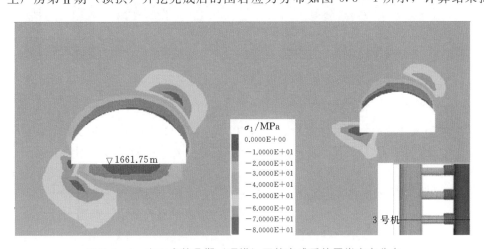

图 6.3-1　主厂房第Ⅱ期（顶拱）开挖完成后的围岩应力分布

此时主厂房和主变室均在下游拱腰和上游底脚部位出现应力集中现象，且应力集中水平足以达到围岩高应力破坏的经验值（岩石单轴抗压强度的 60%）。除主变室下游底脚以外，其余 3 个部位的应力集中区均被"推向"距离开挖面数米的深度，开挖面和应力集中区之间，尤其是开挖面浅表围岩处于低应力环境，属于围岩屈服强度衰减的结果。

计算结果显示，主厂房和主变室顶拱开挖后，在下游拱腰部位出现应力集中引起的围岩破坏现象。注意围岩应力集中也出现在主要洞室上游底脚一带，不过，这一部位开挖断面的拐角形态有利于维持围岩的围压，使得现实中围岩破坏程度不如下游拱腰明显，且因为工程危害小而往往被忽视。

图 6.3-2 是第Ⅳ期开挖完成后的围岩应力分布，与第Ⅱ期开挖完成后相比，主厂房和主变室下游拱腰依然是应力集中区部位，第Ⅲ期和第Ⅳ期的开挖使得这两个部位围岩应力集中程度和范围有所增强，其中以主变室下游拱腰更明显一些。这一特征表明，主厂房和主变室顶拱完成以后，后续开挖可以继续加剧这两个部位的围岩应力集中程度，使得现场浅表围岩破坏加剧和支护受力不断增长。因此，这一过程中主厂房和主变室下游拱腰围岩破坏程度的加剧很可能并非围岩破坏时效性的表现，后续开挖应力调整应该起到了主导性作用。

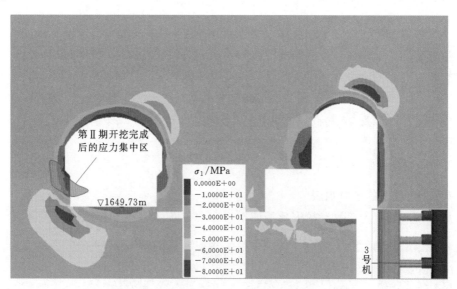

图 6.3-2 第Ⅳ期开挖完成后的围岩应力分布

与主洞室下游拱腰不同的是，第Ⅱ期开挖完成后上游底脚部位的应力集中现象消失，即该部位围岩最大主应力由第Ⅱ期开挖后的 80MPa 量级降低到低于初始地应力水平，出现由升高转向逐步降低的强烈应力松弛，典型表现之一是此前屈服破损围岩在这一过程中出现剥落破坏现象。

与第Ⅱ期开挖完成后相比，第Ⅳ期开挖完成后主厂房上游底脚一带围岩应力集中程度和影响范围均有所增强，也表明了从第Ⅱ期到第Ⅳ期开挖过程中主厂房围岩应力集中导致的破坏现象仍然处于不断加剧的阶段。

图 6.3-3 是第Ⅵ期开挖完成后的围岩应力分布，此时主厂房开始形成比较明显的高

边墙结构形态，主变室也开挖到底板位置。与第Ⅳ期开挖后相比，此时围岩应力分布变化最突出的是主厂房下游拱腰，该部位应力集中区的最大主应力水平略有降低，体现了大型洞室开挖围岩应力调整的"尺寸效应"，即开挖尺度增大并不意味着应力水平的增高，而是经历一个从增高以后缓慢降低的过程。这也意味着在形成高边墙结构以后，下游拱腰一带围岩破坏机理出现一定的变化，从原来的加载机制（以最大主应力升高为主）逐步转变为卸载机制（围压降低导致围岩强度下降）。

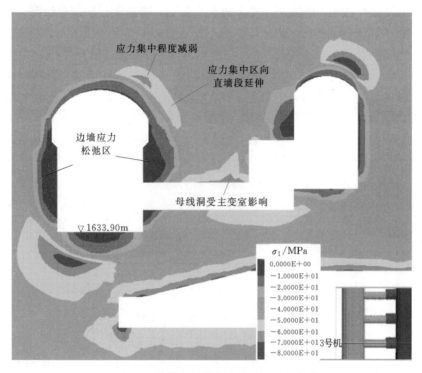

图 6.3 - 3　第Ⅵ期开挖完成后的围岩应力分布

不过，在下游拱腰应力集中程度降低的同时，应力集中区范围开始向下游直墙岩锚梁方向延伸，但没有达到岩锚梁。这一结果显示，现场从第Ⅳ期到第Ⅵ期开挖过程中岩锚梁以上直墙段一定范围内围岩应力状态受到较大的扰动，会使得浅部屈服破损围岩出现鼓胀变形，从而导致喷层破裂、支护应力增高。

第Ⅵ期开挖完成后，主厂房边墙松弛开始占据主导性地位，虽然上游边墙每步开挖完成后底脚处存在应力集中现象，但这种集中程度是有限的，边墙应力释放是开挖卸载的主要响应方式。在第Ⅵ期开挖完成形成高边墙结构后，边墙低应力（最大主应力小于10MPa，远低于初始最大主应力）区轮廓线与现场声波检测结果揭示的松弛区形态非常接近，证明了边墙松弛区测试结果主要代表了应力释放、围岩应力显著降低的作用结果。事实上，高应力条件下既可以出现剧烈的应力集中，此时强烈的应力松弛也与之共生出现。具体到锦屏一级地下厂房，当下游拱腰出现明显的高应力破坏时，边墙的卸载松弛也会相当突出。

第Ⅵ期开挖完成后，主变室上游底脚应力集中部位还进行了母线洞开挖，不论是先小洞后大洞还是先大洞后小洞的开挖顺序，在厂区应力场作用下，靠近主变室的母线洞顶拱一带将出现比较严重的应力集中。不过，由于母线洞尺寸相对较小，有利于维持相对较高的围压水平，使得该部位破坏程度和范围相对不如大洞室明显。

同时，母线洞和主变室的开挖顺序也会影响到围岩破坏的现场表现，先大洞后小洞开挖会造成母线洞开挖过程的破裂问题加剧，先小洞后大洞开挖则表现为母线洞围岩滞后破坏、支护受力状态的恶化。总而言之，母线洞受到的影响更突出一些。

由于主厂房下游边墙不存在应力集中现象，因此，靠近主厂房的母线洞上游洞段会出现与下游洞段不同的稳定状态，靠近主厂房一带主要表现为陡倾结构面的张开，而不是围岩破损等应力集中导致的破坏现象。

图 6.3-4 表示了第Ⅷ期开挖完成后的围岩应力分布，从第Ⅵ期到第Ⅷ期的开挖表现为边墙高度不断增大，因此开挖过程的围岩应力变化也主要表现为高边墙控制的结构效应，总体上以应力松弛占据主导性地位，表现在以下 3 个方面：

（1）在边墙应力松弛区形态保持高度相似，但随着松弛深度加大，开始在两侧边墙形成相对突出的松弛现象，松弛区深度最大超过 12m。

（2）下游拱腰围岩应力集中区范围和程度略有减弱，内在原因是围压水平降低导致围岩性状的变化，下游拱腰围岩在较大深度范围（8.8m 左右）出现屈服，导致屈服围岩鼓胀变形。

（3）岩锚梁以上直墙段围岩应力集中区向深部"推移"，是外侧围岩进一步鼓胀变形所致，维持其外侧围岩稳定需要更强的支护。

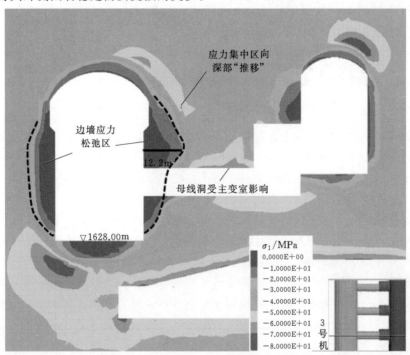

图 6.3-4 第Ⅷ期开挖完成后的围岩应力分布

　　综上，高边墙的形成过程主要体现为卸载作用，现场典型的表现一是边墙松弛区深度显著增大，二是加剧下游拱腰和直墙一带围岩浅表鼓胀变形和强度衰减。后一个方面表现为后续开挖对已经成型的上部围岩应力变化的影响，表现出时效性的特点，但计算结果揭示，由于初始地应力场的特殊性，这种时效包括了下部开挖对上部围岩应力分布的进一步改造。

　　第Ⅷ期以后的开挖进一步改变了高边墙结构形态，但影响程度相对较小，因此，厂房开挖完成以后围岩分布维持了第Ⅷ期以后的基本规律，差异在于量值的小幅变化，比如下游边墙应力松弛深度从 12.2m 增加到 13.5m 左右的水平，下游拱腰应力集中区距开挖面的距离也略有增大，达到 9.0m 左右，说明屈服区鼓胀变形程度略有增大，屈服围岩强度降低使得应力集中区进一步被"推向"深部位置，如图 6.3-5 所示。

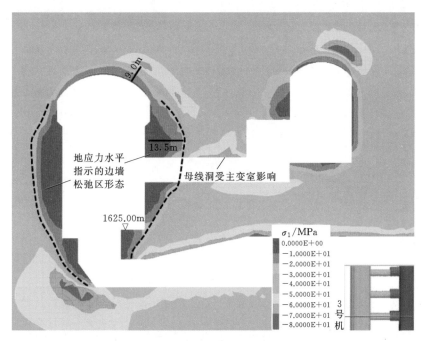

图 6.3-5　厂房开挖完成后的围岩应力分布

6.3.1.2　开挖过程的变形响应

　　厂房洞室群开挖过程的围岩变形分布和变化与上述的应力存在内在的一致性，需要注意的是应力导致围岩变形的机制，总体上包括应力集中区（下游拱腰和上游底脚）围岩屈服以后的塑性变形和高边墙结构应力松弛降低导致的变形，其中上游底脚与开挖过程的围岩应力变化路径密切相关。这两种变形机制的现场表现也存在差别，前者表现为浅表完整围岩破损和支护应力的显著增高；后者则表现为结构面张开和剪切现象，完整块体很少出现破坏。为此，本小节分析中将注意到变形机理的差异。

　　图 6.3-6 是第Ⅱ期开挖完成后的围岩变形分布，此时主厂房和主变室下游拱腰均出现了大变形现象，这两个部位也是应力集中区，大变形属于应力集中围岩屈服后的结果，也是现场围岩破损所对应的部位。或者说，计算中的大变形是现实中围岩破损现象被支护

以后的结果。注意应力集中区围岩大变形的基本特点是衰减很快，表现出浅部围岩大变形的特点。

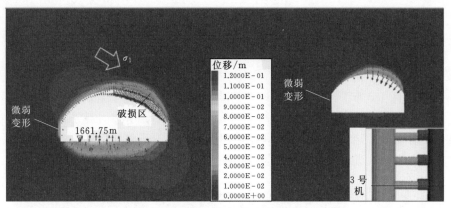

图 6.3 - 6　第Ⅱ期开挖完成后的围岩变形分布

　　第Ⅱ期开挖完成后，主厂房底板靠上游侧出现了大变形现象，属于应力集中和临空条件共同作用的结果。上游拱脚一带应力集中区部位围岩变形出现明显的分异现象，在拐角靠近直边墙一侧的变形量很小（微弱变形），但底板靠上游侧一带则相对突出，这种差异与开挖断面形态决定的约束条件密切相关，宽底板对变形的约束相对小很多，易于导致围岩变形。

　　图 6.3 - 7 是第Ⅳ期开挖完成后的围岩变形分布，与第Ⅱ期开挖完成后相比，最大的变化在于第Ⅱ期上游底脚一带的直墙段，从原来的"微弱变形"迅速增长成为大变形区。第Ⅱ期开挖完成后该部位变形小是因为断面形态和拐角形成的变形约束条件，第Ⅲ期和第Ⅳ期的开挖完全解除了这种约束，使得已经屈服的围岩因为围压解除而出现塑性大变形，现场表现为围岩的破损和掉块等。

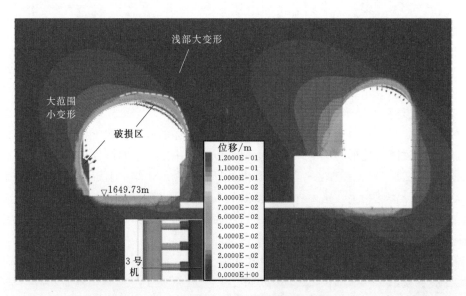

图 6.3 - 7　第Ⅳ期开挖完成后的围岩变形分布

第Ⅳ期开挖完成后另一个变化是上游拱腰和下游底脚连线方向出现大范围小变形现象，这是应力松弛的结果。相比较而言，此时上游拱腰保持良好的约束条件，其变形量尤其是浅部围岩变形量相对较小。

总体而言，第Ⅲ期、第Ⅳ期开挖过程中，随着断面形态的变化，围岩变形开始显现出两种不同机制，即下游拱腰—上游底脚应力集中区的塑性大变形和上游拱腰—下游底脚应力释放导致的变形，前者具有量值大、范围相对较小且主要局限在浅部围岩的特点，后者则相反，具有量值小、范围大的特点。应力集中区围岩是否发生大变形还明显受到约束条件的影响，上游底脚的拐角部位约束条件好，变形量相对很小，但下一层开挖解除这种约束以后，变形量会迅速增大。

需要说明的是，现实中应力释放导致的围岩变形主要受结构面控制，现场多表现为结构面张开，而不是完整岩块破损剥落。在没有直接模拟节理的情况下，计算结果往往会低估实际变形程度。

图 6.3-8～图 6.3-10 分别表示了第Ⅵ期、第Ⅷ期和厂房开挖完成后的围岩变形分布，这一过程的主要特点是形成高边墙结构，相应地，厂房边墙变形量值和范围逐渐增大，其中上下游边墙变形差异还受到分期开挖卸载路径的影响。

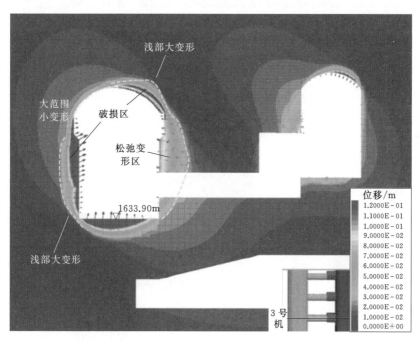

图 6.3-8　第Ⅵ期开挖完成后的围岩变形分布

6.3.2　围岩渐进破裂演化分析

6.3.2.1　开挖围岩应力与力学特性的相互作用

在洞室开挖以后，地应力释放形成围岩二次应力场，围岩二次应力场不仅起到外部荷载的作用，而且还可以改变围岩特性和承载能力。因此，在进行围岩破坏机理分析时，需

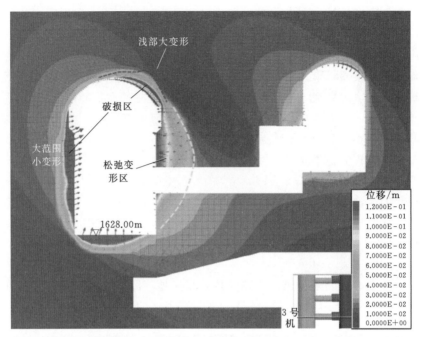

图 6.3-9 第Ⅷ期开挖完成后的围岩变形分布

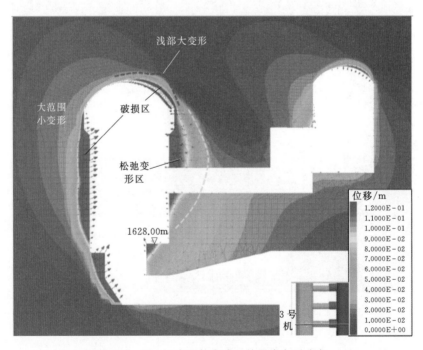

图 6.3-10 厂房开挖完成后的围岩变形分布

要考虑围岩应力状态和围岩特性的联合作用,虽然二者直观上起到"外部荷载"和"承载介质"的作用,但彼此相互关联,不应简单地拆开成两个相互独立的组成部分。

就锦屏一级地下厂房而言,初始地应力场中最小主应力(围压)大多可以达到

10MPa 左右，这一围压水平使得开挖前围岩具备良好的延性特征。洞室开挖以后，围岩中围压水平（二次应力场中的最小主应力）会出现变化，围压降低时围岩脆性特征增强，一旦围岩加载后发生屈服，其强度会衰减并反过来影响应力分布，直到达到新的平衡。如果在围压降低过程中围岩没有发生屈服，则这种条件下围岩开挖响应（变形）主要受结构面控制，并不是非线性计算特别针对的环节。由此可见，要全面理解洞室开挖以后围岩变形破坏机制，需要同时考虑应力状态和围岩特性之间的相互影响。

图 6.3-11 表示了第Ⅱ期、第Ⅳ期开挖完成后的围岩最大、最小主应力分布，其中左侧为最大主应力分布。在第Ⅱ期开挖完成后，下游拱腰一带的应力集中区不仅是最大主应力显著增高，而且从洞壁到深部最大主应力也从很低水平增加到 80MPa 左右。注意此时最小主应力也显著增高，从初始条件下 10MPa 左右的水平增加到 15MPa 以上，围岩承载能力和非线性特征也因此发生变化。靠近开挖边界的低围压区，围岩峰值强度相对不高且呈现出脆性特征，因此易于屈服，且屈服后强度急剧衰减。

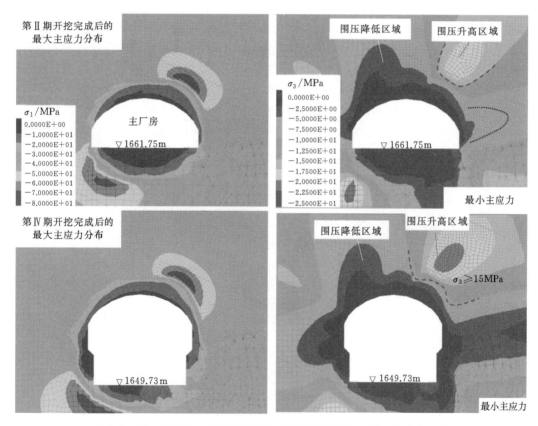

图 6.3-11 第Ⅱ期、第Ⅳ期开挖完成后的围岩最大、最小主应力分布

随着深度增大，围压水平快速递增，围岩峰值强度增大和延性特征增强，意味着围岩可以积累更高的最大主应力，且即便进入屈服状态，屈服后围岩强度变化也较小，成为主要的承载圈。在距离开挖面数米处，围压最小主应力上升到 15MPa 左右，计算模型中认为此时围岩表现出理想弹塑性的特点，此时的围岩屈服不影响其承载能力，成为高应力区

围岩承载力和安全性的关键性保障。

此时上游拱腰部位虽然出现严重的最小主应力松弛现象，在较大范围内影响围岩峰值强度并表现出脆性特征，不过，此时最大主应力并没有出现增高，而是同样呈现出降低的趋势。也就是说，即便围岩表现出脆性破坏的力学特性和围压条件，最大主应力（外荷）量值也不足以激发围岩出现脆性特征，从而未出现破损、剥落等脆性破坏现象，体现了不同的开挖响应机制。

与第Ⅱ期开挖完成后相比，第Ⅳ期开挖完成后在应力集中区（如下游拱腰）和应力松弛区（如上游拱腰）的最大、最小主应力分布规模维持不变，差异在于具体的量值。如下游拱腰，应力集中部位表现为"推向"深部的同时，最小主应力量值明显增高，进一步强化了距离开挖面一定深度部位围岩的承载能力。比如，此次计算揭示围岩最大主应力可以达到 80MPa，与岩石单轴抗压强度相当，但此时围岩最小主应力也可以达到 20MPa 的水平，使得Ⅳ类岩体的峰值强度达到 100MPa 左右，高于岩石单轴抗压强度，围岩处于安全状态。

图 6.3-12 表示了厂房开挖完成后的最小主应力分布，第Ⅳ期以后的厂房开挖形成高边墙的过程中，围岩基本响应为应力松弛。与第Ⅳ期开挖完成后相比，注意到下游拱腰一带最大主应力集中区的量值有所降低，但范围增大。围压降低可以改变围岩强度，鉴于该部位浅部围岩已经屈服，围压变化因此可以进一步影响塑性程度，即影响屈服区塑性变形量和屈服围岩的深度，在现场表现为鼓胀变形的加剧和屈服深度增大。而受较高围压水平作用的围岩范围增大意味着厂房向下开挖过程中上部受影响区域的承载区范围也在增大。

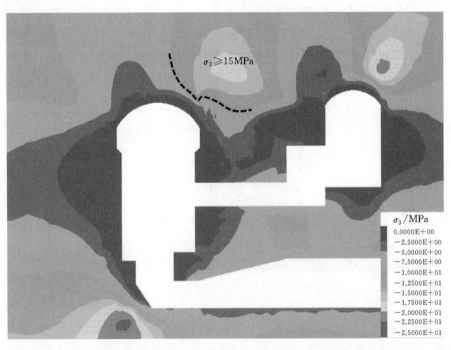

图 6.3-12 厂房开挖完成后的最小主应力分布

因此，虽然锦屏一级地下厂房开挖过程中下游拱腰出现普遍的高应力破坏，但破坏区存在一个努力维持自稳的内在机制，使得破坏不会无限地向深部发展。应力集中区良好的围压条件，一方面提高了围岩峰值强度，使得围岩不易屈服；另一方面通过激发屈服围岩延性特征来维持屈服围岩的承载能力，二者都有利于围岩自稳。

　　厂房后续开挖形成高边墙的过程可以不断改变下游拱腰一带应力集中区的围压分布，这很可能是导致现场下部开挖、上部破坏不断发展的最重要的机制和原因，虽然这一过程中也包含时效因素的影响，但鉴于围岩破坏程度不强，时效不占主导性地位，仅起辅助性作用。

6.3.2.2　围岩应力变化路径及其变形破坏机理

　　前面分析了厂房横剖面上的围岩应力状态及其对围岩特性的影响，下面将分析厂房横剖面3个不同位置的围岩开挖过程的应力变化路径，详细分析这些代表性位置的围岩变形和破坏机理。计算过程中在模型中布置了若干测线，每条测线由若干测点组成，记录分步开挖计算过程中最大、最小主应力的变化特征。

　　图6.3-13给出了下游拱腰沿2号测线（参见图中右下侧的测线和标注）上所选取的4个不同测点的应力变化路径，这4个测点与开挖面的距离分别为1.9m、5.8m、8.1m和10.5m。图中横坐标为最小主应力，纵坐标为最大主应力，图中的曲线表示了开挖过程中每个时期的最大、最小主应力状态，它们的变化历程及其相对于峰值强度和残余强度包络线的关系揭示了围岩状态的变化，以及这种变化相应的变形、破坏特征。

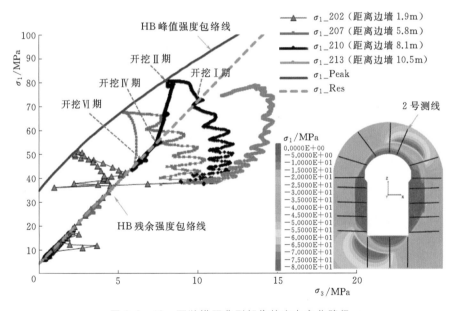

图6.3-13　下游拱腰典型部位的应力变化路径

　　这里首先分析距离开挖面8.1m深度部位围岩的应力变化历程，以此为基础，再分析其他部位围岩的应力变化路径及其揭示的变形和破坏特征。

　　第Ⅰ期开挖完成后下游拱腰8.1m深度处围岩应力即开始出现明显变化，这一阶段最小主应力大体保持不变，最大主应力升高到接近70MPa，但处于峰值强度包络线以下，处于弹性状态。

第Ⅱ期开挖完成后该部位最小主应力有所降低,但幅度相对不大。这一过程中最大主应力有所升高,从而达到峰值强度进入屈服状态。

第Ⅲ期和第Ⅳ期开挖使得该部位已经屈服的围岩的围压水平略有降低,围岩强度因此也不断变化,逐渐到达残余值(与残余强度包络线相交)。不过,由于围压仍然保持在7.5MPa左右的水平,围岩表现出比较明显的延性,残余强度维持在50MPa左右,表明该部位虽然屈服相对严重,但由于维持一定的围压水平和该围压条件下围岩具备一定的延性,围岩仍然具备50MPa左右的承载能力。

第Ⅳ期以后的开挖使得围压进一步降低,但至开挖完成以后仍然保持在6MPa左右,显示第Ⅳ期以后形成高边墙的开挖过程可以影响到下游拱腰应力集中区一带的受力条件。围压降低使得围岩残余强度也有所下降,此时围岩一直处于残余状态且经历残余强度降低的过程(应力曲线和残余强度包络线重合),最后的应力水平为42MPa左右(等同于此时的残余强度)。

总之,该部位围岩先在第Ⅰ期开挖过程中经历了弹性变化,其变形量很小。第Ⅱ期开挖完成后该部位刚刚屈服,但由于围压水平高,屈服围岩仍然保持良好的承载能力,表现出弹性变形为主的特征。第Ⅲ期和第Ⅳ期开挖使得围岩的强度从峰值降低到残余值,但相对良好的围压水平使得围岩表现出良好的延性特征和承载能力,围岩脆性破坏不显著,虽然开始出现塑性变形,但变形量也相对不大。后续开挖对该部位存在一定的影响,但由于距离开挖面距离相对较大,围岩仍然维持相对较高的残余强度,脆性破坏特征相对不明显。

相比较而言,更深部位(10.5m处的213点)的围岩在整个厂房开挖过程中先经历最小、最大主应力都不断增大的过程,然后表现为围压降低为主。前一阶段系应力集中的表现,后一历程体现了高边墙导致的应力松弛。

相对更浅一些部位(5.8m)的围岩经历了相似的应力变化历程,所不同的是围岩屈服以后围压降低突出一些,最后仅维持在2.6MPa左右,屈服围岩脆性突出,因此破裂现象和破裂后的鼓胀变形相对典型。

靠近开挖面(1.9m深)的围岩应力变化历程揭示,第Ⅰ期开挖完成后该部位围岩屈服,对应的围压约1MPa,屈服后围岩脆性特征突出。因此,现场也表现出脆性破损的特点。后续开挖使得该部位围压水平降低到接近于0,屈服围岩的残余强度不断降低、塑性变形持续增大,表现为围岩破损现象的持续发展。

锦屏大理岩的典型力学特性呈现脆—延—塑性转换性质,洞室开挖过程中的二次应力调整,除起到外部荷载的作用外,还改变了围岩特性,进而改变了承载能力。如前所述,对锦屏大理岩而言,在进行围岩破坏机理分析时,需要考虑围岩应力状态和围岩特性的联合作用,不应孤立地以应力状态分析问题。

因此,除上述应力路径分析外,模型计算中还特别整理了下游侧拱腰不同深度处测点部位在每一开挖期完成后(未考虑完整应力路径),围岩最小、最大主应力随开挖期的变化曲线(图6.3-14、图6.3-15),测点1~7依次由洞壁向深部布置,其中测点4距临空面的距离约6.3m,属于典型的应力集中部位。

由图6.3-14可知,下游侧拱腰不同深度围岩最小主应力的差异性较为显著。当洞室

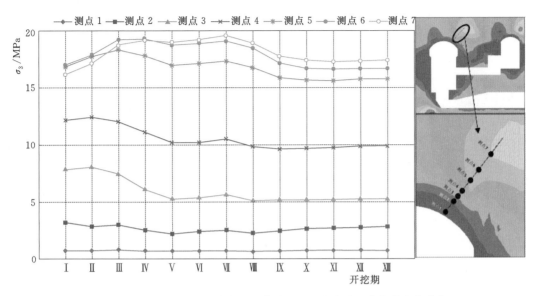

图 6.3 - 14　下游拱腰部位典型测点的最小主应力随开挖期的变化曲线

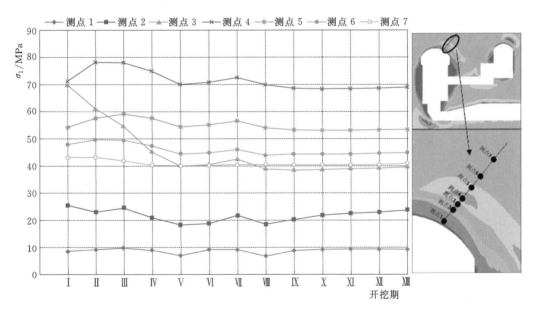

图 6.3 - 15　下游拱腰部位典型测点的最大主应力随开挖期的变化曲线

完成第Ⅰ期开挖后，临近洞壁测点最小主应力自初始围压显著降低至 1MPa 左右水平，屈服后围岩脆性特征突出，现场也表现出脆性破坏的特点，测点围压总体随埋置深度增加，如埋深为 6.3m 的测点 4，在第Ⅰ期开挖完成后，围压维持在 12MPa 水平，此时围岩屈服后仍旧可以具有良好的延性特征及其残余强度。随深度进一步增加，如测点 5~7，围压达到 15MPa 以上水平，依据大理岩脆—延—塑性转换围压为 15MPa 的基本性质，该围压条件下围岩发生高应力脆性破坏的风险进一步降低。

　　进一步观察最小主应力随后续开挖步的演变特征，浅部测点 1、测点 2 最小主应力随开挖推进的差异性不显著；测点 3、测点 4 在第 Ⅵ 期开挖之前最小主应力表现为显著降低、随后微弱调整的过程；而深部测点 5～7 因应力调整具有一定振荡性质，大致维持在 15～20MPa，总体经历先增高再降低的变化过程。

在厂房开挖过程中，二次应力作为外部荷载的同时也可以改变围岩力学性质。依据最小主应力分布规律，厂房下游拱腰围压水平随深度过渡特征明显，并因此决定了不同深度围岩性质可以呈现差异，总体表现为浅部围压水平较低、岩体屈服后脆性突出、残余强度低，当围岩达到一定深度后，一定水平的围压可以保证围岩具有良好的延塑性和承载能力。由此可见，围岩具有自我调整能力，深部围岩可发挥出承载拱的能力，阻止高应力脆性破坏进一步向深部扩展。

图 6.3－15 给出了相应测点的最大主应力随开挖过程的演变曲线，突出现象是浅部围岩最大主应力差异明显，应力集中区及更深部位主应力差异逐渐减小，是岩体内部围压水平升高导致承载能力提高的结果。显著应力集中部位出现在测点 4 位置，最大主应力达到约 80MPa 水平。

图 6.3－16 为最大、最小主应力的比值随开挖期的变化曲线，进一步给出了开挖过程中，各测点部位分析指标即主应力比的变化过程，可揭示出高应力脆性破坏的合理处理时机。依据计算结果，浅部岩体可以具有较高的主应力比，表现为现场发生的破裂现象，如测点 1～3 所示。测点 4 位于应力集中区内，在第 Ⅴ 期开挖之前，测点处围岩因前述主应力变化特征导致主应力比呈现逐渐升高的现象，体现出内部开挖能量的积累过程，且在后续开挖过程中，该测点部位应力比变化不明显；应力比分布与围岩埋置深度密切相关，应力集中区以外的测点如测点 5～7 应力比降低明显，接近初始应力状态。

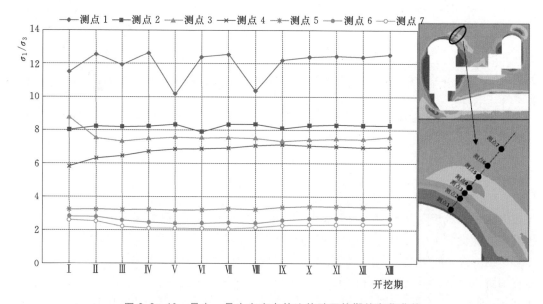

图 6.3－16　最大、最小主应力的比值随开挖期的变化曲线

可见，下游拱腰围岩不利应力状态（较高应力比）主要分布在应力集中区深度以内围

岩中，且由图中测点 4 的应力比曲线可知，围岩能量主要在前五期开挖这一阶段得到显著
积累。

图 6.3-17 为上游边墙典型部位的应力变化路径，给出了上游边墙典型部位在开挖过
程中的应力变化过程及其揭示的变形和破坏机制，显然，图中所选择的测点在第Ⅳ期开挖
完成后受到上游边墙底脚应力集中的影响，应力分布状态表明，σ_3 急剧减小，围岩脆性
增强，并趋向强度包络线，此时，可作为处理主厂房下游拱腰高应力脆性破坏的有效
时机。

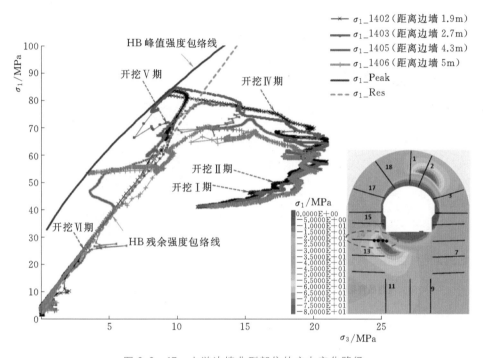

图 6.3-17　上游边墙典型部位的应力变化路径

这些测点揭示的一个基本特征是，在第Ⅰ～Ⅳ期的开挖过程中，这一部位围岩经历最
大、最小主应力不断增大的历程。注意围压的增高使得围岩应力状态相对远离峰值强度包
络线，因此，这一过程中该部位处于弹性状态且安全性不断提高，体现了围压增大的
作用。

第Ⅴ期开挖使得这些点围压水平迅速降低而屈服，不过，屈服时围压水平相对较高，
脆性破坏特征并不突出。但是，后续第Ⅵ期开挖导致围岩应力进一步降低并最终接近于
0，这一过程除强度持续降低以外，围岩脆性特征得到发挥，使得早期屈服的围岩表现出
一定的脆性破坏特征。

就上游边墙特定部位（某个开挖期结束以后的底脚一带）而言，上述应力变化历程揭
示了在底脚一带受到挤压但破裂不明显的基本特征，在后期开挖围压解除过程中，早期挤
压破损围岩开始出现解体。

注意到上述这种变化历程主要集中在相对靠近开挖面的范围内，相对较深（5m）部

位的响应较浅部更弱一些，由此推测，这种响应在上游边墙主要集中在每步开挖完成后底脚一带的浅层围岩中，并不占据主导性地位。

相比较而言，图 6.3-18 所示的下游边墙围岩在开挖过程中经历了持续的应力松弛过程，即最大、最小主应力单调降低。围岩屈服时的围压接近于 0，已经不太适合采用剪切强度理论来描述这种条件下的力学行为。这种条件下围岩应力已经不起主导性作用，结构面控制作用开始不断增大，结构面张开和剪切变形往往是现场最普遍的表现形式。

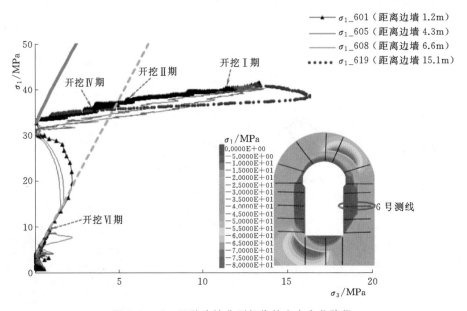

图 6.3-18　下游边墙典型部位的应力变化路径

6.3.3　围岩细观破裂演化规律

锦屏一级地下厂房开挖过程的松弛现象和破裂机理可以在细观非连续方法 PFC 中更直观地得到体现和揭示。由于 PFC 采用厘米级的颗粒集合体来模拟岩体结构特征，因此计算容量是制约其工程应用的技术难题。为了平衡计算精度和计算配置现状，合理调整了PFC 模型中的颗粒尺寸。它一定程度上影响了岩体力学特性和现场实际的吻合程度，进而影响了松弛区具体形态和深度等定量特性，但它不影响破裂出现的位置和演化过程的基本规律，也不会对围岩破裂机理研究产生影响。

PFC 模拟的厂房分期开挖过程中的围岩破裂演化过程如图 6.3-19 所示，其中红色表示裂纹。计算结果显示，在顶拱开挖完成后下游拱腰一带即开始出现围岩破裂现象，在计算结果中表现为密集分布的微裂纹（厘米级）。在后续开挖过程中，该部位的裂纹数量和破裂范围保持持续增大的变化特征，并最终形成一个深槽型破损区，与现场相应部位围岩松弛区的几何形态和变化特征总体吻合，揭示了下游拱腰围岩松弛系岩体破裂不断发展的结果。

图 6.3-20 给出了开挖过程中两个典型阶段的 PFC 计算结果，目的在于对比上下游边墙变形和松弛机制的差异。图中红色仍然表示裂纹，黄色表示 PFC 颗粒，而紫蓝色表

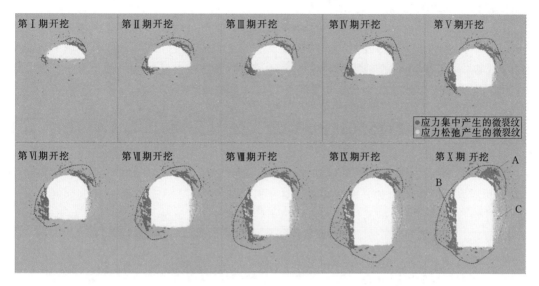

图 6.3 - 19   PFC 模拟的厂房分期开挖过程中的围岩破裂演化过程

示颗粒之间的接触力，用线条的粗细表示颗粒之间接触力的差异。当围岩处于挤压状态（应力集中）时，颗粒之间接触力越大，图中紫蓝色线条越粗，视觉上黄色颗粒被覆盖程度越好。与之相反，当黄色颗粒裸露时，表示这些颗粒之间的接触力非常低，对应为应力松弛。

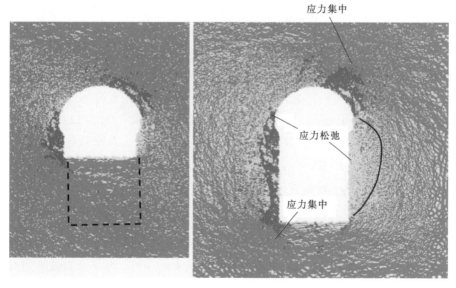

图 6.3 - 20   高边墙形成中的围岩应力变化和破裂区特征

由图 6.3 - 20 可知，在开始形成边墙时，下游边墙浅部围岩中颗粒之间的接触力已经损失殆尽，几乎没有出现红色的裂纹，意味着应力松弛。在高边墙形成以后，下游边墙围岩很大一个范围内的接触力都很低，围岩中基本不产生破裂，进一步直观证实了下游边墙围岩松弛机制和拱腰一带的本质性差异。

分析表明，上游边墙具有复杂的复合破坏形态，靠近边墙浅部为红色裂纹，在高边墙形成过程中持续增加，但深度不及下游拱腰。随着边墙的形成和增高，红色区域外侧的应力水平不断降低，产生一个应力松弛区，揭示了上游边墙相对更复杂的松弛力学机制，即浅表围岩应力集中导致的破裂和相对深部位置上应力松弛产生的结构面张开等。

6.4　围岩稳定性评价

采用所提出的基于 FLAC³ᴰ 的破裂扩展数值分析方法，研究了锦屏一级地下厂房开挖过程中的围岩变形破坏、支护受力状态，对变形破坏的性质、发生条件、控制因素、力学机制及其定量描述、工程措施效果和围岩稳定状态进行了系统分析。

6.4.1　破裂特征及规律

根据破裂扩展的模拟分析，揭示了锦屏一级地下厂房围岩破裂机理及破坏特征：

（1）厂房早期开挖阶段，下游拱腰围岩经历了持续的应力集中，导致了围岩屈服破坏。在后续的高边墙开挖过程中，这部分屈服围岩经历了围压缓慢降低的应力变化历程，导致围岩破损和鼓胀，这是该部位围岩变形和喷层开裂的内在机制。

（2）不同于下游拱腰，下游边墙在厂房开挖过程中经历了持续的应力松弛，主要表现为结构面张开。边墙的深部松弛和下游拱腰的破坏有着内在的联系，都是厂房开挖过程中应力剧烈调整的结果，而导致围岩应力重分布的控制性因素是高初始应力比。与此同时，主厂房和主变室之间的岩柱总体上经历了围压持续释放的历程，邻洞干扰现象明显，表现为以 NW—NWW 向陡倾结构面张开为主。

（3）在洞室群分层开挖过程中，每层开挖完成以后在上游底脚一带形成应力集中，拐角部位良好的约束条件和围压水平使得该部位围岩破坏现象并不明显；但后续开挖解除了该部位的约束条件，往往使得围岩迅速屈服，形成现场的高应力破坏及片、板状掉块现象。开挖过程中上游边墙总体应力松弛，出现结构面张开现象，但上游边墙一些部位浅部围岩经历了加载到卸载的应力变化路径，可以产生明显的高应力破坏和破坏围岩的掉块现象。

6.4.2　断层结构和洞群效应对稳定性的影响

1. 断层结构的影响

通过分析断层对洞室围岩应力和屈服区的影响可知，在断层下盘一定范围内，断层的作用可以使得围岩应力集中程度更强、屈服深度相对更大一些，断层下盘数米处围岩应力集中最强烈，屈服深度相对更大一些，是最容易导致围岩破坏的部位，随着与断层距离的增大，破坏程度应有所降低。对应于工程现场，表现为断层两侧，尤其是下游侧一定范围内围岩破坏现象会早于其他部位出现，且同等条件下现场检测到的"松弛"深度更大。

锦屏一级地下厂房受到 3 条断层构造带切割，断层间岩体地应力状态和其他部位存在比较明显的差异，这在实测地应力分布趋势中可得到证明（见图 6.4-1），这是厂房开挖过程中发生显著破坏的内在原因之一。

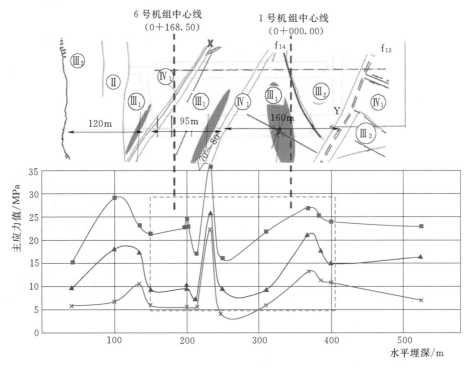

图 6.4－1 厂房区地应力分布及其对应的地质构造

不考虑和考虑断层时围岩屈服深度的差异如图 6.4－2 所示。可明显看出，在断层下盘一定范围内，断层的作用可以使得围岩应力集中程度更强、屈服深度相对更大一些。

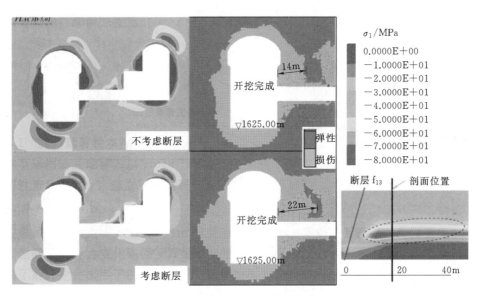

图 6.4－2 不考虑和考虑断层时围岩屈服深度的差异

2. 洞群效应的影响

锦屏一级地下厂房地应力场和工程布置条件决定了主变室上游边墙底脚一带会存在比较突出的应力集中,穿过该应力集中区的母线洞下游段,受主变室开挖的影响极为明显,施工中须避免洞群开挖过程中出现明显扰动,避免给围岩和支护安全造成隐患。同时,由于主厂房和主变室邻近布置的原因,主厂房和主变室之间存在较为严重的干扰,图6.4-3和图6.4-4分别揭示了洞室开挖过程中岩柱部位的最小、最大主应力分布,可看出岩柱部位存在明显的应力松弛现象,这种响应方式意味着持续的能量释放,没有能量积累过程,现场主要表现为结构面变形,尤其是NW—NWW向陡倾结构面存在张开变形现象。

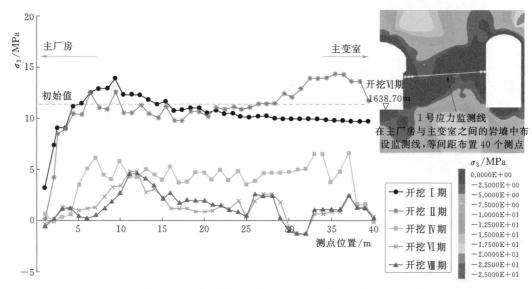

图6.4-3 洞室开挖过程中岩柱部位最小主应力分布

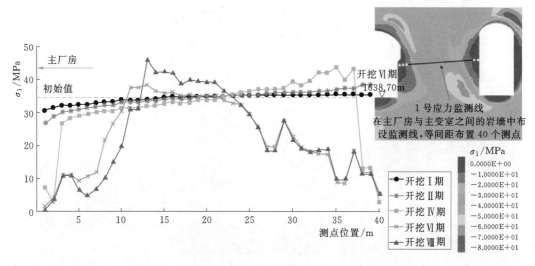

图6.4-4 洞室开挖过程中岩柱部位最大主应力分布

主厂房和主变室开挖过程中存在比较明显的相互干扰，且可以出现在较早期的开挖阶段。第Ⅱ层开挖后即会影响到主厂房和主变室之间岩柱的应力分布，第Ⅳ层开挖以后可以产生比较明显的工程响应，如主厂房下游侧岩梁附近围岩变形开始受到主变室的影响。这种邻洞影响的表现形式主要是陡倾结构面张开变形，分析结果没有揭示产生高应力破坏的应力条件，适合于采用传统的加固措施（如砂浆锚杆和预应力锚索等）抑制松弛变形。

6.4.3　围岩破裂扩展的时效性

依据围岩破裂及破裂扩展的计算成果，形成了关于围岩破裂扩展的以下结论：

（1）厂房开挖过程中围岩变形和支护应力的时效特征，主要源自洞室后续开挖改变了上部围岩应力，围压水平降低进一步加剧了围岩的屈服。围岩破裂也存在时效性，但所占比例相对较小，不是主导性因素。

（2）硬质围岩产生高应力破坏后会表现出时效性，这是锦屏大理岩岩体的基本力学特性。围岩破裂时效的程度受岩体脆性程度和围岩应力状态的影响，往往与围岩高应力破坏严重程度相对应。相对而言，锦屏一级地下厂房围岩高应力破坏突出，由于大理岩具有脆—延转换特性，使得时效性主要取决于围岩应力状态，但总体可控。

（3）具有脆—延转换特性的大理岩脆性破坏区局限在开挖面浅部低围压范围内，因此，屈服区围岩时效变形是浅部岩体破裂扩展不断鼓胀的表现，具有深度浅、程度高的特点。屈服区深度随时间有所增大，但时效性主要还是表现为浅部围岩力学特性的劣化，以及这种劣化导致的屈服深度小幅增加。

（4）厂房外端墙和右岸导流洞之间岩柱的厚度小，且处于煌斑岩脉（X）下盘，这两个方面的因素使得这部分围岩处于非常不利的应力状态，是导致右岸导流洞相应洞段变形和破坏时效性相对突出的控制性因素。

6.4.4　围岩整体稳定评价

根据上述对围岩破裂及其扩展的时效性、断层和洞群效应等影响洞室群围岩稳定性的因素所进行的分析，锦屏一级地下厂房受到 3 条断层构造带和煌斑岩脉（X）等不良地质构造体切割，形成了地下厂房复杂的初始地应力分布特征，不良地质构造体间岩体地应力状态和其他部位存在比较明显的差异。洞室开挖后，不良地质构造体的作用使得围岩应力集中程度更强、破裂松弛更严重、深度更深，再加之河谷应力场的偏压作用，围岩破裂分布的区域主要出现在主洞室的上游边墙中部及下部、下游拱腰和拱座、下游边墙中上部等部位；受主厂房、主变室与母线洞开挖形成洞群效应的多面卸载作用影响，主厂房和主变室之间的岩柱部位也存在显著的破裂分布。在上述这些部位的浅表层破裂区出现了严重的岩体破坏现象，在高边墙形成过程中，在复杂的高地应力场作用下，由表及里向岩体深部扩展，但围岩深部岩体的破坏程度呈现逐步变弱的现象；随着洞室群开挖和支护系统的完成，洞室围岩的破裂及破裂扩展在延续 1～2 年后逐步平稳，表层的岩体特性趋于稳定，深部围岩因围压升高阻止了裂隙向深部延伸，最终在洞室边墙部位形成了 6～8m 深，最深达十几米的破裂松弛区。综合可知，在洞室群施工完成后，围岩和支护系统的协同承载作用使得洞室群围岩破裂及破裂扩展现象趋于稳定，围岩变形逐步收敛，地下厂房洞室群围岩稳定性整体可控。

第 7 章

围岩稳定动态反馈分析及变形控制技术

地下洞室群工程的赋存环境和工程本身的不确定因素很多，围岩变形破坏机制复杂，围岩稳定控制往往成为洞室群施工期的关键技术难题。锦屏一级地下厂房工程，是我国西部水能资源开发中首次面临的极低强度应力比（小于2.0）高地应力条件下的大型地下洞室群工程，国内外没有先例；工程开挖后，发生了高地应力硬脆岩体的卸载错动、薄片状片帮剥落、厚板状劈裂及弯折内鼓、混凝土喷层及衬砌开裂等围岩及支护破坏现象，围岩松弛深度大及范围广，变形量值大，部分锚杆、锚索超限严重，围岩变形及破坏机制复杂，超出国内外工程界与学术界已有的认知水平，洞室群围岩变形控制难度极大。因此，工程施工期结合施工信息和监测信息开展围岩监测反馈分析，动态调整开挖与支护方案，建立洞室群变形稳定的动态控制机制，确保施工期洞室群围岩稳定安全。

7.1 围岩稳定监测动态反馈分析方法

7.1.1 洞周分区分级松弛区模型

洞室开挖后，洞周围岩在应力重分布和爆破振动等影响下会形成一定深度的卸载松弛圈，其物理状态、力学性质及结构体类型等均发生变化，且呈现出非均质和非线性特征，实践证明，忽略松弛圈会造成反分析结果与真实情况误差较大。因此，洞室群施工期监测反馈分析中必须考虑松弛圈的影响。

1. 基本模型

通过将松弛圈内的岩体视作非均质和非线性的等效连续介质，引入数值模型，来考虑围岩松弛圈的影响，因此，考虑松弛圈的位移反分析实质上转为几种不同介质的参数反分析。理论上，根据松弛程度的不同，可以分为不同级别的松弛区，那么位移反分析建立的数值模型为包含 n 种介质的几何模型，其中 $n-1$ 个区为松弛程度不等的各级松弛圈岩体介质，最外层的为未松弛的原岩介质。那么反分析问题就转化为 n 种介质的参数反演问题。

一般来说，对于均匀应力场下的均质岩体，距离洞壁越近，围岩松弛越严重，越靠近围岩内部，松弛程度越弱。工程实践中，对于松弛区的测试手段较多，岩体声波波速可以很好地表征岩体的松弛效应。因此，可以通过工程检测监测成果来反推洞室开挖后的围岩松弛圈的范围以及松弛的程度。

洞周松弛圈的形成和松弛圈岩体状态受地应力、围岩强度、洞型和洞室规模的影响较大，洞周松弛圈具有明显的不均匀性，因此模拟洞周松弛区时也需要根据不同部位的松弛程度分区分级考虑。钻孔声波测试资料显示：松弛圈范围内的岩体声波波速明显低于原岩波速，且不同部位松弛程度不同，波速降低程度不同，即声波波速的大小和岩体的完整性成正比。多点位移计的监测资料统计结果显示：测点的累计位移沿径向划分成不同的层区，距离洞壁越近，围岩相对变形越大。也就是说，围岩所处的松弛状态可以由围岩声波测试速度和围岩的位移量值来表征，据此，提出分区分级频率-位移相关动态松弛圈反馈模型，现以弹性模量为例，表示为式（7.1-1），其他的参数也具有类似的特点。

$$\overline{E}_t(\Delta f_i^j, u_i^j, r_i^j) = \begin{cases} 1 + A\left[1 - \Delta f_i^j / e^{a(r_i^j - 1)}\right] & i \in \Omega_i^{(f+u)} \\ 1 + B\left[1 - u_i^j / e^{b(r_i^j - 1)}\right] & i \in \Omega_i^u \end{cases} \tag{7.1-1}$$

式中：$\overline{E}$ 为与围岩声波频率降低值 Δf、多点位移计实测位移 u 及测点位置 r 相关的相对弹性模量；i 为洞周围岩划分子域个数；j 为子域中多点位移计或深部测试的测点的个数，一般为 4 个；t 为各个开挖期的时间；A、B 为回归系数。

如果在某个子域 Ω_i^u 中仅有多点位移计测点，则采用位移相关松弛区模型 [式 (7.1-1) 中的下式]；如果在某个子域 $\Omega_i^{(f+u)}$ 中既有多点位移计测点又有钻孔声波测点，则采用波速相关松弛区模型 [式 (7.1-1) 中的上式]。进行哪一个开挖期的反馈分析就采用哪一个时段的监测和物探资料生成松弛区模型，随开挖期动态变化。但由于目前研究没有建立直接的量值上大小的对应关系，因此各个参数的取值仍需要借助反馈分析方法来确定。

通过上述分析，可建立洞室分区分级频率-位移相关松弛圈模型：根据开挖后声波测试监测规律、多点位移计变形规律和地应力情况等对洞室周围岩体进行分区，不同的分区根据松弛程度进行不同的分级，不同等级的松弛圈具有不同等效参数。

确定松弛圈深度主要借助现场测试手段，目前工程上常用的是声波测试法和多点位移计法。

2. 反馈参数的确定

围岩松弛圈内的岩体松散，且内部裂隙发育，表现出明显的非连续性和非线性，不能通过现场试验和室内实验确定岩体各项参数，并且松弛圈岩体并非实质上的连续介质，其参数是综合了岩块、裂隙的等效连续介质物理力学参数。因此，松弛区岩体的等效参数只能根据现场的位移监测信息通过反馈分析来确定。

位移反分析的工程应用经验表明，为了取得较好的反分析效果，需要正确选择待反馈参数，反馈参数过多会给反分析带来困难，不仅费时，而且还会因为参数过多影响结果的唯一性。通常应考虑以下两条原则：①从设计的意图出发，抓住主要矛盾，尽可能消减反分析对象的个数；②尽量选择目标函数的反应量大的参数，即选择高敏感性参数作为反馈对象。抓主要矛盾是压缩待分析参数个数的最重要方法之一，所谓主要矛盾，是指那些对工程稳定性影响较大，但用其他方法又不易确定的参数。第 2 条原则涉及参数对位移的敏感性问题，该原则不仅涉及反馈参数的确定，而且在位移反分析量测系统设计时也必须考虑这一原则。

在进行考虑松弛圈的位移反馈分析时也要遵照上述两条原则。首先确定影响围岩位移的参数，通过参数敏感性分析确定高敏感性参数为待反馈参数，然后通过智能反馈分析方法获得待反馈参数最优值。

7.1.2 层状各向异性材料屈服函数及 FLAC³ᴰ 程序二次开发

锦屏一级地下厂区岩体主要为层状大理岩，其物理力学行为表现出明显的各向异性特征，用各向同性弹塑性模型描述已不适宜，应该采用横观各向同性弹塑性模型进行描述。目前常采用的数值计算软件如 FLAC³ᴰ、ABAQUS 等中没有横观各向同性弹塑性模型。基于此，建立了横观各向同性岩体的屈服准则及相应的弹塑性本构模型。

不同于各向同性岩体，横观各向同性岩体的强度参数随着方向的变化而变化，所以横观各向同性岩体剪切屈服准则的研究包括两个方面：一是抗剪强度参数 c 和 φ 随方向的变化规律；二是寻求最危险平面。

7.1.2.1　横观各向同性岩体内 c 和 φ 的表达式

建立如图 7.1-1 所示的局部坐标系，$x'Oy'$ 为横观各向同性面，Oz' 为对称轴。在各向同性岩体内，c 和 φ 是常数，不随方向的变化而变化。而在横观各向同性岩体内，c 和 φ 随方向的变化而变化。一般来说，横观各向同性岩体的抗剪强度参数 c 和 φ 沿层面方向上具有最低值 c_{min} 和 φ_{min}，而在垂直于层面方向上具有最高值 c_{max} 和 φ_{max}，其间随着与层面夹角 θ 的增加而增大（图 7.1-2），即

$$\begin{cases} c = c(c_{min}, c_{max}, \theta) \\ \varphi = \varphi(\varphi_{min}, \varphi_{max}, \theta) \end{cases} \quad (7.1-2)$$

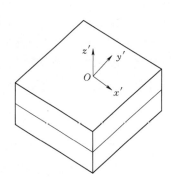
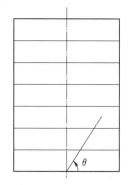

图 7.1-1　局部坐标系示意图　　图 7.1-2　求 c、φ 值的平面
与层面的夹角 θ

根据前人的直剪试验成果，可以总结提炼得到 4 种 c 和 φ 的表达关系，分别为直线型、正弦型、余弦型和二次正弦型。在实际应用中，可以根据直剪试验的结果进行数据拟合，选择合适的抗剪强度参数的表达式。

7.1.2.2　寻求最危险平面

建立如图 7.1-3 所示的岩体产状及坐标系，令 y 轴与正北方向重合，不失一般性，假定坐标轴、材料主轴和应力主轴均不重合。通过工程地质调查，可获取岩层层面的产状，设层面倾向为 dd，倾角为 dip，则横观各向同性岩体对称轴 Oz' 的方向余弦 l'、m'、n' 可以表示为

$$\begin{cases} l' = \sin(dd)\sin(dip) \\ m' = \cos(dd)\sin(dip) \\ n' = \cos(dip) \end{cases} \quad (7.1-3)$$

对于受力岩体内的任何一个单元，根据 6 个独立的应力分量 $\{\sigma_x, \sigma_y, \sigma_z, \tau_{xy}, \tau_{yz}, \tau_{xz}\}$，可以求得该单元的 3 个主应力分量 σ_1、σ_2、σ_3 及其方向余弦 l_i、m_i、n_i（$i=1,2,3$）。

同时，假定任一受力面与层面夹角为 θ，则其 Mohr-Coulomb 准则（图 7.1-4）应表述为

$$f = c(\theta) - \frac{1}{2}(\sigma_3 - \sigma_1)[|\sin 2\rho| - \cos 2\rho \tan\varphi(\theta)] - \frac{1}{2}(\sigma_3 + \sigma_1)\tan\varphi(\theta) \quad (7.1-4)$$

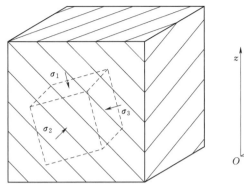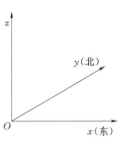

图 7.1-3 岩体产状及坐标系

当岩体为各向同性时，c 和 φ 是常数；对于各向同性岩体，有 2 个潜在的共轭破坏面。对于横观各向同性岩体，由于 c 和 φ 不是常数，通过求导的方法将会得到一个超越方程，不能显式地给出强度最小的弱面。为此，采用如下的试算方法。

设可能发生剪切破坏的平面与 $\sigma_1 - \sigma_3$ 平面的交线为 AB（图 7.1-5）。设 AB 的方向余弦为 l_x、m_x、n_x，AB 与 σ_3 的夹角为 ρ，则 AB 与 σ_1 的夹角为 $90°-\rho$，与 σ_2 的夹角为 $90°$。根据向量点乘的定义，有

$$\begin{cases} \sin\rho = l_1 l_x + m_1 m_x + n_1 n_x \\ 0 = l_2 l_x + m_2 m_x + n_2 n_x \\ \cos\rho = l_3 l_x + m_3 m_x + n_3 n_x \end{cases} \tag{7.1-5}$$

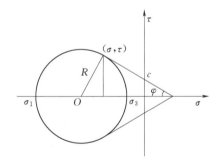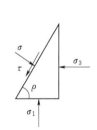

图 7.1-4 Mohr - Coulomb 屈服准则   图 7.1-5 剪切面上的应力

由于 l_x、m_x、n_x 事先不知道，可以令 ρ 从 0 变化到 180°，对应每个 ρ，可以求出相应的 f_ρ，找出 $\min f_\rho$ 对应的平面，该平面就是最危险的平面。如果 $\min f_\rho \leqslant 0$，则表示沿该平面发生剪切破坏。

7.1.2.3 横观各向同性岩体剪切屈服准则算法的实现

以 c 和 φ 的表达式为直线型为例，将横观各向同性岩体剪切屈服准则的算法描述如下：

输入：dd、dip、σ_x、σ_y、σ_z、τ_{xy}、τ_{yz}、τ_{xz}、$c_{\min}$、$c_{\max}$、$\varphi_{\min}$、$\varphi_{\max}$。

输出：$\min f_\rho$ 及其对应的最危险平面的倾向和倾角。

步骤如下：

（1）根据式（7.1-5）求出 l'、m'、n'。

（2）根据 6 个应力分量 $\{\sigma_x,\ \sigma_y,\ \sigma_z,\ \tau_{xy},\ \tau_{yz},\ \tau_{xz}\}$，求出 3 个主应力分量 σ_1、σ_2、σ_3 及其方向余弦矩阵 $\boldsymbol{A}$。

（3）根据 $\boldsymbol{A}$ 求出 $\boldsymbol{A}^{-1}$。

（4）循环 $\rho=0$，1，2，$\cdots$，180，求出 $\boldsymbol{b}_\rho$。

根据式 $x=\boldsymbol{A}^{-1}\boldsymbol{b}$，求出 x_ρ。

根据式 $\gamma=\arccos(l'l_x+m'm_x+n'n_x)$，求出 γ_ρ。

根据式 $\theta=|90°-\gamma|$，求出 θ_ρ。

根据式
$$\begin{cases} c=c_{\min}+\dfrac{\theta}{90°}(c_{\max}-c_{\min}) & 0°\leqslant\theta\leqslant90° \\ \varphi=\varphi_{\min}+\dfrac{\theta}{90°}(\varphi_{\max}-\varphi_{\min}) & 0°\leqslant\theta\leqslant90° \end{cases}$$
，求出 c_ρ 和 φ_ρ。

根据式（7.1-4），求出 f_ρ。

（5）寻求 $\min f_\rho$ 及其对应平面的倾向和倾角。

（6）如果 $\min f_\rho\leqslant0$，则岩体发生破坏。

根据以上算法，编程实现了横观各向同性岩体剪切屈服准则程序。

7.1.3 动态增量位移目标函数

位移是监测反馈分析的主要目标，位移反馈分析目标函数可以写成如下形式：

$$J=\sum_{i=1}^{m}\big[u_m(i)-u_c(i)\big]^2 \tag{7.1-6}$$

式中：$u_m(i)$ 为实测位移；$u_c(i)$ 为计算位移。J 越小，计算位移就越接近实测位移，反演的目的就是为了得到 J 的最小值。

其他应力监测信息，如喷混凝土与围岩之间的压应力、锚杆拉应力、锚索张力等，则在反馈分析中作为辅助目标。

从式（7.1-6）看，作为反馈分析优化目标函数的位移变量是很简单和明确的。监测位移与反馈计算位移的差为最小，就是我们的优化目标。但是监测信息却给我们出了难题。以锦屏一级地下厂房为例，多点位移计在主厂房第Ⅰ期开挖期间（至 2007 年 6 月），包括中导洞开挖、两侧扩挖，在 4～5 个月期间内对开挖几乎没有反应，第Ⅱ期开挖后却出现位移突变；并且在此期间，多点位移计资料的数值规律不明确，多数位移计量值偏小，不到 1mm，且有的还是负值，难以用来形成目标函数进行反馈。分析其原因可能与测点埋设、灌浆锚固有关，测点到传感器之间可能有空量程。类似做材料试验，试件受力的初始阶段会出现不稳定现象。但随着开挖继续，多点位移计的规律性应该会越来越强，会成为后期反馈分析的主要依据。

在对锦屏一级地下厂房洞室群进行施工期监测反馈分析的过程中，发现主厂房在第Ⅰ期开挖过程中的收敛变形值在 10～20mm，规律性也比较强，因此提出了动态目标函数的思路。

（1）第Ⅰ期开挖过程反馈分析，采用收敛位移值作为反馈分析的目标函数。

（2）以后各个开挖期，采用当期开挖与第Ⅰ期开挖完毕后，多点位移计在该时间段之间产生的增量位移作为反馈目标函数。以消除多点位移计初期监测值规律性较差的问题。

动态增量位移目标函数的形式为

$$J_{t_n} = \sum_{i=1}^{m} \left[\Delta u_m^{\Delta t_n}(i) - \Delta u_c^{\Delta t_n}(i) \right]^2 \qquad (7.1-7)$$

式中：t_n 为第 n 个开挖期；Δt_n 为第 n 个开挖期与之前某开挖期时间之差；$\Delta u_m^{\Delta t_n}(i)$ 为第 i 个位移监测点在第 n 个开挖期与之前某开挖期之间的实测位移增量；$\Delta u_c^{\Delta t_n}(i)$ 为第 i 个位移监测点在第 n 个开挖期与之前某开挖期之间的计算位移增量。

采用以上思路对锦屏一级地下厂房进行反馈分析，图 7.1-6 给出了锦屏一级地下厂房第Ⅴ期开挖后多点位移计实测位移值与计算位移值的对比，经计算二者相关系数达到0.90，说明这种动态目标函数是合理的。

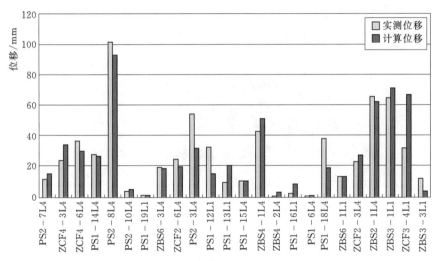

图 7.1-6 第Ⅴ期开挖后多点位移计实测位移值与计算位移值的对比

7.1.4 基于主从式并行遗传算法的位移反分析方法

岩土工程数值反馈计算分析工作面临着以下若干问题：

（1）求解问题的规模不断扩大（岩土工程由局部个案稳定性向大区域发展）。

（2）复杂度不断增加（带有多个断层或接触面的三维模型），求解要求的精度不断提高（要求足够多的计算单元）。

（3）待反演参数的增加导致求解空间急剧增加。

（4）反分析问题求解需要反复迭代多次进行正分析计算。

因此，岩土工程反分析计算量大、速度慢，不能满足工程上对于反分析的及时性需求。基于此，采用并行遗传算法与有限差分数值计算相结合，提出并开发了基于主从式并行遗传算法的位移反分析方法。

7.1.4.1 并行遗传算法

1. 集群计算和 MPI

集群技术是 21 世纪初兴起的一项高性能计算技术。计算机集群技术的发展与普及为并行遗传算法的实现提供了硬件基础，使得在普通的局域网环境下就可以进行遗传算法的并行计算。MPI（Message Passing Interface）是一种比较著名的应用于并行环境的消息传递标准，具有移植性好、功能强大、效率高等特点，为国际上最广泛使用的并行编程软件环境之一。

并行遗传算法的实现选择计算机集群作为硬件环境，MPI 作为软件环境。

2. 并行遗传算法

目前并行遗传算法的实现大致可以分为三类：主从式模型、粗粒度模型和细粒度模型。由于主从式模型比较直观，并且针对适应度评价计算量大的问题（如岩土工程），主从式模型可以得到接近线性的加速比，所以采用主从式并行遗传算法。主从式并行遗传算法对串行遗传算法所做的主要改动是，在适应度的计算阶段，由主处理器将适应度的计算分配到各个处理器上去进行，计算完毕之后再由主处理器收集结果。然后由主处理器进行选择、交叉、变异等遗传操作，并由此产生新一代种群，从而完成一次循环（一代进化）。串行遗传算法和主从式并行遗传算法的结构分别如图 7.1-7 和图 7.1-8 所示。

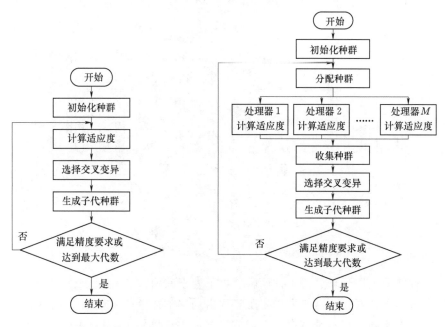

图 7.1-7　串行遗传算法结构图　　　　图 7.1-8　主从式并行遗传算法结构图

7.1.4.2　基于主从式并行遗传算法的岩体位移反分析方法的实现

1. 适应度函数

适应度函数是根据目标函数确定的用于区分群体中个体优良程度的标准，是遗传算法演化过程的驱动力，也是进行自然选择的唯一依据。

位移反分析目标函数见式（7.1-6），J 越小，计算位移就越接近实测位移，反分析的目的就是为了得到 J 的最小值，理想状态下 $J = 0$。

但是在遗传算法中，越是优良的个体适应度越大，这恰恰与目标函数相反。因此，必须将目标函数进行一定的转换，将其变成适应度函数的形式，变换形式如下：

$$fitness = \frac{1}{1+J} \qquad\qquad (7.1-8)$$

式中：$fitness$ 为个体适应度。

2. 并行遗传算法与 FLAC³ᴰ 程序耦合

反分析程序采用三维有限差分 FLAC³ᴰ 程序做正计算。采用"松耦合"的方法，将并行遗传算法与 FLAC³ᴰ 程序耦合。在求解时，并行遗传算法与 FLAC³ᴰ 程序之间的数据交换只有两处：①并行遗传算法通过遗传进化得到一组参数（即新个体）后，要向 FLAC³ᴰ 程序输入这些参数；②FLAC³ᴰ 程序在接收某组参数并计算完成后，要把计算得到的个体适应度传给并行遗传算法。

基于 MPI 语言编写了基于主从式并行遗传算法的位移反分析程序，程序流程如图 7.1-9 所示。

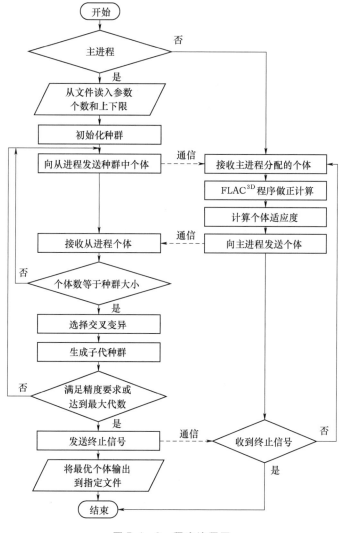

图 7.1-9 程序流程图

7.1.5 洞室群动态反馈分析流程

地下洞室群动态反馈分析流程（图 7.1-10）如下：

（1）资料收集与分析。根据地下厂房开挖前工程地质条件、水文地质条件、岩性、岩体结构特征、岩体本构模型及力学参数、厂区宏观构造地质背景与地应力分析、围岩分类、同类工程类比分析及数值模拟分析等，初步设计洞室开挖与支护方案，对洞室群进行工程地质力学分析，初步判定洞室围岩可能的破坏模式及部位。跟踪洞室群施工开挖过程，依据开挖揭露的围岩地质条件，对地下洞室群的监测和物探测试等资料进行综合分析；结合地质信息、监测布置与实施情况、现场施工开挖过程与支护情况、物探测试成果，对围岩变形、支护受力进行系统分析，获得地下洞室群围岩的总体变形特征。

（2）围岩稳定反馈分析。通过对位移历时曲线进行分析，对受不同控制因素影响的围岩变形类型进行判别和总结。根据开挖进程和现场监测资料，进行地下洞室群围岩宏观力学参数动态反演，对地下洞室群施工全过程进行数值仿真，获得不同开挖步下围岩的总体变形特征，二次应力场分布特征，塑性区、损伤区分布以及锚固支护体系受力情况等；对地下洞室群各开挖步及开挖完成后的围岩稳定性和支护系统受力进行评估和预测。根据

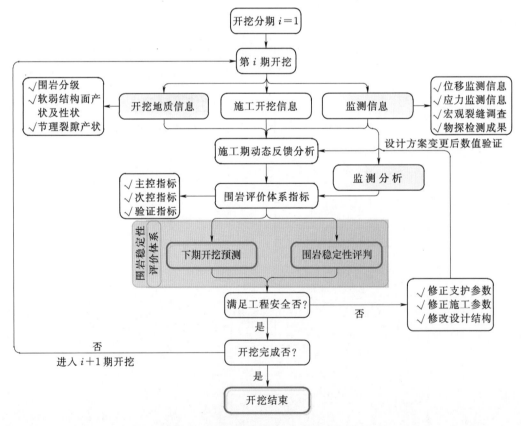

图 7.1-10 地下洞室群动态反馈分析流程

围岩破坏特征，开展围岩破坏机理研究。

（3）围岩稳定安全控制与支护设计调整。根据围岩监测反馈的安全控制标准和预警体系，对地下洞室群开挖过程中的围岩变形破坏特征和支护系统受力状态进行判定，适时调整爆破开挖方案、围岩支护型式及支护参数，及时针对变形较大部位进行加固处理。随着地质条件的不断揭露和对工程问题认识的深化以及监测信息、物探测试成果等资料的逐步累积，动态调整围岩开挖支护设计方案。

7.2 洞室群施工期开挖信息分析

7.2.1 围岩开挖地质信息

围岩地质信息的快速收集与分析是开展超大型地下洞室群施工期快速监测与反馈设计的基础环节，施工期围岩地质信息能否实现快速收集与分析，将直接影响着快速监测与反馈设计能否快速、有效实现。施工期洞室群对地质工作总体要求是"基本查清围岩工程地质条件"，围绕这一目标，采集的地质信息包括以下 4 个方面：

（1）在厂区进行针对性的地质勘探调查，了解厂区地层岩性、地质构造、风化卸载、水文地质条件、地应力、地温等围岩基本地质信息。

（2）进行针对性的岩体试验和声波检测，了解岩体强度、岩体结构、主要结构面性状等围岩分类指标信息。

（3）针对地应力测试成果，回归厂区初始地应力场，了解厂区围岩的应力赋存环境。

（4）从地质勘探调查过程中得到围岩片帮、掉块、不稳定块体组合的信息，了解围岩变形破坏的迹象，探寻可能的支护设计预案，为施工详图阶段的超大洞室开挖支护设计提供参考。

7.2.2 施工期监测信息分析

安全监测在地下洞室群中占有极其重要的地位，它不但是稳定评判的"耳目"，还是检验设计和施工成效的重要手段。

7.2.2.1 洞室开挖监测设计

1．监测断面布置

根据厂区基本地质条件、水工结构特点和洞室围岩变形基本特征，设置地下厂房三大洞室围岩变形监测系统，主要由 9 个横断面和 5 个纵断面构成，见表 7.2 - 1 和图 7.2 - 1。

表 7.2 - 1   地下厂房三大洞室监测断面及其监测对象

断面类别	断面编号	部位	桩号	地质结构
关键断面（横）	2 - 2	2 号机组中心线 （1 号调压室）	厂纵 0＋031.70	f_{14} 断层
	4 - 4	5 号机组中心线 （2 号调压室）	厂纵 0＋126.80	厂房 f_{14} 断层、主变室下游 f_{18} 断层和煌斑岩脉（X）

续表

断面类别	断面编号	部位	桩号	地质结构
辅助断面（横）	7-7	1号机组中心线	厂纵 0+000.00	
	8-8	3号机组中心线	厂纵 0+063.40	f_{14}断层
	9-9	4号机组中心线	厂纵 0+095.10	f_{14}断层
	6-6	6号机组中心线	厂纵 0+158.50	f_{18}断层、煌斑岩脉（X）
局部断面（横）	3-3	3~4号机组	厂纵 0+079.20	f_{14}断层
	1-1	安装间（进厂交通洞轴线）	厂纵 0-035.62	f_{13}断层
	5-5	第一副厂房	厂纵 0+196.27	f_{18}断层、煌斑岩脉（X）
局部断面（纵）	A-A	母线洞（尾水连接管）	厂横 0+038.50	
	B-B	2号尾水连接管	厂横 0+104.00	
	C-C	5号尾水连接管	厂横 0+100.00	
	D_1-D_1	安装间端墙	厂横 0-072.92	
	D_2-D_2	第一副厂房端墙	厂横 0+220.22	
局部断面	J_1-J_1	主变室卜游边墙裂缝部位加强监测	厂纵 0-013.00	
	J_2-J_2	主变室与尾调室煌斑岩脉（X）加强监测	厂纵 0+126.80	煌斑岩脉（X）
	J_3-J_3	2号出线竖井下平段裂缝部位加强监测	2号出线竖井	
	J_4-J_4	2号尾调室与主变室岩柱煌斑岩脉（X）加强监测	厂纵 0+126.80	煌斑岩脉（X）
	J_5-J_5	空调机房端墙煌斑岩脉（X）加强监测	空调机房	煌斑岩脉（X）

横断面沿水流方向布置，位于各厂房机组中心线、第一副厂房、安装间、f_{14}断层"厂纵 0+079.20"等部位，横断面通过的洞室多，多属于全局的、重要的监测断面。纵断面垂直水流方向布置，位于进厂交通洞、厂房中心线两端墙、母线洞（2号、5号）、尾水连接管（2号、5号）等较小的洞室，一般是单洞室监测，均属于局部断面。另外，对煌斑岩脉（X）和裂缝布置针对性的加强监测断面。

横断面包括2个关键断面、4个辅助断面和3个局部断面。其中，主机间洞室监测的重点是中上部岩锚梁部位及高程 1641.70m、1653.00m 等位置，尾调室监测的重点是顶拱和高程 1678.00m、1666.00m、1656.00m、1641.70m、1653.00m、1628.00m 等位置。

关键断面监测项目齐全，监测设施较完整并留有一定裕度，用于洞室工程安全监控。关键断面 2-2 设置于主厂房2号机组中心线-主变室-1号调压室中心线剖面，关键断面 4-4 设置于主厂房5号机组中心线-主变室-2号调压室中心线剖面。辅助断面设置于1号、3号、4号、6号机组中心线剖面，延伸到主变室，主要用于施工期洞室围岩变形调

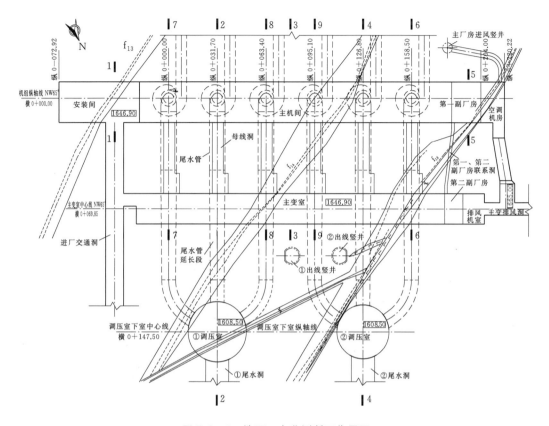

图 7.2-1　地下厂房监测断面位置图

控。局部断面设置于 f_{13} 断层、主变室上游墙 f_{14} 断层、第一副厂房 f_{18} 断层［煌斑岩脉（X）］等部位，用于局部结构的安全监控。

2. **围岩变形监测**

三大洞室的外围边墙多设置四点式位移计，钻孔深度为 $30\sim50\mathrm{m}$，相比锚索锚固段深 5m，最深测点位于相对稳定区域；相邻洞室之间多设置六点式多点位移计，钻孔穿过相邻洞室之间岩墙（岩柱）；f_{13}、f_{14}、f_{18} 断层和煌斑岩脉（X）等不良结构面两侧布置测点，以测量其相对变位。

根据工程条件，设计利用先开挖洞室预埋多点位移计，以获取相邻洞室开挖全过程数据，便于校验监测反馈分析有限元模型和评估工程开挖影响。因此，主体工程开工前，利用三大洞室外围的两层排水廊道，向主洞室方向钻孔预埋了 36 套多点位移计。

当厂房开挖到第Ⅶ期时，洞室围岩顶拱和边墙上部出现较大变形，进行了锚索加固处理。由于岩石变形超出仪器量程和开挖爆破的影响，有 35 套多点位移计不能继续发挥其功能作用，只能列入施工期观测项目。因此，经设计复核，利用工程加固处理时机，重新钻孔埋设 35 套新监测仪器。在后续施工过程中，根据工程安全评价的需要，针对厂区煌斑岩脉（X）通过的变形较大的 3 个部位各增加 3 套多点位移计，用于观测数据的验证；针对出线竖井局部下平段出现裂缝部位增加 2 套多点位移计，以保证施工过程的安全。

尾水管、尾调室交接部位洞室密集，后期尾调室的开挖可能对周围洞室稳定造成一定影响，因此，在尾水管延长段增设 4 个监测断面，尾水管延长段的每个监测断面上顶拱布置 1 套六点式多点位移计、边墙上部布置 1 套六点式多点位移计，共计 8 套六点式多点位移计。

综上，地下厂房三大洞室（含母线洞、尾水管）等地下工程主要采用 260 套多点位移计监测围岩变形。地下厂房主要监测断面及仪器布置详见表 7.2 - 2，地下厂房典型监测断面多点位移计布置如图 7.2 - 2 所示。

表 7.2 - 2　　　　　　　　　地下厂房主要监测断面及仪器布置表

断面类别	断面编号	部位	桩号	监测对象	监测仪器布置
关键断面	2 - 2	2 号机组中心线（1 号调压室）	厂纵 0+031.70	f_{14} 断层	多点位移计 41 套、滑动测微计孔 6 个、收敛断面 2 个、锚杆应力计 41 套、锚索测力计 16 台
	4 - 4	5 号机组中心线（2 号调压室）	厂纵 0+126.80	f_{14} 断层、f_{18} 断层、煌斑岩脉（X）	多点位移计 37 套、滑动测微计孔 8 个、收敛断面 2 个、锚杆应力计 37 套、锚索测力计 16 台
辅助断面	7 - 7	1 号机组中心线	厂纵 0+000.00		多点位移计 11 套、锚杆应力计 11 套、锚索测力计 8 台
	8 - 8	3 号机组中心线	厂纵 0+063.40	f_{14} 断层	多点位移计 14 套、锚杆应力计 14 套、锚索测力计 8 台
	9 - 9	4 号机组中心线	厂纵 0+095.10	f_{14} 断层	多点位移计 13 套、锚杆应力计 13 套、锚索测力计 8 台
	6 - 6	6 号机组中心线	厂纵 0+158.50	f_{18} 断层、煌斑岩脉（X）	多点位移计 19 套、锚杆应力计 19 套、锚索测力计 8 台
局部断面	1 - 1	安装间	厂纵 0-035.62	f_{13} 断层	多点位移计 9 套、锚杆应力计 9 套、锚索测力计 4 台
	5 - 5	第一副厂房	厂纵 0+196.27	f_{18} 断层、煌斑岩脉（X）	多点位移计 7 套、锚杆应力计 7 套、锚索测力计 6 台
	3 - 3	3~4 号机组	厂纵 0+079.20	f_{14} 断层	多点位移计 20 套、锚杆应力计 20 套、锚索测力计 6 台

3. 支护锚杆应力监测

在各监测断面上，锚杆应力计与多点位移计成组布置，以便于监测数据的验证。三大洞室共布置监测锚杆 209 套。其中，各横断面布置 2 套单点锚杆应力计、118 套两点式锚杆应力计、69 套三点式锚杆应力计、2 套四点式锚杆应力计（预埋），调压室与尾水洞交叉口布置 18 套三点式锚杆应力计，见表 7.2 - 3。

4. 锚索荷载监测

支护锚索监测断面与多点位移计监测断面布置一致，监测重点在高程 1659.00m、1650.50m 和 1635.50m 位置，配套布置锚索测力计 52 台。

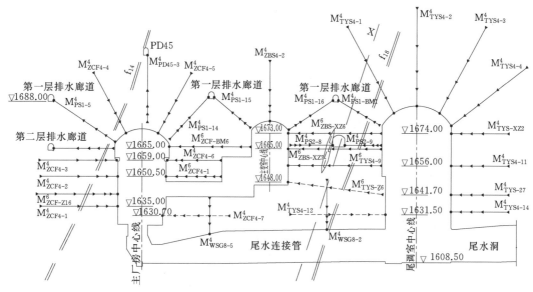

图 7.2 - 2 地下厂房典型监测断面多点位移计布置图

表 7.2 - 3 锚杆应力计布置简表

洞室	两点式锚杆应力计/套	三点式锚杆应力计/套	四点式锚杆应力计/套
主厂房	52+5（补）	54	2
主变室	19	1	
母线洞	6		
1号尾调室	12	8	
2号尾调室	12	6	
尾水管	12		
尾调室与尾水洞交叉口		18	
合计	118	87	2

　　施工开挖过程中，部分锚索实测荷载超过设计吨位，个别锚索荷载突然下降，反映其工作状态较复杂。考虑锚索支护设施的重要性，需要按一定的比例监测锚索的锚固力，实时评价锚索的运行现状。因此，在地下厂房各监测断面的高程 1641.70m、1652.00m、1659.95m、1666.67（起拱线）等位置增加监测锚索；在主变室各监测断面的高程 1654.00m、1661.00m、1674.00m（起拱线）等位置增加监测锚索；在尾调室的顶拱和高程 1666.75m（起拱线）、1654.00m、1649.50m、1634.00m 等位置增加监测锚索；在洞室交叉部位增加监测锚索。锚索测力计的布置与结构条件、地质条件及锚索布局有关，为力求全面监控，总计增加 486 台锚索测力计。

7.2.2.2　在线监测信息系统

　　为了有效管理监测数据和预测预报分析，及时掌握地下工程的安全运行状况，采用基于 Microsoft Visual C++和 Microsoft Visual Studio.Net 的网络编程技术，以及 SQL Server 网络数据库开发技术开发出超大型地下洞室群安全监测数据处理分析软件系统，实现了监测数据的远程异地可视化分析与管理。

超大型地下洞室群安全监测数据处理分析软件系统主要由系统管理模块、工程信息管理模块、监测数据管理模块、监测数据处理模块、图表分析模块、预测预报分析模块等组成，软件逻辑结构、软件系统结构分别如图 7.2-3 和图 7.2-4 所示，系统主界面如图 7.2-5 所示。

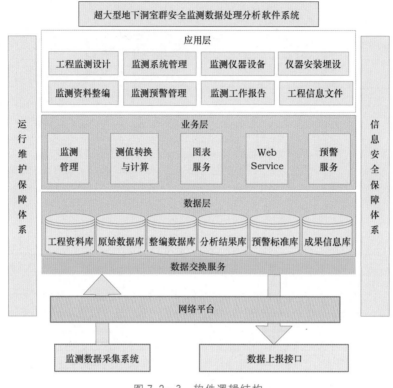

图 7.2-3 软件逻辑结构

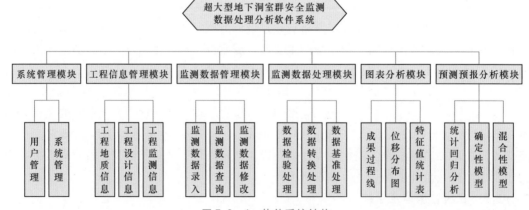

图 7.2-4 软件系统结构

7.2.2.3 洞室监测成果分析

图 7.2-6 和图 7.2-7 列出了主厂房、主变室下游边墙典型多点位移计的位移历时曲线，图 7.2-8 给出了主厂房围岩累计表面位移分布情况。综合分析监测成果可知：

图 7.2-5　系统主界面

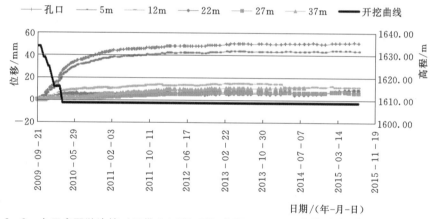

图 7.2-6　主厂房下游边墙（厂纵 0+158.50）高程 1661.00m 处位移计 $M_{ZCF\text{-}XZ17}^6$ 位移历时曲线

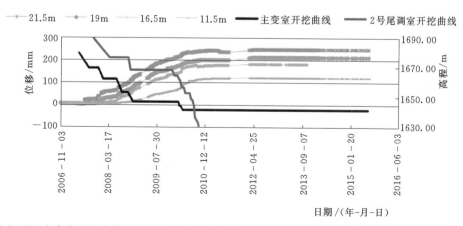

图 7.2-7　主变室下游边墙（厂纵 0+126.8）高程 1668.00m 处位移计 $M_{PS2\text{-}8}^4$（补）位移历时曲线

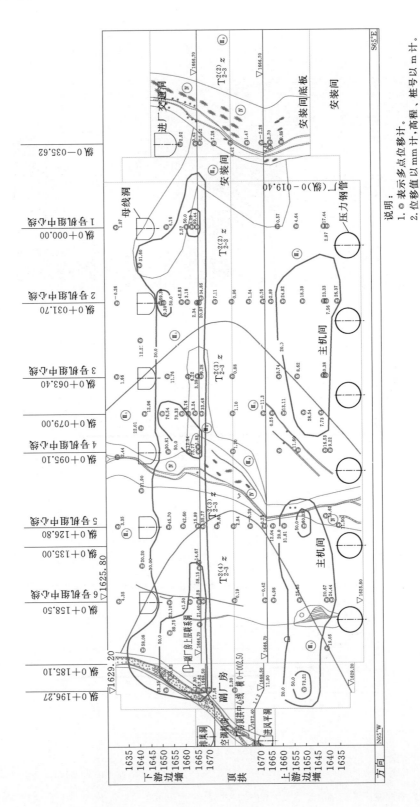

图 7.2-8　主厂房围岩累计表面位移分布示意图

（1）主厂房位移变化较明显的部位均位于煌斑岩脉（X）和 f_{14} 断层通过的区域或在其影响带内，该范围内的位移、应力监测值变化规律基本一致，均在开挖施工期增长较为明显，开挖施工结束后变化趋势基本收敛。主厂房下游侧开挖结束后围岩变形平均年变化量从 1.69mm/a（2010 年）降至 0.08mm/a（2015 年），位移年变化量逐年减小，总体上各部位围岩已基本稳定。主厂房锚杆应力测值与围岩变形相对应，围岩位移量较大的部位，相应的锚杆应力测值也较大。支护锚杆应力以受拉为主，在爆破开挖期间锚杆应力增长明显，系统锚杆有效地约束了围岩向临空面位移，支护作用显著，随着开挖施工结束及支护措施完成，主副厂房洞各部位锚杆应力变化量也呈递减趋势，锚杆应力变化已总体稳定。主副厂房锚索主要由端头锚索与对穿锚索构成，对提高围岩整体稳定性、约束围岩变形起到了非常重要的作用，在洞室开挖施工期，受围岩变形影响，锚索荷载有一定的增加，锚索有效地约束了围岩变形，支护作用明显。随着开挖施工结束，锚索荷载变化总体已趋于平稳。

主厂房的围岩变形、锚杆应力、锚索荷载监测成果表明，位移及应力主要发生在厂房开挖施工期间，随着开挖施工结束和支护措施完成，位移及应力变化逐渐趋于平稳，围岩变形和应力调整总体已于 2014 年收敛。

（2）主变室围岩变形受施工影响显著，随着开挖施工结束以及支护措施完成，主变室各部位围岩变形量呈递减趋势变化，从目前情况看，变形总体已收敛。锚杆和锚索应力在开挖期间增长明显，有效地约束了围岩向临空面变形，支护作用明显。随着开挖施工结束以及支护措施完成，主变洞各部位支护应力呈逐年递减趋势变化，从目前情况看，支护应力变化总体已平稳。

主变室的围岩变形和应力调整，主要发生在开挖施工期间，随着开挖施工结束以及加固支护完成，围岩变形和应力调整逐渐趋缓，从 2014 年起，变形和应力调整基本已收敛。

（3）尾调室围岩多点位移计位移介于 $-26.46 \sim 101.10$mm，2015 年位移变化量介于 $-0.81 \sim 1.23$mm。锚杆应力介于 $-34.89 \sim 526.4$MPa，2015 年应力变化量介于 $-23.23 \sim 5.97$MPa。尾调室锚索目前损失率介于 $-103.2\% \sim 85.8\%$。在开挖施工期受围岩变形影响，部分锚索荷载增加明显，锚索有效地制约了围岩变形，支护作用明显。开挖结束后，锚索锚固力变化逐渐趋缓，从 2012 年起，各监测部位锚索锚固力无明显变化，个别锚索锚固力局部时段发生小幅波动，但总体无明显变化趋势。

总体来看，洞室开挖施工期，围岩变形和应力调整普遍明显，随着开挖施工结束以及支护措施完成，围岩变形和应力调整逐渐趋缓，从目前情况看，变形和应力调整已基本结束。

7.2.3 围岩卸载松弛检测分析

1. 物探测试布置

洞室物探检测主要是对顶拱、边墙围岩进行检测，目的是了解洞室开挖围岩松弛深度、地下洞室岩墙岩体质量、裂隙的发育情况，观测长期观测孔的波速变化，更准确地分析评价岩体卸载松弛随时间的变化情况，为详细划分围岩类别、修正原设计支护类型和参数提供依据，为围岩动态设计加固支护提供可靠的依据。

厂房洞室群布置了一定数量的物探测试孔（图7.2-9），物探检测以声波为主，以钻孔全景图像、钻孔变模、地震层析成像为辅。主厂房约每30m布置1个声波测试断面，共布置6个检测断面，每个断面左右边墙各布置声波检测孔6个，共12个，其中顶拱布置2个，边墙布置10个，吊车梁等关键部位钻孔同时作为长观孔。主变室约每30m布置1个声波测试断面，共布置6个断面，每个断面左右边墙各布置声波测试孔5个，共10个，其中顶拱布置2个，边墙布置8个。

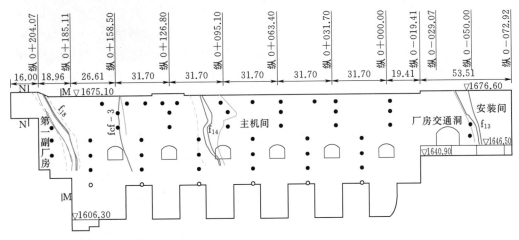

图7.2-9 主厂房下游侧物探测试孔位示意图（单位：m）

2. 物探测试成果分析

根据物探实测资料，围岩开挖强卸载松弛现象比较明显。主厂房和主变室围岩松弛深度统计分别见表7.2-4和表7.2-5。高程1665.00m、1670.00m处，厂房下游边墙（拱腰、拱座部位）松弛深度较大，最大深度达16.0～16.2m，上游边墙松弛深度较小，高程1665.00m（拱座）附近最大松弛深度仅4.0m；高程1657.00m、1649.00m处，厂房下游边墙松弛深度持续增加，最大松弛深度增加到16.8～19.0m，上游边墙松弛深度开始增大，最大松弛深度达到13.4～14.2m；高程1641.00m、1634.00m处，下游边墙松弛深度开始减小，高程1641.00m处最大松弛深度为8.0m，上游边墙松弛深度继续增大，最大松弛深度为14.8～16.2m。主厂房高程1665.00m处围岩卸载松弛深度平面图如图7.2-10所示。

表7.2-4　　　　　　　　　　　主厂房围岩松弛深度统计表

高程/m	上游边墙松弛深度/m		下游边墙松弛深度/m	
	强松弛	弱松弛	强松弛	弱松弛
1670.00			4.0～7.8	7.2～16.2
1665.00	1.4～2.6	2.0～4.0	4.0～9.6	5.2～16.0
1657.00	2.0～9.8	7.0～13.4	5.2～8.0	14.2～16.8
1649.00	4.2～8.2	7.2～14.2	6.0～9.6	12.6～19.0
1641.00	2.0～9.2	7.0～16.2	1.6～3.4	4.0～8.0
1634.00		13.7～14.8		

表 7.2 - 5   主变室围岩松弛深度统计表

高程/m	上游边墙松弛深度/m		下游边墙松弛深度/m	
	强松弛	弱松弛	强松弛	弱松弛
1668.00	4.0～6.8	13.8～17.2	4～6.4	4.6～15.0
1660.00	5.0～10.6	8.0～18.0	4.8～8.6	7.6～14.0
1652.00	3.6～8.0	7.2～14.0	2.4～6.0	6.0～11.8

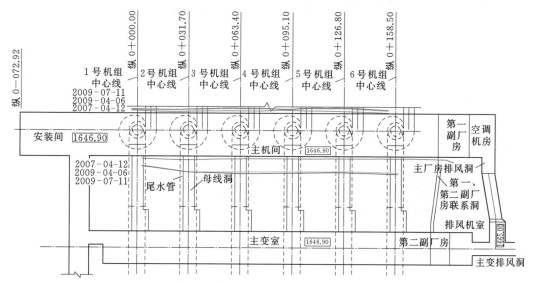

图 7.2 - 10   主厂房高程 1665.00m 处围岩卸载松弛深度平面图

声波测试成果表明，厂房上、下游边墙围岩松弛深度量值和分布高程具有不对称性，下游边墙松弛深度量值相对较大、分布高程相对较高，上游边墙松弛深度量值相对较小、分布高程较低；这一特征与围岩位移监测成果和洞壁围岩破坏分布具有较好的对应性。主变室上下游边墙松弛深度区别不明显，上游边墙相对稍大，可能与开挖时序和厂房间岩柱厚度偏小有关。

经统计分析，下游边墙有 4 个测孔的松弛深度大于等于 12m，最大达 14～16m，占下游测孔总数的 7.0%；松弛深度在 8～12m 的有 16 个测孔，占下游测孔总数的 28.1%；松弛深度在 4～8m 的有 20 个测孔，占下游测孔总数的 35.1%；松弛深度小于 4m 的有 17 个测孔，占下游测孔总数的 29.8%，可见松弛深度在 8m 以内的测孔占 64.9%，见表 7.2 - 6 和图 7.2 - 11。

表 7.2 - 6   下游边墙不同松弛深度测孔占比统计

松弛深度/m	测孔数/个	占下游测孔总数的比例/%
≥12	4	7.0
[8, 12)	16	28.1
[4, 8)	20	35.1
<4	17	29.8

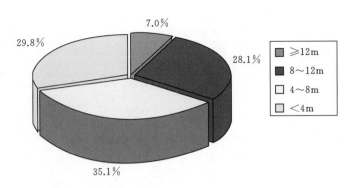

图 7.2-11 下游边墙不同松弛深度测孔占比

7.3 围岩监测动态反馈分析

7.3.1 洞室群施工开挖及动态反馈分析过程

1. 施工开挖程序

施工期三大洞室采用从上到下分层开挖,分层厚度一般为 4~10m。主机间分 11 层开挖;主变室分 4 层开挖;尾水调压室分 4 大层开挖,其中 Ⅲ 层分 9 小层开挖,Ⅳ 层分 3 小层开挖,如图 4.4-4 所示。

反馈分析计算工作对图 4.4-4 中的开挖分层方案做了合理简化,见表 7.3-1。

表 7.3-1   反馈分析的开挖分期表

分期	主机间	主变室	1 号尾调室	2 号尾调室	其他
第 Ⅰ 期	Ⅰ 层				
第 Ⅱ 期	Ⅱ 层	Ⅰ 层			引水洞
第 Ⅲ 期	Ⅲ 层	Ⅱ 层		Ⅰ 层	引水洞
第 Ⅳ 期	Ⅳ 层	Ⅲ 层	Ⅰ 层	Ⅱ 层	
第 Ⅴ 期	Ⅴ 层	Ⅳ 层	Ⅱ 层		母线洞
第 Ⅵ 期	Ⅵ 层				
第 Ⅶ 期	Ⅶ 层				
第 Ⅷ 期	Ⅷ 层			Ⅲ-1 层 ~ Ⅲ-9 层	
第 Ⅸ 期	Ⅸ 层		Ⅲ-1 层 ~ Ⅲ-9 层		
第 Ⅹ 期	Ⅹ 层				
第 Ⅺ 期	Ⅺ 层			Ⅳ 层	
第 Ⅻ 期		Ⅳ 层			
第 ⅩⅢ 期	开挖支护完成,浇筑混凝土				

2. 反馈分析过程

锦屏一级地下厂房洞室群施工期共开展了 17 次监测反馈分析计算,据此解决工程开挖过程中遇到的诸多难题,对支护及施工提出了改进措施。如给出了岩体时效性变形发展规律及渐进支护施工方式；提出了锚固＋低压固结灌浆综合手段，促使洞周松动圈向承载圈转化；采用主动卸载法解决严重超限锚索问题等，这些工程措施对施工期围岩的稳定安全发挥了积极作用。

施工期监测反馈过程见表 7.3－2。

表 7.3－2 施工期监测反馈过程表

反馈工作序号	工作内容	解决工程问题
1	三维开挖方案论证	设计方和施工方不同施工方案优选
2	第Ⅰ期开挖的二维反馈分析	了解围岩当前开挖状态及稳定情况，为第Ⅱ期开挖施工提供参考
3	前三期开挖的三维反馈分析	反馈围岩稳定计算参数，预测第Ⅳ、Ⅴ期开挖后围岩稳定状况
4	第Ⅲ期开挖的二维精细反馈分析	预测第Ⅳ期开挖后围岩稳定状况，为第Ⅳ期开挖施工提供参考
5	尾水调压室顶拱稳定及支护的三维分析	根据开挖地质变动，论证尾水调压室顶拱加强支护的稳定效果
6	第Ⅳ期开挖的二维精细反馈分析	预测第Ⅴ期开挖后围岩稳定状况，为第Ⅴ期开挖施工提供参考
7	主机间肘管上部岩体挖除方案的三维论证	主机间肘管上部岩体开挖方案选择
8	第Ⅴ期开挖的二维精细反馈分析	预测第Ⅵ期开挖后围岩稳定状况，为第Ⅵ期开挖施工提供参考
9	前五期开挖的三维监测反馈分析	评价第Ⅴ期开挖完成后厂房稳定状态，预测第Ⅵ期开挖后围岩稳定状况，提出采用控制性主动卸载法解决锚索严重超限问题的建议
10	第Ⅵ期开挖的三维监测反馈分析	评价第Ⅵ期开挖完成后厂房稳定状态，预测第Ⅶ期开挖后围岩稳定状况，论证围岩松动圈固结灌浆设计方案的工程效果
11	第Ⅶ期开挖的二维精细反馈分析	预测第Ⅷ期开挖后围岩稳定状况，为第Ⅷ期开挖施工提供参考
12	围岩蠕变的二维精细反馈分析	进行围岩蠕变分级、围岩时效分析和工程不利影响分析
13	4 号尾水管及尾水连接管的三维稳定分析	评价 4 号尾水管和尾水连接管部位的稳定性和支护措施效果
14	第Ⅸ期开挖的三维监测反馈分析	评价第Ⅸ期开挖完成后厂房稳定状态，预测第Ⅹ期开挖后围岩稳定状况
15	岩壁吊车梁负荷运行的三维稳定分析	评估岩壁吊车梁运行期最大负荷作用下的安全性
16	开挖完成后尾水调压室的三维稳定分析	预测分析 1 号和 2 号尾水调压室全部开挖完成后（均开挖至高程 1608.00m）的稳定性，并评价支护作用
17	施工期监测反馈分析工作总结	系统总结前 16 次研究成果，并对厂房稳定性进行分析和评价

7.3.2 反馈分析数值模型

取计算坐标系为 $oxyz$，oxy 平面为水平面，x 轴垂直于厂房轴线，指向下游为正；y 轴与厂房轴线重合，由 1 号机组指向 6 号机组为正；铅垂轴 z 轴向上为正，通过 1 号机组中心线。计算范围为：$-400\text{m} \leqslant x \leqslant 600\text{m}$（长 1000m），$-130.4\text{m} \leqslant y \leqslant 410.8\text{m}$（宽 541.2m），$z \geqslant 1400\text{m}$（高 230～910m）。边界条件为：模型四周施加法向位移约束，模型底部施加法向和切向位移约束，山体表面自由。

反馈分析数值模型如图 7.3－1 所示。

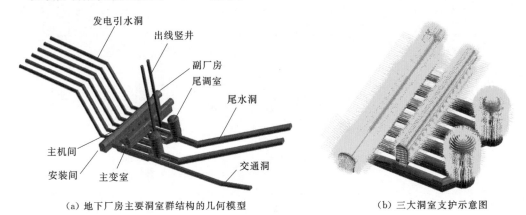

（a）地下厂房主要洞室群结构的几何模型　　　（b）三大洞室支护示意图

图 7.3－1　反馈分析数值模型

7.3.3　围岩稳定反馈分析成果

7.3.3.1　参数反馈及过程分析

本节以第Ⅳ期开挖的三维监测反馈分析成果为例来说明反馈分析过程。

1. 计算参数

考虑锦屏层状大理岩的横观各向同性性质，本构模型采用横观各向同性弹塑性模型，吊车梁回填混凝土采用弹性模型。计算采用的岩体力学参数见表 7.3－3。

表 7.3－3　　　　　　　　　　　计算采用的岩体力学参数

围岩类别	弹性模量 $E_{//}$/GPa	弹性模量 $E_{\perp}$/GPa	泊松比 μ	抗剪断强度		密度 /(kg/m³)
				f'	c'/MPa	
Ⅲ₁	18.0	15	0.25	1.07	1.50	2700
Ⅲ₂	11.0	7	0.30	0.9	1.02	2700
Ⅳ₁ 及煌斑岩脉（X）	3.0	2	0.35	0.7	0.6	2650
Ⅴ 及 f₁₃、f₁₄ 断层	1.0	0.6	0.35	0.3	0.02	2600
混凝土	28	28	0.167			2450

2. 第Ⅳ期监测成果分析

2007 年年底，锦屏一级地下厂房洞室群完成了主机间和主变室的第Ⅳ期开挖，积累了大量的位移监测成果、钻孔声波成果和开挖面表观成果。

第Ⅳ期开挖完成后，通过位移监测成果分析可知，主机间下游拱脚位移达到 1.5cm，主变室上游边墙位移变化比较大，达到 4.5cm。位移较大位置的位移增加速度仍比较快，应该及时加强对以上位置的支护，同时加密观测。

通过应力监测成果分析可知，主变室厂纵 0＋079.00 断面上游边墙变形出现突变，如

图 7.3 - 2 (a) 所示，同时锚杆应力也出现突变，如图 7.3 - 2 (b) 所示，后趋于平缓，并在其他断面也出现相同现象。

典型断面多点位移计和锚杆应力计过程曲线如图 7.3 - 2 所示。

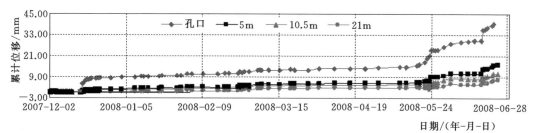

(a) 厂纵 0 + 079.00 断面主变室上游边墙 M_{ZBS3-1}^4 位移时间过程曲线

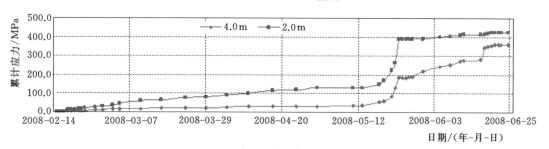

(b) 厂纵 0 + 079.00 断面主变室上游边墙 $R_{rZBS3-4}$ 应力时间过程曲线

图 7.3 - 2　典型断面多点位移计和锚杆应力计过程曲线

由监测成果可知：

(1) 随着厂房向下开挖，部分多点位移计和锚杆应力计的量测值开始出现较大的增长。对比施工记录发现，变形和应力增长较快与开挖施工有较大的关系。

(2) 主机间和主变室的围岩变形部位及锚杆支护应力较大部位均位于下游侧边墙及拱脚部位。洞室上下游这种变形明显不对称的现象，既与第四组裂隙的构造有关，也与地应力的方向有关。

3. 反馈参数分析

应力与变形监测成果、现场观测到的掉块现象、声波孔测试结果都揭示了下游洞周存在较大的松弛区。根据声波测试结果确定了顶拱松弛区的范围（图 7.3 - 3），对下游松弛区的岩体力学参数进行了反馈

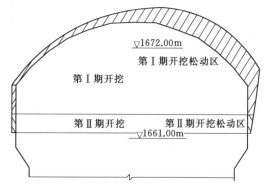

图 7.3 - 3　顶拱松弛区范围

分析（表 7.3 - 4），厂纵 0 + 126.80 断面处下游松弛岩体的弱化参数参考 V 类岩体的力学参数，其余计算断面处参考 Ⅳ 类岩体的力学参数；上游松弛区的岩体力学参数不做折减。

采用反馈参数对主厂房第 Ⅳ 期开挖完成后的变形、应力和锚杆、锚索的受力进行模拟、反馈分析，并预测主厂房第 Ⅴ 期开挖后的变形、应力和锚杆、锚索的受力情况。

表 7.3-4   下游松弛区岩体力学参数的反馈分析成果

计算断面	弱化带	弹性模量 E /GPa	泊松比 μ	f'	c' /MPa
厂纵 0+031.70	第Ⅰ期	3	0.25	0.7	0.6
	第Ⅱ期	6	0.25	0.7	0.6
厂纵 0+079.26	第Ⅰ期	4	0.25	0.7	0.6
	第Ⅱ期	6	0.25	0.7	0.6
厂纵 0+126.80	第Ⅰ期	1.7	0.25	0.12	0.05
	第Ⅱ期	6	0.25	0.31	0.05
厂纵 0+158.50	第Ⅰ期	4	0.25	0.7	0.6
	第Ⅱ期	6	0.25	0.7	0.6

4. 反馈分析成果与实测值的对比

(1) 第Ⅳ期开挖完成后计算位移与实测位移的对比。图 7.3-4～图 7.3-6 分别为厂纵 0+031.70 断面、厂纵 0+126.80 断面和厂纵 0+158.50 断面的实测位移与计算位移的对比图，图中计算位移以红色显示。多点位移计的实测值与计算值的相关系数达到 0.9 以上，而且量值上接近，规律一致，表明计算结果与实测资料比较符合。

分析第Ⅳ期开挖完成后监测点的实测位移和计算位移可得：

1) 3 个监测断面主机间下游拱腰、拱脚在距离洞壁 6m 左右处沿着监测仪器布设方向的位移开始增大，距离洞壁最近测点计算位移和实测位移在不同断面处分别为：厂纵 0+031.70 断面拱脚的实测位移和计算位移分别为 16.83mm 和 11.43mm；厂纵 0+126.80 断面处的实测位移达到 21.33mm，计算位移为 22.38mm，拱腰处计算位移较实测位移大，计算位移为 10.26mm，实测位移仅为 2.36mm；厂纵 0+158.50 断面拱脚的实测位移和计算位移分别为 17.25mm 和 5.8mm。而下游拱腰和拱脚处距洞壁超过 6m 处的计算位移和实测位移都极小，甚至部分断面出现相反方向的位移。说明下游拱腰处变形较大的区域集中在距洞壁 6m 的范围内。

2) 主机间上下游岩锚吊车梁处的表层实测位移和计算位移都较大，厂纵 0+031.70 断面上游的实测位移和计算位移分别为 19.34mm 和 10.29mm，下游的实测位移和计算位移分别为 21.69mm 和 16.05mm；厂纵 0+126.80 断面上游的实测位移和计算位移分别为 10.02mm 和 4.78mm，下游的实测位移和计算位移分别为 10.33mm 和 15.29mm。岩锚吊车梁部位上下游边墙的变形较明显。

3) 实测位移和计算位移显示主变室上游边墙的变形较大，厂纵 0+031.70 断面的实测位移和计算位移分别为 40.26mm 和 25.25mm；厂纵 0+126.80 断面的实测位移和计算位移分别为 35.86mm 和 27.42mm；厂纵 0+158.50 断面的实测位移和计算位移分别为 20.45mm 和 7.8mm。

(2) 施工期开挖过程计算位移与实测位移的对比。图 7.3-7 和图 7.3-8 分别给出了主机间下游拱脚（厂纵 0+126.80）和主变室下游边墙（厂纵 0+031.70）预埋多点位移计计算位移与实测位移的对比图，可看出实测位移与计算位移的发展趋势和量值均比较

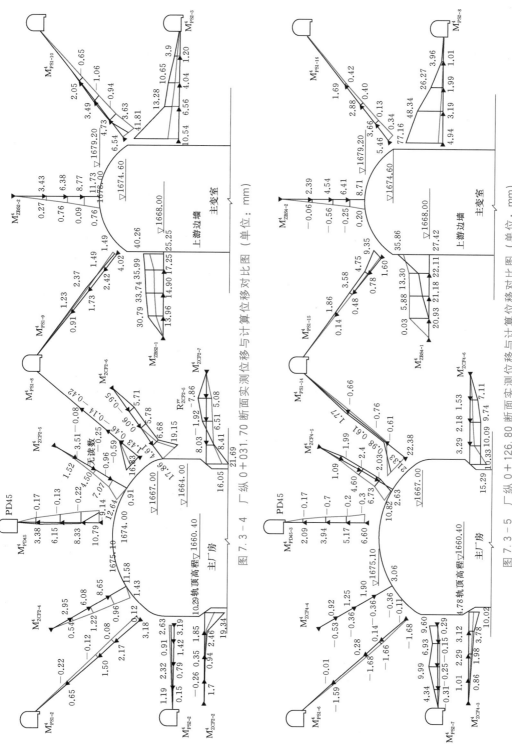

图 7.3-4　厂纵 0+031.70 断面实测位移与计算位移对比图（单位：mm）

图 7.3-5　厂纵 0+126.80 断面实测位移与计算位移对比图（单位：mm）

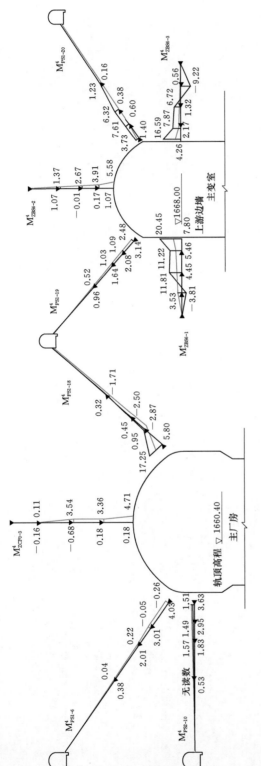

图 7.3 - 6 厂纵 0 + 158.50 断面实测位移与计算位移对比图 (单位: mm)

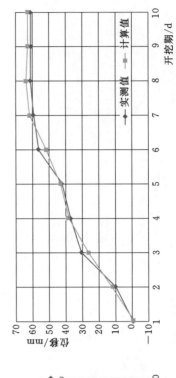

图 7.3 - 8 主变室下游边墙 (厂纵 0 + 031.70) 预埋多点位移计计算位移与实测位移对比图

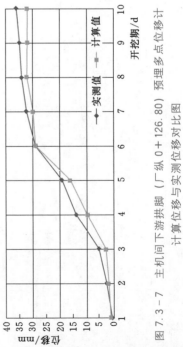

图 7.3 - 7 主机间下游拱脚 (厂纵 0 + 126.80) 预埋多点位移计计算位移与实测位移对比图

吻合；大部分测点后期变形趋于稳定，反馈分析效果良好。成果表明，反馈分析方法及反馈参数是合适的。

7.3.3.2 施工期应力和塑性区过程分析

表7.3－5和表7.3－6列出了2号机组中心线断面开挖过程的最大主应力和塑性区的等值线变化图，同时参照位移变化等值线图，可看出：

（1）位移和应力等值线被三大断层和煌斑岩脉（X）切割的不连续，断层与地下厂房相交的区域也是位移比较大、塑性区比较深的区域。

（2）围岩的位移一般随着随开挖期的增加而增大，各个部位的塑性区深度一般随着开挖期的增加而增大。

表7.3－5　　　　2号机组中心线断面开挖过程的最大主应力等值线变化图　　　　应力单位：MPa

开挖分期	最大主应力等值线图
I	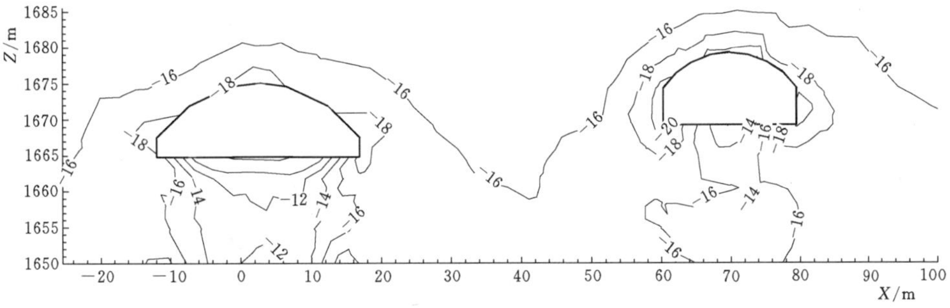
IV	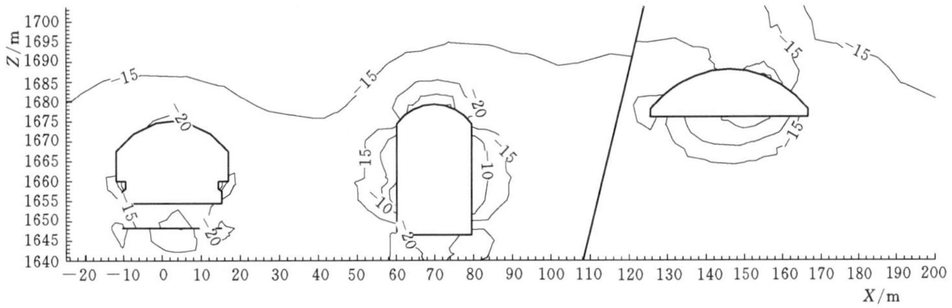
VII	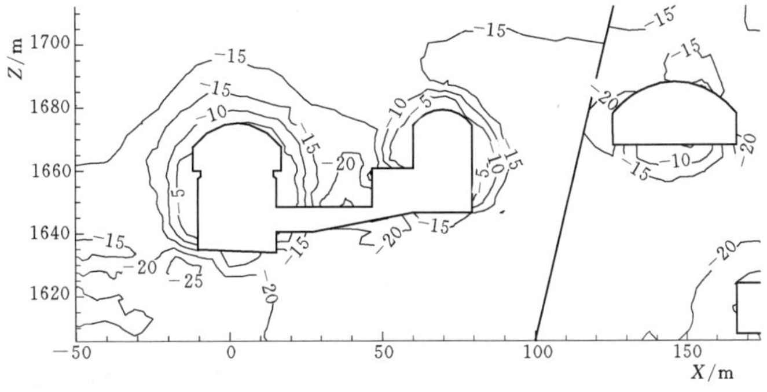

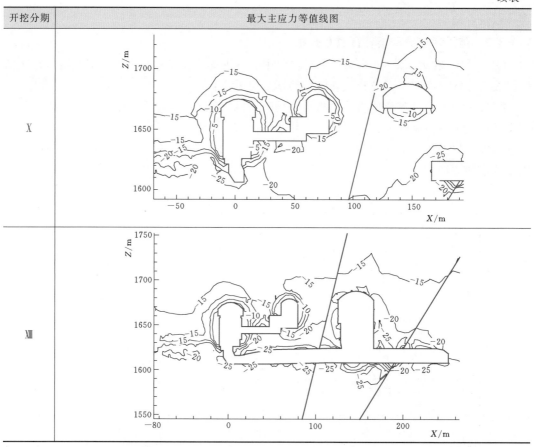

表 7.3 - 6 2 号机组中心线断面开挖过程的塑性区等值线变化图

开挖分期	塑 性 区 分 布	开挖分期	塑 性 区 分 布
I		V	
II		VI	
III		VII	
IV			

开 挖 分 期	塑 性 区 分 布	开 挖 分 期	塑 性 区 分 布
Ⅷ		Ⅺ	
Ⅸ		Ⅻ	
Ⅹ		ⅩⅢ	

（3）主厂房和主变室的顶拱部位都比较稳定；主厂房和主变室的边墙都具有下游侧位移大于上游侧位移、下游侧屈服区范围大于上游侧屈服区范围的规律。

（4）主厂房和主变室都具有大桩号区域的位移大于小桩号区域的位移、大桩号区域的塑性区范围大于小桩号区域的塑性区范围的规律。

（5）洞周位移的发展变化规律表明，锦屏地下厂房洞周位移具有明显的时效性。硬脆性的岩石在高应力状态下，会显现出明显的延性特征，在本构关系上由线弹性向非线性，甚至强非线性转化，锦屏地下厂房洞周岩体就具有这个特征，而且围岩变形表现出与时间的相关性。

（6）对开挖后洞周应力的分析表明，由于洞室的开挖，地下洞室周围一定范围内的围岩应力调整幅度比较大，主要体现在剪应力几百倍地增大或降为原来应力的几百分之一，有的甚至方向发生了变化。主厂房与主变室之间的岩墙内部剪应力受开挖影响比较大，并且方向和原来相反。这些应力分量调整幅度大的部位都分布在洞壁的6m范围内，洞壁6m以外围岩的应力状态比较接近初始应力状态，这与围岩主要发生表层变形和洞壁最近点变形较大的现象一致。

（7）开挖完成后围岩的大主应力均为压应力，小主应力在某些部位出现拉应力，这些部位主要集中在上下游吊车梁附近，可能会引起岩锚梁的开裂。

（8）开挖到第Ⅵ期以后，主厂房与主变室之间的岩墙的塑性区开始贯通。

7.3.3.3 施工期支护结构受力分析

2 号机组中心线断面主厂房第Ⅶ期开挖完成后的预应力锚索及锚杆的受力情况如图 7.3-9 所示。

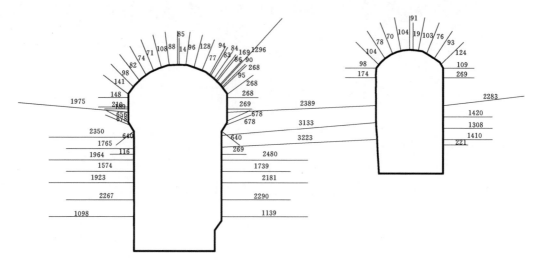

图 7.3-9 2 号机组中心线断面主厂房第Ⅶ期开挖完成后的预应力
锚索及锚杆的受力情况（单位：kN）

锦屏一级地下厂房支护受力的一些规律如下：

（1）一般情况下，预应力锚索及锚杆的轴力随着开挖期的增加而增大。

（2）主厂房和主变室顶拱部位的锚索和锚杆的轴力比较小而且稳定；主厂房和主变室的边墙，下游锚索的张力普遍比上游大。

（3）从主厂房第Ⅲ期开挖结束后，出现了锚索拉力超限的情况。

7.3.3.4 开挖完成后整体位移应力情况分析

1. 主厂房

洞室全部开挖完毕后，主厂房最大计算位移为 24.18cm，位于下游吊车梁厂纵 0+178.62 的下端。受煌斑岩脉（X）的影响，主厂房厂纵 0+170.00～厂纵 0+185.00 范围下游侧的位移普遍较大。图 7.3-10、图 7.3-11 分别为全部开挖完成后主厂房上游表面和下游表面位移等值线图。洞周位移大于 15cm、10cm、5cm 的面积占洞周开挖表面总面积的比例分别为 5%、20%、80%。

主厂房大主应力的最大值达到 35MPa，出现在大桩号侧的端墙（厂纵 0+204.00 和厂纵 0+220.00）。在吊车梁附近普遍出现拉应力，量值一般为 2～3MPa，最大拉应力为 8MPa，出现在安装间（厂纵 0-045.00～厂纵 0-035.00）的吊车梁附近。

2. 主变室

洞室全部开挖完毕后，主变室最大计算位移为 21.29cm，位于下游边墙（厂纵 0+137.53）高程 1663.80m 处。受煌斑岩脉（X）的影响，主变室厂纵 0+132.00～厂纵 0+142.00 范围下游侧的位移普遍较大。图 7.3-12、图 7.3-13 分别为全部开挖完成后

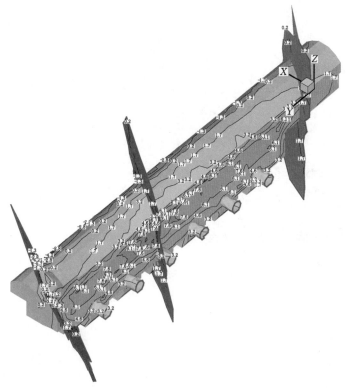

图 7.3 - 10 全部开挖完成后主厂房上游表面位移等值线图

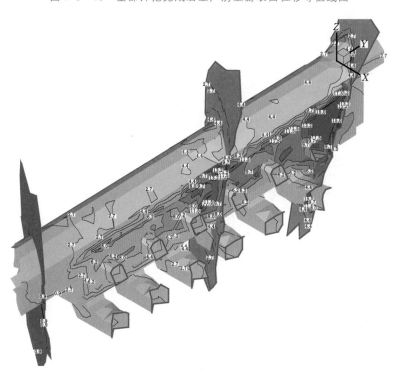

图 7.3 - 11 全部开挖完成后主厂房下游表面位移等值线图

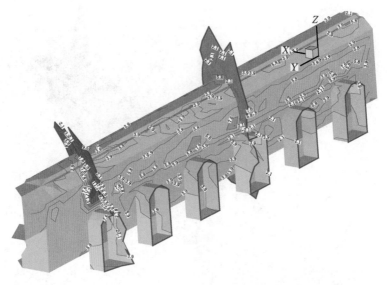

图 7.3-12 全部开挖完成后主变室上游表面位移等值线图

图 7.3-13 全部开挖完成后主变室下游表面位移等值线图

主变室上游表面和下游表面位移等值线图。洞周位移大于 15cm、10cm、5cm 的面积占洞周开挖表面总面积的比例分别为 2%、15%、80%。

主变室大主应力的最大值达到 25MPa，出现在大桩号侧的端墙（厂纵 0+206.50）。在断层和煌斑岩脉（X）与主变室交界处的部分区域，有较小拉应力存在，量值一般不超过 2MPa。

7.3.4 反馈分析成果评价

通过建立基于主从式并行遗传算法的位移反分析方法，完善了洞室群动态反馈分析流程，并应用于锦屏一级地下厂房洞室群工程施工期的动态反馈分析中，主要结论如下：

（1）该方法经过工程实践验证，预测了开挖过程中围岩变形、应力、塑性区和支护结构受力情况，与洞室群监测检测成果相符，揭示了围岩变形和破坏的内在机制，评价了围岩稳定安全状况，方法合理可靠。

（2）监测反馈的计算分析成果显示，洞室群开挖过程中出现了围岩松弛范围和深度大、大变形、锚索超限等问题，但在采取加强支护和调整施工程序的工程措施后，洞室群整体变形、应力、塑性区、支护结构受力等均可控，围岩稳定得到了有效保证，洞室群整体稳定安全。

（3）地下洞室群建成后，监测数据表明，地下厂房洞室围岩变形收敛，洞室整体稳定，保证了地下厂房的正常运行。

7.4 围岩变形稳定控制技术

7.4.1 围岩变形稳定控制思路

结合锦屏一级地下厂房洞室围岩地应力高、岩体强度应力比低、断层破碎带发育的特点，提出高地应力区洞室围岩变形稳定支护控制的总原则为：在开挖中考虑高地应力的分区有序释放，充分发挥围岩自承能力，控制围岩应力调整与变形发展，采取"分层分区，间隔开挖；先洞后墙，先小后大；先浅后深，适时支护；协同变形，分级支护；抑制变形，主动支护；洞口开挖，超前锁固"的开挖支护原则，确保了洞室围岩稳定。

据此支护设计原则，结合锦屏一级地下厂房洞室群室内试验成果、现场检测数据、卸载破坏特征和变形特征，基于充分发挥围岩自承能力、围岩与支护共同作用共同承载的理念，提出并采用了"浅表固壁-变形协调-整体承载"协同抑制围岩破裂扩展与时效变形的稳定控制技术，取得了良好的工程效果。

（1）浅表固壁：采用喷混凝土、钢筋网、锚杆、框格梁、钢筋肋拱的支护措施，抑制围岩表面的过度破裂和强度损失，同时又能给围岩表面提供一定的围压，改善围岩的应力条件。

（2）变形协调：采用能适应围岩时效变形的分级锁固锚索支护技术、岩壁吊车梁混凝土浇筑时机与围岩变形协调技术等，使围岩应力有序释放，变形协调，发挥支护结构的作用。

（3）整体承载：采用锚固、注浆等方法加固岩体，提高岩体强度及其承载能力；支护结构以自身的刚度和强度抑制岩体变形和破裂的进一步发展，围岩与支护形成一种共同体，相互耦合、互为影响，整体承载。

7.4.2 围岩开挖分序分区支护设计

7.4.2.1 支护型式选择

地下洞室群支护型式繁多，按支护结构型式可分为：喷混凝土、挂钢筋网、普通砂浆锚杆、预应力锚杆、锚筋桩、钢筋拱架、型钢拱架、预应力锚索、钢筋混凝土衬砌、围岩固结灌浆、化学灌浆等。其中，主动提供支护力的预应力锚杆、预应力锚索属于主动支护，被动受力的其他支护结构属于被动支护。针对应力主导控制型的围岩破坏形式，应加大主动支护强度，包括浅表层的锚杆支护强度和深层的锚索支护强度。围岩若支护强度不够，则围岩变形收敛困难，可能导致洞室围岩失稳。

水电工程洞室（隧洞）浅表支护型式主要是锚喷支护。按水利水电锚喷支护技术规范的要求，洞室（隧洞）开挖之后立即初喷一定厚度的钢纤维混凝土层封闭开挖面，随后布设砂浆锚杆（预应力锚杆），再挂网喷混凝土，且要求将锚杆与钢筋网焊接在一起。对赋存于强度应力比较高岩体内的洞室群，围岩破坏以结构面控制为主，对支护的要求相对较低，锚喷支护可以满足工程要求；但赋存于强度应力比低的岩体内的洞室群，围岩破坏会以结构面控制和应力控制为主，围岩应力集中程度高，浅表支护强度不够，会导致应力型的破坏，可考虑主动支护的预应力锚杆，使围岩浅表层由二向受力向三向受力转变，可有效改善围岩受力状态；同时，对赋存于节理（小断层、挤压带）发育的岩体内的洞室群，预应力锚杆也能加强围岩的整体性，提升其稳定性。

对于高地应力岩爆的洞室群工程，除采用上述支护措施之外，还可将喷混凝土层强度等级由 C25 提高至 C30～C35，以便与围岩更好地密贴和黏结，起到支撑、加固围岩和填充围岩的张开裂隙及表面凹穴等作用，及时向围岩提供抗力和减少围岩表面应力集中。

7.4.2.2　分序支护设计

1. 超前支护

在洞室交叉口部位、岩壁吊车梁等成型控制严格的部位、地质结构面组合开挖后可能形成不稳定块体的部位、岩体破碎部位等，适当设置超前预支护。如在地下厂房洞室群施工过程中，机窝（尾水管坑槽）部位采取了超前支护措施，目的是抑制下部开挖过程中的岩体松弛，加强机窝间岩柱的完整性，减弱对高边墙的影响。机窝开挖预支护示意图如图 7.4-1 所示。

尾水肘管上方，顶部和底部开挖高程分别为 1625.80m 和 1615.40m，如同一个从下游岩墙伸入机窝的悬臂，左右两侧跨于岩墙，又似机坑下游的一座天桥，故名"岩桥"。该部位围岩系薄层状大理岩且有绿片岩间隔分布，采取了超前锚固措施，在岩桥高程 1625.00m 平台上增加铅垂向锚筋桩，并把锚筋桩与压板钢筋混凝土形成整体，在岩桥立面增加预应力锚杆和带垫板砂浆锚杆（间隔布置），以此来提高岩桥的抗剪强度、岩体的完整性与结构的整体性，增加厂房下游边墙适应围岩应力调整的能力。岩桥的预支护避免了机窝部位围岩的大变形，确保了洞室围岩的稳定。

同时，在高程 1625.00m 岩台范围内，除各机组机窝外，采用垂直向的 2.0m×2.0m 的锚筋桩穿透薄层大理岩，一方面加强层间的松弛控制，另一方面起到一定的抗剪作用；厂房机坑上游操作廊道的底板锚筋桩在其开挖完成后及时施工；各机组段锚筋桩施工完成后，在高程 1625.00m 岩台上浇筑厚 80cm 的 C30 钢筋混凝土至高程 1625.80m（设计开挖高程），形成锚拉板与锚固体联合受力的预支护体系，有效地提高了机窝之间岩墙和尾水肘管上方岩桥岩体的完整性；相邻机窝开挖完成后，及时实施水平向的预应力锚杆、带垫板砂浆锚杆和对穿锚索，防止发生压剪破坏。

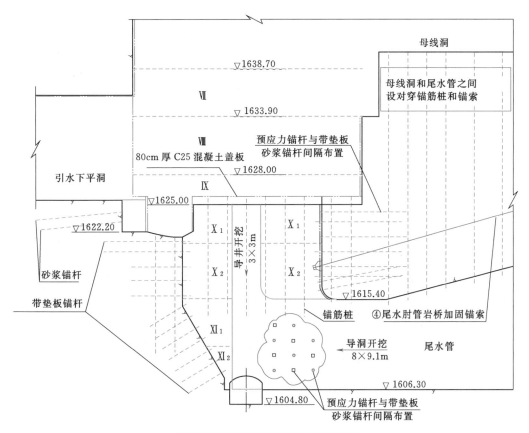

图 7.4-1 机窝开挖预支护示意图

1号机机窝开挖成型图如图 7.4-2 所示。

2. 开挖后适时支护

依据现代支护理论，围岩支护的目的是在确保围岩稳定的前提下，允许围岩变形，但不允许其发生有害变形，从而最大限度地发挥围岩的自承载能力，这就要求确定合适的支护时机。

为了评价不同支护时机的影响，设计 3 种支护时机方案，对锦屏一级地下洞室不同支护时机进行分析，由得到的地下厂房关键部位位移变化规律可知：不同支护时机下洞室围岩变形分布规律基本相同，锚杆滞后 1

图 7.4-2 1号机机窝开挖成型图

层＋锚索滞后 2 层方案较及时支护方案位移有所增加，其中主厂房位移增加幅度在 1.0％～4.9％，主变室位移增加幅度在 0.6％～4.1％，尾调室位移增加幅度在 2.7％～6.7％，主厂房端墙位移增加幅度在 0.2％～1.1％。锚杆滞后 2 层＋锚索滞后 3 层方案位移较锚杆滞后 1 层＋锚索滞后 2 层方案持续增加，其中主厂房位移增加幅度在 1.3％～

3.6%，主变室位移增加幅度在 1.2%～3.5%，尾调室位移增加幅度在 0.5%～11.8%，主厂房端墙位移增加幅度在0.2%～1.0%。

图 7.4-3 给出了地下洞室群不同支护时机对应的围岩塑性区体积变化。可以发现，三大洞室围岩塑性区体积变化规律基本一致，随着支护滞后，塑性区体积随之增加。锚杆滞后 1 层＋锚索滞后 2 层方案较及时支护方案塑性区体积增加幅度略大，其中主厂房增加幅度为 2.9%，主变室增加幅度为 2.7%，尾调室增加幅度为 5.8%。锚杆滞后 2 层＋锚索滞后 3 层方案较锚杆滞后 1 层＋锚索滞后 2 层方案，洞周塑性区体积有所增加，但增加幅度较小，其中主厂房增加幅度为 0.9%，主变室增加幅度为 1.1%。尾调室增加幅度为 3.4%。

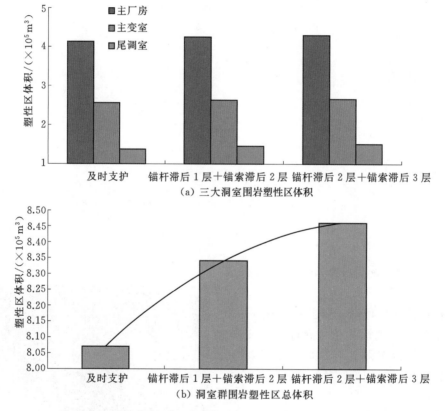

图 7.4-3 地下洞室群不同支护时机对应的围岩塑性区体积变化

地下洞室群开挖施工组织设计复杂，开挖支护施工工序繁杂，施工时间较长。从根据不同支护时机计算得到的地下厂房关键部位位移变化规律可以看出，为减小地下洞室围岩的有害变形，应及时对围岩进行支护，确保洞室围岩稳定。

7.4.2.3 分区支护设计

地下洞室群不同部位有着不同的应力条件，且由于地质环境条件不同，围岩往往表现出多种破坏模式。由于洞室各部位的围岩破坏模式不同，围岩变形量级不同，故需要采用分区分级的支护设计。

依托数十座地下厂房洞室群工程，首先从工程破坏现象出发，对围岩破坏现象进行归纳总结，然后分数个洞室工程部位（顶拱区、拱座区、边墙区、洞室交叉区、岩柱或岩墙区等），结合围岩地质结构，进行了洞室围岩失稳模式分类，提出针对不同空间部位的破坏模式和变形量级，应采取不同的支护型式、支护强度、支护时机。

（1）顶拱区。对于2组及以上确定性结构面组成的不稳定块体，根据构成块体边界的结构面组合出露位置来确定施工导洞开挖位置、长度等，避免将块体边界完全揭露出来而导致块体突然失稳，施工过程中，对揭露出的块体控制边界要及时锁口。对于层面与裂隙切割交汇形成的顶拱区不稳定块体，宜先挖两侧导洞，控制拱座部位的稳定性，避免连锁垮塌；然后挖中间岩柱，系统支护，形成拱效应。对于软弱岩带破坏（包括薄层状），根据软弱岩带的分布位置、工程影响，从便于加固、控制变形的角度确定导洞开挖位置、长度，针对性地加固后、再扩挖；当围岩稳定性差或变形过大时，可采用预应力锚杆或锚索作为针对性的加固措施，必要时可增加钢拱架进行支撑。

（2）拱座区。拱座区的稳定是顶拱形成拱效应的前提条件。对于层状岩体弯折破坏，一般发生在层面与开挖面接近平行的部位，破坏程度与三维地应力场有直接关系，若最大主应力方向与层面平行且最大主应力水平高，则应加强该部位的支护强度，建议采用预应力支护措施提供主动支护力。对于多裂隙切割的镶嵌—碎裂结构岩体，导洞开挖后，及时挂网喷锚支护，提高开挖面的整体性，必要时拱座部位加强支护，确保形成拱效应。

（3）边墙区。对于特定结构面组成的不稳定块体滑移破坏，针对滑移控制面的分布情况，确定分步开挖方案，避免一次性将滑移控制边界揭露出来而导致块体失稳，滑移块体规模较小时采用喷锚支护，并采用锚筋束锁口，规模大时有必要采用锚索加固。对于多裂隙切割的镶嵌—碎裂结构岩体，在边墙开挖时宜采用台阶开挖，及时喷锚支护。边墙区的特定软弱岩带可采用局部置换或锚固，两侧要分开施工，且要保证上部支护及时到位。对于边墙陡倾层状岩体弯折破坏，应分台阶开挖，控制开挖台阶高度，开挖后及时喷锚支护，将薄板状岩体锚固为整体，增加边墙整体刚度，改善其稳定性。总体来说，边墙围岩的稳定性控制，应根据软弱岩带、控制性结构面分布情况，针对性地分台阶开挖，以避免边墙局部岩体失稳导致的整体失稳。

（4）洞室交叉区。如压力管道与主厂房上游边墙、母线洞与主厂房边墙的岔口、尾水管与尾调室下部的岔口等部位，由于卸载面多，应力集中程度高，容易发生拉裂和裂隙扩张等，应做好洞口锁口和局部支护。对于特定结构面组成的不稳定块体（反倾和顺倾）滑移破坏，控制爆破强度很重要，必要时可采用超前支护措施，交叉段形成前，应在已开挖的洞室内对交叉口实施锁口支护。交叉口处的多裂隙切割的镶嵌—碎裂结构岩体，宜采用超前支护、小进尺开挖、控制爆破、及时喷锚支护的施工方式。洞室交叉口分布有特定软弱岩带时，在控制爆破的基础上，应对软弱岩带针对性地进行锚固或置换处理。

（5）岩柱或岩墙区。当分布有特定软弱结构面和软弱岩带（水平或缓倾、陡倾）时，岩柱或岩墙两侧要错步施工，且要保证上部支护及时到位，在出露部位考虑局部置换与锚固相结合。分布有多裂隙切割的镶嵌—碎裂结构岩体的岩柱或岩墙，应采用小进尺分台阶开挖，喷锚支护要紧跟开挖面。对于层面与开挖面平行或斜交的层状岩体，分台阶开挖，控制开挖台阶高度，并在每级开挖后及时支护，将薄板状岩体锚固为整体，增加边墙整体刚度，改善其稳定性，必要时采用对穿锚索。

（6）不利的地质结构体。如断层发育部位、节理裂隙发育部位、煌斑岩脉（X）充填带部位等，容易产生沿着不利结构面的错动、局部塌方、潜在不稳定块体等，要根据具体情况进行分析，制定针对性的支护措施。锦屏一级地下厂房在开挖支护施工过程中，遇到了f_{13}、f_{14}、f_{18}断层及煌斑岩脉（X）的影响，形成不利地质结构体，采取了针对性的"锚板-锚索""框格梁-锚索"等支护手段。

7.4.3　围岩浅表固壁支护技术

7.4.3.1　浅表锚喷支护

锚喷支护包括喷混凝土和锚杆支护。喷混凝土能够封闭岩体，填充开挖后围岩表面的缝隙，喷层与围岩密贴，从而使围岩处于三向受力状态，防止围岩强度劣化；喷层本身的抗冲切能力能阻止不稳定块体的滑塌；喷射混凝土可射入围岩张开的裂隙，填充表面凹穴，使裂隙分割处岩层面黏结在一起，保持岩块间的咬合、镶嵌作用，提高其间的黏结力、摩阻力，避免围岩松动，缓和围岩应力集中；喷层能紧跟掘进进程及时进行支护，早期强度较高，因而能及时向围岩提供抗力，阻止围岩松动。

锚杆支护最突出的特点是它通过置入岩体内部，提高围岩的稳定性。洞室开挖后当围岩应力大于围岩强度时，围岩浅表开始发生破坏并向深部转移而出现围岩松动圈，围岩产生明显碎胀变形后，靠近洞室表面的围岩松动圈内锚杆因阻止破裂岩体碎胀径向变形，锚杆表面产生指向围岩自由面的剪应力。随着围岩松动圈向深部发展，碎胀变形增大，锚杆的剪应力和轴向力随着围岩松动圈的变化而变化。每根锚杆因受拉应力而对围岩产生挤压，在锚杆两端周围形成一个两端圆锥形的受压区，合理的锚杆群可使单根锚杆形成的压缩区彼此联系起来，形成一个厚度近似均匀的压缩带，压缩带将在围岩破裂处形成拱形，称之为组合拱作用机理。

预应力锚杆在浅表围岩内产生的附加压应力对于抑制张拉性劈裂有积极作用，与锚杆焊接在一起的钢筋网及混凝土喷层有助于该附加压应力场在岩体内的均匀分布。为进一步强化该附加应力场并使其分布更加均匀，可借鉴矿山巷道预应力锚杆支护的做法，使用预应力锚杆，并配套钢护板及钢筋肋梁或钢带。

7.4.3.2　浅表框格梁及钢筋肋拱等刚性支护

当浅表岩体过于破碎时，常在围岩表层设置框格梁、钢筋肋拱、钢护板或钢带等表层刚性支护，并将预应力锚杆或锚索锚固在表层刚性支护上。

框格梁、钢筋肋拱、钢护板或钢带等表层刚性支护除能提供更大的护表面积、促进更大面积的浅表围岩由二向受力向三向受力转变之外，还可减轻带钢垫板普通锚杆或锚索在围岩表面形成的应力集中，减轻对钢筋网的冲切作用，减少预应力的损失。框格梁、钢筋肋拱、钢护板或钢带等表层刚性支护自身有较大的刚度，可抑制岩体的弯折外鼓变形。在Ⅲ级、Ⅳ级结构面出露部位，框格梁、钢筋肋拱、钢护板或钢带等表层刚性支护能与锚杆共同对结构面起到缝合作用，限制结构面的滑移对喷混凝土层的挤压，从而降低混凝土喷层和浅表岩体发生拉裂破坏的风险。

7.4.4　围岩-支护结构变形协调技术

7.4.4.1　围岩超常规变形预判分析

在工程实践中，需要进行超常规变形的预判，即在洞室开挖前或开挖初期能根据获得的地质信息、探洞（含进场交通洞、导流洞）破坏迹象、现场试验与室内实验成果、物探检测成果、数值模拟成果等要素，评判该洞室群工程是否会发生超常规变形，以便及时调整支护参数与施工方案，避免洞室群开挖完成后出现超常规变形，确保围岩稳定安全。

根据大型地下洞室群围岩变形、地应力、围岩破坏、围岩松弛状况以及支护结构状况5个方面的具体特征，按照洞室超常规变形的评判标准，可对围岩是否发生超常规变形进行预判。而预判围岩是否会发生超常规变形，目的是及时调整设计支护参数与施工方案，确保洞室稳定安全。

水电站地下洞室群潜在超常规变形预判表见表7.4－1，可分工程建设阶段来评判洞室群工程是否满足超常规变形的条件，相关步骤如下：

表7.4－1　　　　　　　　水电站地下洞室群潜在超常规变形预判表

条件类别	因素	内　　　容	适用工程阶段
基础条件A	A1 强度应力比	厂区围岩强度应力比小于3；地应力场三维数值反演分析成果显示厂区围岩强度应力比小于6的占比较大。 厂区地应力水平较高，通常最大主应力超过30MPa	可研阶段、招标阶段
	A2 探洞破坏迹象	探洞和导流洞开挖过程中的片帮、劈裂，甚至小规模的岩爆等高应力岩体破坏迹象较多。 探洞和导流洞的围岩开挖后未破坏，但经过一段时间后出现明显松弛破坏	
	A3 地质构造	厂区节理裂隙发育，且至少有1条规模较大的断层破碎带	
	A4 现场试验与室内实验成果	现场试验成果揭示厂区围岩存在明显的时效特征。 室内流变实验也揭示围岩存在时效特性	
	A5 围岩稳定数值分析成果	开展精细洞室群围岩稳定分析，分析成果揭示洞室变形量普遍较大，最大变形量超过100mm；且围岩松弛深度较大，超过6m；拱腰应力集中程度较高，且存在围岩破坏	
验证条件B	B1 进厂交通洞围岩破坏迹象	进厂交通洞开挖过程中的围岩高应力岩体破坏迹象较多。 进厂交通洞围岩开挖后未破坏，但经过一段时间后出现明显松弛破坏	开挖初期（顶拱开挖完成）
	B2 顶拱开挖围岩破坏迹象	顶拱开挖过程中高应力岩体破坏迹象较多。 顶拱混凝土喷层后出现鼓出或开裂现象	
	B3 物探检测成果	物探检测成果显示围岩强松弛区深度较大，最大值大于6m。 微震和声发射测试成果显示围岩微破裂现象普遍，且表现出时效特征	

条件类别	因素	内 容	适用工程阶段
验证条件 C	C1 监测变形曲线	相比一般工程而言，监测点的变形量较大，变形速率也较大。 监测点的时间曲线台阶特性并不明显，开挖间隔期变形量较大，变形收敛历时较长，表现出明显的时效性	开挖中期（发电机层开挖完成）
	C2 物探检测成果	物探检测成果揭示围岩出现大范围的卸载松弛，强松弛区范围大，在边墙上的深度超过 9m。 声波、微震和声发射测试成果显示围岩微破裂现象普遍，且表现出时效特征	
	C3 围岩破坏迹象	围岩强卸载破坏现象明显，围岩破坏模式多表现为应力控制型或应力与结构面复合控制型	
	C4 施工期监测反馈分析成果	开展洞室群施工期监测反馈分析，分析成果揭示开挖完成后变形量普遍较大，最大变形量超过 100mm；围岩表面变形量大于 50mm 的居多，所占比例超过 10%～15%；且高边坡围岩松弛深度较大，最大值超过 9m；围岩应力集中程度较高，拱腰破坏较为严重，岩柱塑性区深度超过一般工程水平	

注 表中条件类别 A、B 和 C 是按照工程建设阶段划分的。

（1）当某洞室群工程围岩满足基础条件 A 时，就说明工程潜在发生超常规变形的概率很大，在工程布置和支护设计之初就应该充分考虑超常规变形这一问题。

（2）当顶拱开挖完成后洞室各项条件满足验证条件 B 时，就应该及时调整支护，避免后续开挖造成围岩超常规变形的发生，使得围岩变形与破坏控制在正常尺度范围内。

（3）当发电机层开挖完成后，再次对验证条件 C 进行校验，这时如果满足验证条件 C，则证明洞室围岩超常规变形已经发生，为了避免支护反复和稳定不可控状况的发生，必须慎审工程支护参数与施工方案，有条件的情况下重点对关键部位进行补强支护，并进一步加强后续支护的强度，确保工程稳定安全与顺利建设。

7.4.4.2 基于围岩渐进破裂的表-浅-深联合支护技术

锦屏一级地下厂房围岩渐进破裂特征突出，具有内部"分区破裂"、表面体积"扩容"的整体变形特征，各数量级位移逐步向深部发展，如图 7.4-4 所示。鉴于此，提出并采用了表-浅-深联合支护技术，即"表层喷混凝土-浅层锚杆-深层预应力锚索"的联合适时支护，及时提升围压和围岩自承能力，有效抑制了围岩变形和破裂向深部扩展。

7.4.4.3 锚索支护分区锁定技术

结合锦屏一级地下厂房围岩变形的时空特点，提出了锚索支护分区锁定技术。根据洞室不同部位的地应力量级、围岩条件、驱动应力强度比等因素，在拱座、高边墙、交叉口、岩柱岩墙等部位分区设计支护方案，根据围岩稳定预测与监测反馈分序确定支护时机（超前、当前层、滞后一层或二层），结合围岩变形量级与松弛深度分级确定支护强度及支护深度，根据围岩时效变形及破裂扩展趋势确定锚索不同的锁定系数，

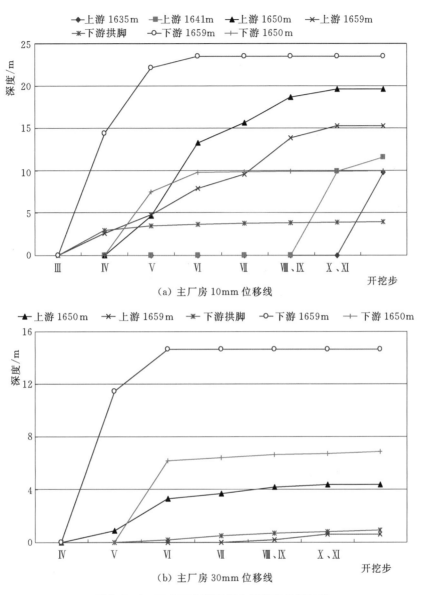

图 7.4－4　厂房洞室群围岩变形深度发展过程

有效解决了高地应力区大型地下厂房洞室群预应力锚索受力超限及锚索结构长期安全问题。

　　根据《水电工程预应力锚固设计规范》（DL/T 5176—2003）的规定，当被锚固的岩体可能继续变形时，除应按岩体稳定需要确定锚索设计张拉力外，还应按岩体可能继续变形值的大小确定锚索的张拉力锁定值，但没有给出建议值。地下洞室系统锚索实际采用的张拉力锁定值一般为设计值的70%～90%，以适应围岩后期变形。由于高地应力环境地下厂房洞室围岩的变形会或多或少地表现出一定的时效变形特征，故洞室开挖完成后仍有持续变形，在低岩石强度应力比条件下和结构面发育部位，围岩的时效变形就会更为明显；洞室各部位的变形规律也有所不同，并受到岩体结构等因素的影响。

因此，高地应力条件下的锚索张拉力锁定值，宜根据地应力量级、围岩条件、锚索所处位置等具体情况分析研究后确定。对高地应力地区、预计后期变形较大部位（如高边墙中部、尾调室中隔墙）、低岩石强度应力比的围岩、结构面发育部位的系统锚索宜采用较小的张拉力锁定值，若同时存在几种不利条件时，张拉力锁定值可低至设计值的 $60\%\sim70\%$，反之宜采用较大的张拉力锁定值；但为满足块体稳定等要求设置的预应力锚索宜按张拉力设计值的 100% 锁定。降低系统锚索张拉力锁定值后，不会引起洞周位移的显著增加，而锚索后期超限现象会有明显降低。

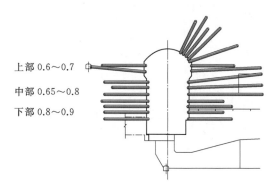

上部 0.6～0.7
中部 0.65～0.8
下部 0.8～0.9

图 7.4-5　锚索锁定系数分级示意图

当然，也可采用张拉力设计值较高的锚索，以较低的张拉力锁定值来减少后期锚索拉力超限现象的发生，并达到同样的支护效果。

锦屏一级地下厂房锚索按照上、中、下 3 个区域采用不同的锁定系数（见图 7.4-5），上部锁定系数为 0.6～0.7，中部锁定系数为 0.65～0.8，下部锁定系数为 0.8～0.9。这一措施有效地解决了锦屏一级地下厂房存在的锚索超限问题。

7.4.4.4　岩壁吊车梁混凝土浇筑时机与围岩变形协调技术

岩壁吊车梁是地下厂房十分重要的结构。尽管岩壁吊车梁设计理论方法、施工技术及经验日趋丰富、完善，但在锦屏一级复杂的地质条件下修建如此规模的岩壁吊车梁尚属首例。

围岩高地应力与低强度的特点以及 f_{13}、f_{14}、f_{18} 断层的影响，决定了该工程施工过程中的围岩变形大，而大的变形会对岩壁吊车梁结构锚杆应力造成很大的影响，且使岩壁吊车梁结构混凝土浇筑后会产生裂缝甚至结构性破坏。因此，采用"围岩变形-岩壁吊车梁结构锚杆-混凝土浇筑时机"耦合分析技术，分析了地下厂房中下部开挖对岩壁吊车梁部位的锚杆应力、围岩变形的影响，研究了在不同开挖时段进行混凝土浇筑的可行性，提出了合理的岩壁吊车梁混凝土浇筑时段。主要成果如下：

（1）岩壁吊车梁附近围岩的变形主要发生在厂房第Ⅵ期开挖之前，后续开挖对该部位变形影响相对较小。从第Ⅵ期到第Ⅺ期开挖结束，每层开挖引起的位移增量均比较小（大部分不超过 1mm）。图 7.4-6 是厂房岩壁吊车梁部位各数量级位移发展深度图。实测成果与理论分析结果基本一致。图 7.4-7 为主厂房 5 号机组断面多点位移计监测成果。

（2）提出了合理的岩壁吊车梁混凝土浇筑时段，即在厂房第Ⅵ层开挖完成，第Ⅶ层预裂爆破，且母线洞开挖完成后，方可进行岩锚梁的混凝土浇筑施工，并根据断层的位置及厂房布置的要求合理设置结构缝，这些技术措施可有效地防止岩壁吊车梁混凝土开裂，保证岩壁吊车梁的长期安全运行，同时也为地下厂房的顺利施工创造了条件。

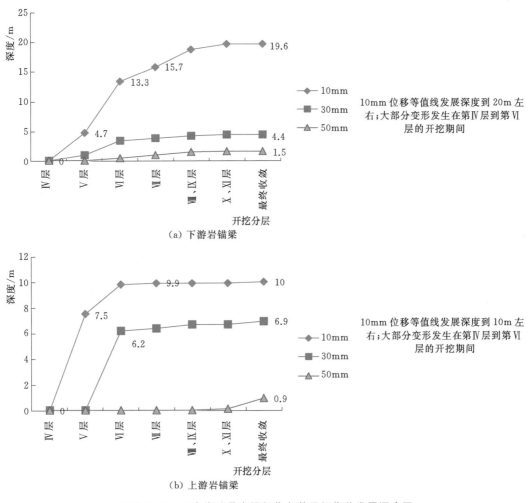

图 7.4-6　厂房岩壁吊车梁部位各数量级位移发展深度图

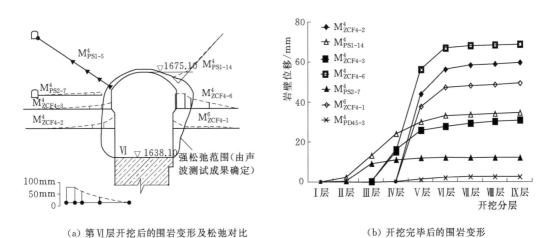

（a）第Ⅵ层开挖后的围岩变形及松弛对比　　　（b）开挖完毕后的围岩变形

图 7.4-7　主厂房 5 号机组断面多点位移计监测成果

从岩壁吊车梁的载荷试验成果以及近十年的运行情况可以看出，岩壁吊车梁是安全稳定的。

7.4.5 围岩-支护结构整体承载技术

采用锚固、注浆等方法加固岩体，提高岩体强度及其承载能力；支护结构以自身的刚度和强度抑制岩体变形和破裂的进一步发展，围岩与支护形成一种共同体，相互耦合、互为影响，整体承载。

7.4.5.1 松弛区灌浆补强加固技术

地下厂房围岩的松弛区深、围岩时效变形大时，如何增强松弛区的整体性和自身的承载能力，使松弛圈更有效地向承载圈转化，以便能够发挥岩体承载圈的作用是业界需要解决的技术难点。

地下厂房施工期围岩松弛区进行固结灌浆，工程实践少，需要解决几个关键环节问题：①松弛区可能存在吃浆量小，灌不进去，使得围岩灌浆效果不佳的现象。这种现象表明松弛区中岩体破裂不严重，缝隙较小，不会有大的吃浆量。②灌浆时可能存在沿松弛区跑浆和喷层起鼓现象，影响边墙稳定。这种现象表明松弛区中岩体破裂严重，裂缝较大，需要灌浆加固。③需要确定松弛区灌浆范围，对地下厂房洞周均进行灌浆，工作量太大，也没有必要，需要在松动严重的部位或裂缝出现的范围有针对性地进行灌浆。

为此，提出了高地应力区地下厂房洞室松弛区围岩精细控制灌浆补强技术，包括灌浆前围岩松动圈岩体破裂检测、灌浆过程中压力和围岩变形实时监控、灌浆后岩体补强效果检测等全过程的精细控制。其中，灌浆前围岩松动圈岩体破裂探测主要有钻孔摄像观测、声波测试等，可结合反馈分析综合确定卸载破损严重的松动圈的范围和深度，作为围岩灌浆范围和深度的依据；灌浆过程中压力和围岩变形实时监控主要有灌浆压力控制以及围岩变形和喷层实时监控，可防止混凝土喷层起鼓，动态控制围岩变形和灌浆压力；灌浆后岩体补强效果检测主要有压水试验、岩体波速测试和取芯开展室内岩石强度试验，可检测围岩补强效果。

将上述技术应用于锦屏一级地下厂房洞室群松动圈灌浆施工中，对围岩进行固结灌浆处理，有效提升了松动区围岩的整体性，围岩强度得到有效增加。为检测固结灌浆对围岩的加固效果，对地下厂房下游侧边墙高程 1651.00～1654.00m（厂纵 0+031.70～厂纵 0+185.10）岩体固结灌浆进行了灌前、灌后声波检测，松弛孔段岩体灌后平均声波波速比灌前提高了 5.8%，松弛以里孔段岩体灌后平均声波波速比灌前提高了 2.4%，浅表部灌后平均声波波速提升幅度较大，超过 60%。图 7.4-8 为灌浆前后下游边墙岩体声波波速变化对比图。

同时，提出了在锚杆和预应力锚索埋设时对围岩进行低压灌浆，能有效填补洞壁围岩的裂隙，黏合碎裂的岩体，增加围岩的整体特性，从而改变围岩位移变化的特性，促使位移收敛。

7.4.5.2 碎裂岩体大跨度洞室顶拱复合支护技术

（1）该技术由喷射钢纤维混凝土、第一层钢筋肋拱、第二层钢筋网、锚杆和锚索构

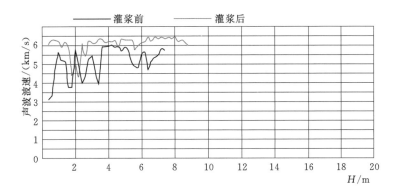

图 7.4-8　灌浆前后下游边墙岩体声波波速变化对比图

成。洞室开挖完成后，首先喷射混凝土以及时封闭岩面，然后进行锚杆、钢筋肋拱施工，最后进行预应力锚索施工。表层喷混凝土和钢筋肋拱能确保锚墩荷载压力扩散，锚杆能将浅表部围岩锚固形成整体，锚索通过主动锚固提升围岩围压并与深部岩体共同承担开挖卸载作用；喷射钢纤维混凝土-肋拱-钢筋网-锚杆-锚索形成了表-浅-深支护结构联合受力，确保大跨度顶拱的破碎岩体能够形成稳定承载圈，发挥围岩自承能力。

喷射混凝土钢筋肋拱支护结构由喷射混凝土、钢筋拱架、系统连接锚杆和局部固定锚筋等组成。喷射混凝土可采用普通喷混凝土或钢纤维混凝土，强度等级以 C25 或 C30 为宜。钢筋拱架可根据实际开挖断面的量测数据现场制作，采用单层或双层，也可以单双层间隔使用，钢筋直径可选用 20～36mm。系统连接锚杆利用顶拱围岩系统砂浆锚杆，将其外露部分与钢拱架焊接，以起到固定拱架和联合受力的作用，局部固定锚筋主要包括施工用固定插筋和锁脚锚杆或锚索等。肋拱厚度一般为 25～40cm，单层以 20～30mm 为宜，双层以 30～40mm 为宜。

（2）针对锦屏一级地下厂房主机间、安装间和主变室顶拱 f_{13}、f_{14} 断层影响区域 30m 跨度Ⅳ类破碎带的稳定控制问题，首次提出并采用了该复合支护技术，缩短了工期，确保了洞室围岩稳定，支护效果良好。大跨度洞室顶拱复合支护布置如图 7.4-9 所示。

1）安装间顶拱 f_{13} 断层区段采用了双层喷射混凝土钢筋肋拱支护结构，肋拱厚度为 50cm（内层 30cm，外层 20cm），间距为 1.6～2.0m。内层采用双向布筋，钢筋直径为 20mm（沿厂房轴线方向）和 25mm（洞室剖面方向）；外层采用单向布筋，钢筋直径为 36mm（洞室剖面方向），通过连接筋与内层焊接。现场施工次序为：初喷 5～8cm 厚的钢纤维混凝土→系统锚杆→钢筋肋拱制作与安装→锁脚处理→按照设计要求分序施喷混凝土。此外，安装间顶拱还设置了系统预应力锚索，形成了"长短锚杆间隔锚固＋初喷混凝土＋小网（直径 8mm、间隔 20cm×20cm 的网格）＋钢筋肋拱＋复喷混凝土＋锚索"的复合支护设计。

2）主机间顶拱 f_{14} 断层区段采用双层钢筋，内外层钢筋之间通过连接筋相互焊接，同

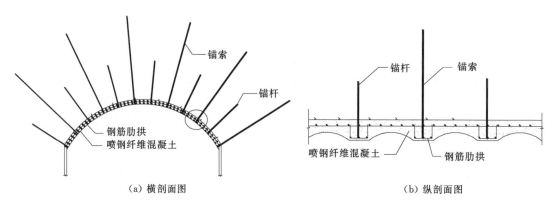

图 7.4 - 9　大跨度洞室顶拱复合支护布置图

时与顶拱系统锚杆焊接；肋拱厚度为 40cm（内层 20cm，外层 20cm），间距为 1.2～1.5m，钢筋直径为 36mm；根据断层主错带宽度相对较小、影响带内岩体质量稍差的特点，肋拱与肋拱之间没有布置水平连接筋。值得关注的是，由于地应力和岩层产状等因素的影响，主厂房 f_{14} 断层范围内的肋拱下游拱腰部位出现了长大裂缝，钢筋内鼓，裂缝长达 1～3m，宽 1～10cm，局部深度达 5～10cm，十分发育。通过深入分析认为，这种现象与主应力和岩层产状的方向性密切相关，属于典型的偏压现象。为了保证围岩稳定和肋拱结构安全，后期在下游拱座和拱腰部位进行了锚梁加固，锚梁为局部加强小吨位锚索＋钢板梁的复合支撑结构，利用锚梁将相互独立的肋拱连接成整体受力结构，提高了支护结构的强度和刚度。

3）主变室顶拱 f_{14}、f_{18} 断层及煌斑岩脉（X）区段均采用单层肋拱，厚度为 20cm，间距为 1.5m，钢筋直径为 36mm。

（3）地下厂房围岩施工期和运行期的安全监测数据表明，地下洞室顶拱采用的复合支护结构效果良好，围岩处于稳定状态，洞室群开挖结束后围岩表观完整，未出现喷层破坏裂纹。

喷射混凝土钢筋肋拱支护结构在锦屏一级地下厂房顶拱支护中首次得到大规模成功应用，工程实践证明，该结构设计简单，节省投资，施工方便，能快速及时地提供围岩侧向压力，支护效果良好，有利于洞室稳定和工程安全，在大多数条件下可替代钢筋混凝土衬砌。特别适用于大中型地下洞室或地质条件比较差的地下洞室顶拱支护。

7.4.6　洞室群变形控制加固措施及效果评价

7.4.6.1　加固措施

在主厂房和主变室下游拱脚采用较高密度的锚杆、锚索和灌浆等加固处理，边墙适度加密系统锚杆和锚索，降低锚索锁定吨位。具体支护措施与相关主要参数如下（见图 7.4 - 10）：

（1）清除主洞室开裂破损的围岩和支护结构，重新喷钢纤维混凝土；下游拱腰高程 1674.50～1665.80m 范围进行 Φ 32、$L=9$m 砂浆锚杆/预应力锚杆加密，下游拱腰高程

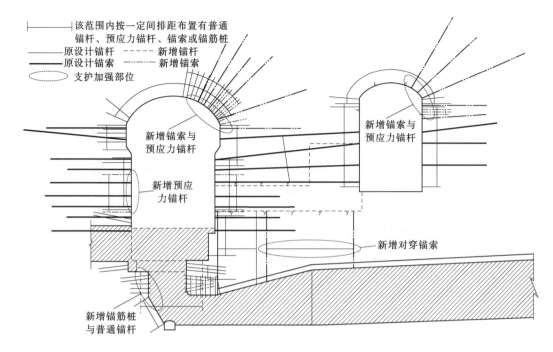

图 7.4－10　主厂房与主变室实施的锚索（杆）加强支护示意

1675.50～1665.80m 范围增加 5～6 排 2000kN/1500kN、$L=20m/25m/30m$ 的预应力锚索，间排距为 2.5～3.5m，相邻锚墩之间采用混凝土联系梁连接形成混凝土锚梁；下游拱腰高程 1665.00～1672.50m 范围非断层区域进行固结灌浆，灌浆孔孔深为 8m，平均间排距为 3.0m×3.0m。主变室规模比厂房小，下游拱座附近增加 3～4 排锚索。其他加固处理方式与主厂房相同。

（2）厂房高边墙中部进行了Φ32、$L=9m$ 系统锚杆加密，部分锚索吨位由 2000kN 提高到 2500kN，并局部采用固结灌浆和锚墙等处理措施。

（3）增设母线洞之间、尾水连接管之间对穿锚索，并对围岩进行固结灌浆。

（4）调整厂房下部开挖施工方案和支护方案。对Ⅷ、Ⅺ层的整层开挖调整为半幅开挖，超前预裂，分期释放应力；机窝开挖前进行预支护，适当提高主厂房与压力管道交叉口、尾水肘管段（机窝）、尾水调压室底部交叉口的支护强度。

7.4.6.2　加固实施效果评价

洞室开挖全过程的围岩实测位移和锚索实测荷载分别如图 7.4－11 和图 7.4－12 所示。由图可看出，在厂房第Ⅷ层以后的开挖期内，变形时序曲线趋于平稳，下游拱脚部位的锚杆、锚索应力呈平缓浮动趋势，表明上述加固措施及后续开挖调整对策是合理有效的，支护系统发挥了提升围岩抗力和整体稳定性的作用，围岩变形得到了控制，确保了洞室群围岩的稳定和安全。

锦屏一级地下厂房加固后的实施面貌如图 7.4－13 所示，洞室围岩变形的成功控制，对其他高地应力大型地下工程的设计和建设具有重要借鉴意义。

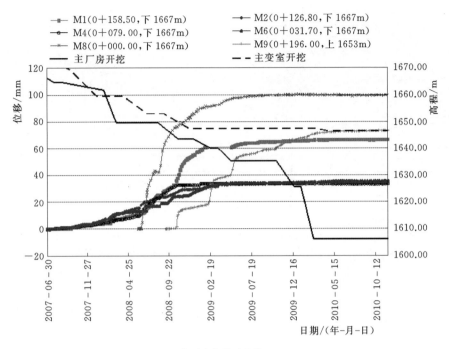

（a）主厂房位移过程线

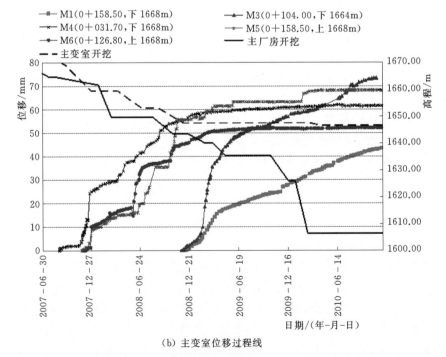

（b）主变室位移过程线

图 7.4 - 11　洞室开挖全过程的围岩实测位移

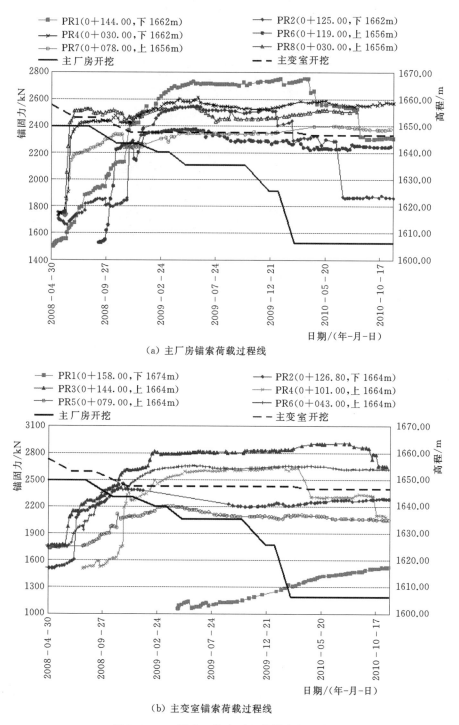

（a）主厂房锚索荷载过程线

（b）主变室锚索荷载过程线

图 7.4-12　洞室开挖全过程的锚索实测荷载

图 7.4-13 锦屏一级地下厂房加固后的实施面貌

第 8 章

地下厂房洞室群围岩长期
稳定和支护安全评价

锦屏一级地下厂房洞室群围岩高—极高的地应力水平和复杂的地质条件，致使洞室开挖后围岩应力剧烈调整，力学性能损伤劣化，大跨度高边墙洞室群围岩呈现出卸载时效损伤开裂、变形和松弛深度持续增长以及支护荷载超限等现象，显著的围岩变形与松弛的时效特征，已超出已有工程的经验认知，直接威胁洞室群长期运行安全。因此，围岩-支护结构系统长期稳定安全十分重要，关系着工程"长治久安"。围绕这一问题，本章开展了围岩长期稳定影响因素分析、时效变形稳定分析、长期稳定分析和安全性评价的研究。

8.1　围岩与支护结构长期安全性影响分析

影响岩土预应力锚固系统长期安全性的因素是多种多样的，主要有工程因素和环境因素。预应力初始张拉系数、钢绞线不均匀受力、预应力损失、荷载设计不当、锚头夹具回缩、钢绞线松弛、灌浆不密实等，是影响预应力锚固系统长期安全性的工程因素；岩土体损伤蠕变、高应力腐蚀作用、地下水的作用、振动作用等，是影响预应力锚固系统长期安全性的环境因素。根据可能影响因素对预应力锚固系统长期安全性影响方式和程度的不同，结合锦屏一级地下厂房洞室围岩锚固支护结构的实际情况，分析锚索初始张拉应力、锚索施工与应力不均匀、锚索结构腐蚀、岩体蠕变等主控因素，对围岩与支护结构长期安全性的影响。

8.1.1　锚索初始张拉应力影响分析

《水电工程预应力锚固设计规范》（DL/T 5176—2003）中规定：进行预应力锚固设计时，在设计张拉力作用下钢材强度的利用系数为 0.60～0.65；对于岩体锚固工程，施加设计张拉力时，锚束中的各股钢丝或钢绞线的平均应力，不应大于钢材极限抗拉强度的 60%，当施加超张拉力时，其各股钢丝或钢绞线的平均应力，不宜大于钢材极限抗拉强度的 69%；对于水工建筑物的锚固工程，当施加设计张拉力时，锚束各股钢丝或钢绞线的平均应力，不应大于钢材极限抗拉强度的 65%，当施加超张拉力时，其各股钢丝或钢绞线的平均应力，不宜大于钢材极限抗拉强度的 75%；一般情况下超张拉力不宜超过设计张拉力的 115%。

《水工预应力锚固施工规范》（SL 46—94）中规定：锚束最大超张拉力不得超过预应力钢材强度标准值的 75%，超张拉系数为 1.05～1.10。

国内外锚固工程一般是将钢材极限强度的 0.60～0.65 作为评价降低应力的控制标准。总结得出永久性锚索材料理论平均强度利用系数一般为：设计张拉力时取 0.60～0.65；超张拉力时取 0.65～0.75。部分水电工程锚索材料强度利用系数见表 8.1-1。

对于高应力区大型地下洞室围岩卸载变形，变形量值大，持续变形时间长，预应力锚索支护需要确定安全合理应力，使得既可以充分发挥锚索材料的作用，也能保证锚索处于安全的应力水平，这就要考虑后续变形产生的附加应力。预应力锚索的最终应力 σ_s 为初始应力 σ_0 和后期围岩变形产生的附加应力 σ_L 之和：

$$\sigma_s = \sigma_0 + \sigma_L \tag{8.1-1}$$

表 8.1-1　　　　　　　　　　部分水电工程锚索材料强度利用系数

工程名称	孔深 /m	单束锚固力 /kN	岩性	强度利用系数	预应力损失 /%
梅山坝基加固	37	3240	花岗岩	0.65	8.8
双牌坝基加固	35	3250	砂岩及板岩互层	0.6	4.4
麻石锚固试验	38	3240	白云母片岩	0.64	9.8
镜泊湖岸坡加固	21	900	闪长花岗岩脉	0.6	50.0
陈村岸坡加固	30	2320	石英砂岩及板岩互层	0.55	7.7
丰满泄洪洞	11	480	变质砾岩	0.60	10.0
丰满 51 号坝段加固	61.6	6000	变质砾岩	0.57	6.5
白山 15 号坝段加固		600	混凝土		27.0
白山地下厂房		600	混合岩		6.8
碧口		300		0.60	
洪门				0.61	
铜街子	30～40	3200		0.66	
天生桥厂房边坡	27～32	3000 1200		0.65	
漫湾预应力闸墩				0.63	
二滩预应力闸墩		2000		0.6	
水口预应力闸墩		3150		0.63	

在弹性阶段内，应力与应变成正比，即

$$\sigma = E_s \varepsilon \qquad (8.1-2)$$

式中：ε 为后期围岩应变量；E_s 为锚索材料的弹性模量。

后期围岩变形产生的附加应力为

$$\sigma_L = \frac{E_s \Delta L}{L} \qquad (8.1-3)$$

式中：ΔL 为后期围岩变形量；L 为锚索内外锚头之间的长度，对于压力分散型锚索最大的应力往往取决于自由段最短的钢绞线单元。

锦屏一级地下厂房系统锚索支护参数为：设计吨位以 2000kN、1750kN、1500kN 为主，局部 1000kN、1500kN、2500kN 和 3000kN，长度为 20m、25m、30m，平均间排距为 3～4.5m，系统锚索锁定吨位为设计吨位的 80%～85%。开挖支护至吊车梁高程时，主厂房下游拱腰出现了开裂，实测围岩变形也出现很明显的时效性。为了克服围岩变形引起锚索附加荷载较大的问题，后期将锚索锁定吨位降低至 50%～65%，预留较多的变形量，同时在吊车梁和高边墙中部适当减小了锚索间排距。

8.1.2　锚索施工与应力不均匀影响分析

锦屏一级地下厂房的无黏结预应力锚索除锚固段外，PE 套未剥离的部位为自由段，在锚索张拉时自由段随着张拉力的施加而伸长。而单孔多锚头压力分散型锚索则除钢绞线挤压入单锚头的部位外，从单锚头到锚墩部位通常均为有 PE 套的钢绞线，该段整段均作为锚索张拉时的自由段。但是单孔多锚头锚索在锚索孔内有多个小锚头，锚头间的距离一般为 1～2m，每个锚头安装两根对称的钢绞线。由于锚头的位置不一样，因此，单根锚索内各钢绞线的自由段长度也不一样。

由于自由段的长度不一，整体式千斤顶张拉时钢绞线的受力不一致，因此，单孔多锚头压力分散型锚索张拉应采用单根张拉的方式。锚索施工后，围岩变形时引起锚索锚固力增加，锚索内的钢绞线受力存在大小不一的问题。当围岩变形持续增加后，锚索中的钢绞线受力也持续增大，当变形达到一定数值后，锚索中自由段长度最短的钢绞线将破坏，但由于围岩变形为缓慢的蠕变，因此，锚索中其余自由段较长的钢绞线未破坏，仍继续受力。

按当前规范的一般标准及通常实施的指标控制张拉，有时受到不均匀性影响较大，锚筋材料安全储备不能满足正常使用的要求。类似问题也出现在三峡工程中。例如，三峡工程现场岩锚试验中进行的破坏试验表明，1000kN 级锚索由 7 根钢绞线组成，锚束理论极限荷载为 1822kN，实际破坏吨位为 1620～1660kN，即在锚束理论极限强度的 0.89～0.91 时破断；3000kN 级锚索由 19 根钢绞线组成，锚束理论极限荷载为 4947.6kN，实际破坏吨位为 4310～4330kN，即在锚束理论极限强度的 0.87～0.88 时破断。由于存在不均匀性，锚束的极限荷载并不是理想的各根绞线极限荷载的直接相加。试验还表明，在对已断丝的锚索继续加载稳压时，有的锚索无法稳压而发生急剧变形，有的则在稳压时继续产生绞线破断，说明锚索体一旦发生破断，其整束锚索的承载能力即达到极限值，而不会再提高。

8.1.3　锚索结构腐蚀影响分析

锚固类结构的使用寿命取决于它们的耐久性，而使用寿命的最大威胁则来自腐蚀。对锚固类结构造成腐蚀的环境是岩土介质及地下水中的侵蚀性质、双金属作用以及地层中存在的杂散电流。在一定条件下，岩土介质中的氯化物、硫酸盐等，均可对锚固类结构造成腐蚀。锚杆、锚索一般都施加预应力，国内水电工程中有的锚索预应力已超过 10000kN，并且还有向更高吨位发展的趋势。但研究表明，在接近锚杆屈服极限应力作用下，其锈蚀速率随时间延长而增大，试验后 90d 对锚杆试件进行抗拉强度试验，其承载力损失约为 5%。由此可见，应力腐蚀问题不容忽视。

在腐蚀性介质中，虽然应力低于材料强度，但经过一定时期也会出现脆性断裂，这种现象叫作应力腐蚀开裂，也叫作滞后断裂或延迟断裂。出现这种现象的原因是钢绞线中原来存在的微小裂纹在腐蚀性介质作用下随时间的增长而逐渐扩展，待达到临界值时，材料会发生突然脆断。应力腐蚀主要发生在高强度材料中。在腐蚀介质中做试验来测定材料的断裂韧性时，所得结果要比在无腐蚀介质的大气中测得的低。

锦屏一级地下厂房系统锚索设计吨位一般采用 1500kN、1750kN、2000kN，后续锚索应力持续增长，超过锁定值现象比较普遍，锚索处于高负载状态，如果地下水中的硫酸根含量较高则可能引起腐蚀现象，锚索杆体材料腐蚀对锚索应力的影响显著，存在高应力腐蚀和脆性断裂的可能，是锚索长期承载能力的重要影响因素。

8.1.4　岩体蠕变影响分析

地下岩石工程的大量实践表明，工程围岩体的失稳破坏常和时间有关，表现为典型的渐进破坏的过程。锦屏一级大理岩试验表明，在轴向应力不变的情况下，随着围压逐步卸载，主应力差增加，大理岩瞬时轴向弹性应变的增量不断增加，轴向蠕变增量也随之增加。每一级轴向蠕变量与每一级瞬时弹性量之比也同样在增加。在轴向应力水平较低且偏应力较小时，随着时间的增加，大理岩的蠕变量变小；在轴向应力水平较高且偏应力较大时，随着时间的增加，大理岩的蠕变量增长明显；而在轴向高应力水平时，当偏应力超过一定值后，大理岩的蠕变量随着时间的增加而逐步增长，并在一定时间后呈非线性加速增长，发生蠕变破坏。

岩体蠕变，围岩变形逐渐增加，如果支护结构不能适应围岩的变形，则支护结构受力将逐渐增加，可能导致支护结构超载甚至失效。锦屏一级地下厂房安全监测和物探检测成果分析表明，洞室开挖后，围岩存在显著的时效变形，岩体卸载扩容损伤与结构性流变，高应力卸载调整时间较长，锚索应力普遍相对锁定值增长，局部锚索断裂失效。安全监测资料和物探监测资料的综合分析表明：洞室群变形较大部位在主厂房开挖完成约 1 年以后（2011 年 3 月）基本收敛，煌斑岩脉（X）影响区域约在 2 年时间内（2012 年 3 月）变形基本收敛。洞室岩体蠕变增加了变形，降低了围岩自承能力，增大了锚索后期变形产生的附加应力，对洞室群围岩整体稳定产生了不良影响。

8.2　围岩时效变形的分析方法

8.2.1　大理岩卸载非定常黏弹塑流变模型

锦屏大理岩蠕变试验表明（见 3.3 节），在围压一定的情况下，随着轴压的增加，主应力差相应增加，大理岩轴向蠕变量随之增加，在总变形中所占的比重也相应增加；在围压较大时，岩石轴向蠕变量在总变形中所占的比重相应降低，体现了围压对岩石时效变形起到了积极的控制作用。在轴向应力水平较低且偏应力较小时，随着时间的增加，大理岩的蠕变量变小；在轴向应力水平较高且偏应力较大时，随着时间的增加，大理岩的蠕变量增长明显；而在轴向高应力水平时，当偏应力超过一定值后，大理岩的蠕变量随着时间的增加而逐步增长，并在一定时间后呈非线性加速增长，发生蠕变破坏。当岩石的应力强度比超过了裂缝损伤应力强度比后，出现了加速蠕变。蠕变速率是影响岩石蠕变规律的关键因素，与岩石所处的应力状态和应力水平密切相关。在轴压相同时，随着围压升高，大理岩的蠕变速率逐步降低，表明大理岩的围压效应显著，增加围压可以减小蠕变速率。随着围压降低，引起应力强度比增加，可以发现大理岩的蠕变速率随着应力强度比的增加而增加，并存在一个临界值，超过该值蠕变速率随着应力强度比的增加呈指数增长。

高应力下的锦屏一级地下厂房洞室群，围岩在开挖完成后，存在滞后和持续的破坏现象，这些现象反映了高应力下岩体时效变形破坏的独特性。另外，岩体开挖卸载后的时效力学特性随时间和应力状态的变化是显著的，将岩体流变力学参数看作是非定常参数，并以此来表征岩体的卸载损伤劣化过程，会更直接更客观地反映岩体的时效特征。

鉴于此，首先采用元件理论，引入参数非定常的概念以及屈服接近度函数，建立考虑应力状态影响的非定常流变模型。在此基础上，考虑岩体强度参数的卸载时效劣化特征，提出反映岩体卸载时效机制的非定常流变模型（图 8.2-1），可以表达为

$$
\begin{cases}
\dfrac{\eta^K}{G^K}\dot{e}_{ij} + e_{ij} = \dfrac{\eta^K}{G^M G^K}\dot{s}_{ij} + \dfrac{G^M + G^K}{G^M G^K}s_{ij} \qquad \sigma_d < s_{ij} \\[3mm]
\dfrac{\eta^M \eta^K}{G^K}\ddot{e}_{ij} + \eta^M \dot{e}_{ij} = \dfrac{\eta^K \eta^M}{G^M G^K}\ddot{s}_{ij} + \\[3mm]
\left(\dfrac{\eta^M G^K + G^M \eta^K + G^M \eta^M}{G^M G^K}\right)\dot{s}_{ij} + s_{ij} \qquad \sigma_d \leqslant s_{ij} < \sigma_s \\[3mm]
\ddot{e}_{ij} + \dfrac{G^K}{\eta^K}\dot{e}_{ij} = \dfrac{1}{G^M}\ddot{s}_{ij} + \left(\dfrac{\eta^M + \eta^K}{\eta^M \eta^K} + \dfrac{G^K}{G^M \eta^K} + \dfrac{1}{\eta^B}\right)\dot{s}_{ij} + \\[3mm]
\dfrac{G^K}{\eta^M \eta^K}s_{ij} + \left(\dfrac{G^K}{\eta^K} - \dfrac{\dot{\eta}^B}{\eta^B}\right)\dfrac{s_{ij} - \sigma_s}{\eta^B} \qquad s_{ij} \geqslant \sigma_s \\[3mm]
\varepsilon_m = \dfrac{\sigma_m}{3K}
\end{cases}
\tag{8.2-1}
$$

式中：K 为 Burgers 模型的体积模量；G^M 为 Maxwell 体的剪切模量；η^M 为 Maxwell 体的黏性系数；G^K 为 Kelvin 体的剪切模量；η^K 为 Kelvin 体的黏性系数；η^B 为 Bingham 体的黏滞系数；s_{ij} 为应力偏张量；e_{ij} 为应变偏张量；σ_m 为平均应力；ε_m 为平均应变；σ_d 为 Maxwell 体的阈值应力；σ_s 为屈服应力。

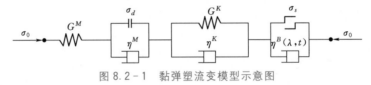

图 8.2-1　黏弹塑流变模型示意图

8.2.2　非定常黏弹塑流变模型的数值实现

利用 FLAC[3D] 的 UDM 接口和 C++编程语言进行二次开发，将所建立的非定常本构模型嵌入 FLAC[3D] 计算软件中。显式有限差分法的求解过程包括通过对三维介质的离散，使所有外力与内力集中于三维网格节点上，进而将连续介质运动定律转化为离散节点上的牛顿定律；时间与空间的导数采用沿有限空间与时间间隔线性变化的有限差分来近似；采用动态松弛方法，应用质点运动方程求解，通过阻尼使系统运动衰减至平衡状态；在计算中不需通过迭代满足本构关系，只需使应力根据应力应变关系，随应变变化而变化，因此较适合处理复杂的岩体工程问题。

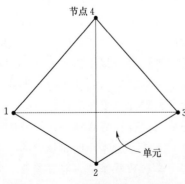

图 8.2-2　三维离散的四面体单元

1. 三维空间离散

显式有限差分法首先将求解物体离散为一系列如图 8.2-2 所示的三维离散的四面体单元，并采用下列插值函数：

$$
\begin{cases}
\delta v_i = \sum_{n=1}^{4} \delta v_i N^n \\
N^n = c_0^n + c_1^n x'_1 + c_2^n x'_2 + c_3^n x'_3 \\
N^n(x_1'^j, x_2'^j, x_3'^j) = \delta_{nj}
\end{cases}
\tag{8.2-2}
$$

式中：x_i、u_i、v_i 分别代表四面体中节点的坐标、位移和速度。

2. 空间差分

由高斯定律可将四面体的体积分转化为面积分。对于常应变率的四面体，由高斯定律得

$$
\int_v v_{i,j} \, \mathrm{d}V = \int_s v_i n_j \, \mathrm{d}s
\tag{8.2-3}
$$

$$
v_{i,j} = -\frac{1}{3V} \sum_{i=1}^{4} v_i^l n_j^{(l)} S^{(l)}
\tag{8.2-4}
$$

式中：n_j 为四面体各面的法矢量；S 为各面的面积；V 为四面体的体积；上标 l 为节点 l 的变量；上标 (l) 为面 l 的变量。

于是应变率张量可表示为

$$
\xi_{ij} = \frac{1}{2}(v_{i,j} + v_{j,i})
\tag{8.2-5}
$$

$$
\xi_{ij} = -\frac{1}{6V} \sum_{l=1}^{4} (v_i^l n_j^{(l)} + v_j^l n_i^{(l)}) S^{(l)}
\tag{8.2-6}
$$

应变增量张量可表示为

$$
\Delta \in_{ij} = -\frac{\Delta t}{6V} \sum_{l=1}^{4} (v_i^l n_j^{(l)} + v_j^l n_i^{(l)}) S^{(l)}
\tag{8.2-7}
$$

旋转率张量可表示为

$$
\omega_{ij} = -\frac{1}{6V} \sum_{l=1}^{4} (v_i^l n_j^{(l)} - v_j^l n_i^{(l)}) S^{(l)}
\tag{8.2-8}
$$

而由本构方程和以上若干式可得应力增量为

$$
\Delta \sigma_{ij} = \Delta \breve{\sigma}_{ij} + \Delta \sigma_{ij}^C
\tag{8.2-9}
$$

$$
\Delta \breve{\sigma}_{ij} = H_{ij}^*(\sigma_{ij}, \xi_{ij} \Delta t)
\tag{8.2-10}
$$

$$
\Delta \sigma_{ij}^C = (\omega_{ij} \sigma_{kj} - \sigma_{ik} \omega_{kj}) \Delta t
\tag{8.2-11}
$$

对于小应变，式（8.2-9）中的第二项可忽略不计。这样就通过高斯定律将空间连续量转化为离散的节点量，可由节点的位移与速度计算空间单元的应变与应力。

3. 节点的运动方程与时间差分

对于固定时刻 t，节点的运动方程可表示为

$$
\sigma_{ij,j} + \rho B_i = 0
\tag{8.2-12}
$$

式中的体积力定义为

$$
B_i = \rho \left(b_i - \frac{\mathrm{d}v_i}{\mathrm{d}t} \right)
\tag{8.2-13}
$$

由功的互等定律可将式（8.2-12）转化为

$$F_i^{\langle l\rangle}=M^{\langle l\rangle}\left(\frac{\mathrm{d}v_i}{\mathrm{d}t}\right)^{\langle l\rangle}\quad l=1,\cdots,n_n \tag{8.2-14}$$

式中：n_n 为求解域内总的节点数；l 为总体节点编号；$M^{\langle l\rangle}$ 为节点所代表的质量；$F_i^{\langle l\rangle}$ 为失衡力。

它们的具体表达式为

$$\begin{cases} M^{\langle l\rangle}=[m]^{\langle l\rangle} \\ m^e=\dfrac{\alpha_1}{9V}\max([n_i^{\langle l\rangle}S^{\langle l\rangle}]^2)\quad i=1,3 \end{cases} \tag{8.2-15}$$

$$\begin{cases} F_i^{\langle l\rangle}=[P_i]^{\langle l\rangle}+P_i^{\langle l\rangle} \\ p_i^l=\dfrac{1}{3}\sigma_{ij}n_j^{\langle l\rangle}S^{\langle l\rangle}+\dfrac{1}{4}\rho b_i V \end{cases} \tag{8.2-16}$$

式中：$[\cdot]$ 为各单元与 l 节点相关节点物理量的总和。

由式（8.2-15）可得关于节点加速度的常微分方程：

$$\frac{\mathrm{d}v_i^{\langle l\rangle}}{\mathrm{d}t}=\frac{1}{M^{\langle l\rangle}}F_i^{\langle l\rangle}(t,\{v_i^{\langle 1\rangle},v_i^{\langle 2\rangle},v_i^{\langle 3\rangle},\cdots,v_i^{\langle p\rangle}\}^{\langle l\rangle},k)\quad l=1,n_n \tag{8.2-17}$$

对式（8.2-17）采用中心差分得节点速度：

$$v_i^{\langle l\rangle}\left(t+\frac{\Delta t}{2}\right)=v_i^{\langle l\rangle}\left(t-\frac{\Delta t}{2}\right)+\frac{\Delta t}{M^{\langle l\rangle}}F_i^{\langle l\rangle}(t,\{v_i^{\langle 1\rangle},v_i^{\langle 2\rangle},v_i^{\langle 3\rangle},\cdots,v_i^{\langle p\rangle}\}^{\langle l\rangle},k) \tag{8.2-18}$$

同样中心差分得位移与节点坐标：

$$u_i^{\langle l\rangle}(t+\Delta t)=u_i^{\langle l\rangle}(t)+\Delta t v_i^{\langle l\rangle}\left(t+\frac{\Delta t}{2}\right) \tag{8.2-19}$$

$$x_i^{\langle l\rangle}(t+\Delta t)=x_i^{\langle l\rangle}(t)+\Delta t v_i^{\langle l\rangle}\left(t+\frac{\Delta t}{2}\right) \tag{8.2-20}$$

至此，已完成了空间与时间的离散，将空间三维问题转化为各个节点的差分求解。具体计算时，可虚拟一个足够长的时间区间，并划分为若干时间段，在每个时间段内，对每个节点求解，如此循环往复，直至每个节点的失衡力为 0。FLAC 方法计算流程如图 8.2-3 所示。

对显式法来说，非线性本构关系与线性本构关系并无算法上的差别，对于已知的应变增量，可很方便地求出应力增量，并得到不平衡力，就同实际中的物理过程一样，可

```
┌─────────────────────────────┐
│         运动方程            │
│        对每个节点           │
│ · 由应力及外力利用虚功原理  │
│   求节点不平衡力            │
│ · 由不平衡力求节点速率      │
└─────────────────────────────┘
              ↕
┌─────────────────────────────┐
│         本构方程            │
│        对每个单元           │
│ · 由节点速率求应变增量      │
│ · 由应变增量求应力增量及    │
│   总应力                    │
└─────────────────────────────┘
```

图 8.2-3 FLAC 方法计算流程图

以跟踪系统的演化过程。在计算过程中，程序能随意中断与进行，随意改变计算参数与边界条件。因此，较适合处理复杂的非线性岩体开挖卸载效应问题。

该流变本构模型在黏弹塑性理论基础上，据本构特征曲线规律，得

$$\frac{\partial\sigma_{ij}}{\partial t}=H(\sigma_{ij},\dot\varepsilon_{ij},\kappa) \tag{8.2-21}$$

式中：$H(\cdot)$ 为本构定律的函数形式；$\dot{\varepsilon}_{ij}$ 为应变率张量；κ 为一个历史参数，即硬化软化参数。对于应变率张量 $\dot{\varepsilon}_{ij}$，考虑前面建立的流变模型，即

$$\dot{\varepsilon}_{ij} = \dot{\varepsilon}_{ij}^{e} + \dot{\varepsilon}_{ij}^{v} + \dot{\varepsilon}_{ij}^{ve} + \dot{\varepsilon}_{ij}^{vp} \tag{8.2-22}$$

整理得

$$\dot{\varepsilon}_{ij}^{e} = \dot{\varepsilon}_{ij} - (\dot{\varepsilon}_{ij}^{v} + \dot{\varepsilon}_{ij}^{ve} + \dot{\varepsilon}_{ij}^{vp}) \tag{8.2-23}$$

特别地，联系应力和应变之间的弹性关系，即

$$\dot{\sigma}_{ij} = D_{ijkl}\dot{\varepsilon}_{ij}^{e} \tag{8.2-24}$$

式中：D_{ijkl} 为弹性矩阵。由式（8.2-21）、式（8.2-23）和式（8.2-24）可知：

$$\dot{\sigma}_{ij} = D_{ijkl}[\dot{\varepsilon}_{ij} - (\dot{\varepsilon}_{ij}^{v} + \dot{\varepsilon}_{ij}^{ve} + \dot{\varepsilon}_{ij}^{vp})] \tag{8.2-25}$$

对于式（8.2-24）中的黏性应变率 $\dot{\varepsilon}_{ij}^{v}$ 由 Maxwell 体的黏壶获得，黏弹性应变率 $\dot{\varepsilon}_{ij}^{ve}$ 由 Kelvin 体获得，而黏塑性应变率 $\dot{\varepsilon}_{ij}^{vp}$ 则服从正交流动法则，即

$$\dot{\varepsilon}_{ij}^{vp} = \frac{\langle F \rangle}{\eta^{B}}\frac{\partial g}{\partial \sigma_{ij}} = \frac{[1+(1+n)H(\lambda)\alpha_{\eta^{B}}t^{n}]\langle F \rangle}{\eta^{B0}}\frac{\partial g}{\partial \sigma_{ij}} \tag{8.2-26}$$

$$\langle F \rangle = \begin{cases} 0, & F \leqslant 0 \\ \dfrac{F}{F_0}, & F > 0 \end{cases}$$

式中：$\langle F \rangle$ 为一个开关函数；F 为屈服函数；F_0 为使 F 无量纲化的参考值；g 为塑性势函数。

4. 屈服准则

屈服准则采用了 Mohr - Coulomb 剪切屈服与拉破坏准则相结合的复合准则（见图 8.2-4、图 8.2-5），屈服函数 F 与塑性势函数 g 的数学表达式见式（8.2-27）～式（8.2-30）。

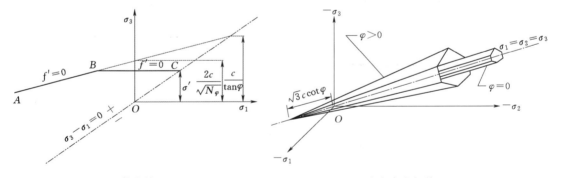

图 8.2-4　FLAC^{3D} 中的 Mohr - Coulomb 屈服准则　　　　图 8.2-5　主应力空间的 Mohr - Coulomb 屈服准则

图 8.2-4 中的 A 点到 B 点为 Mohr - Coulomb 屈服准则：

$$f^{s} = -\sigma_1 + \sigma_1 N_{\varphi} - 2c\sqrt{N_{\varphi}} \tag{8.2-27}$$

塑性势函数为

$$g^{s} = \sigma_1 - \sigma_3 K_{\psi}(\kappa) \tag{8.2-28}$$

图 8.2-4 中的 B 点到 C 点为拉破坏屈服准则：

$$f^{t} = \sigma_3 - \sigma^{t}(\kappa) \tag{8.2-29}$$

塑性势函数

$$g^t = -\sigma_3 \qquad (8.2-30)$$

式中：φ 为摩擦角；ψ 为剪胀角；κ 为描述屈服面的硬化-软化规律。其中：

$$N_\varphi(\kappa) = \frac{1+\sin[\varphi(\kappa)]}{1-\sin[\varphi(\kappa)]} \qquad K_\psi(\kappa) = \frac{1+\sin[\psi(\kappa)]}{1-\sin[\psi(\kappa)]} \qquad (8.2-31)$$

剪切势函数 g^s 对应于非关联的流动法则，拉应力势函数 g^t 对应于关联的流动法则。抗拉强度不能超过如下定义的 $\sigma^t_{\max}$ 的值：

$$\sigma^t_{\max} = \frac{c(\kappa)}{\tan\varphi(\kappa)} \qquad (8.2-32)$$

5. 验证分析

结合大理岩加卸载流变试验，得到的大理岩蠕变试验值和理论拟合值对比如图 8.2-6 所示，可以发现两者吻合较好，残差平方和最大为 1.10×10^{-6}，最小为 8.33×10^{-11}，其相关系数均不小于 0.93，表明在试验机理认识基础上所建立的流变模型在描述蠕变变形方面是合适的。上述的分析验证了所建模型的合理性。

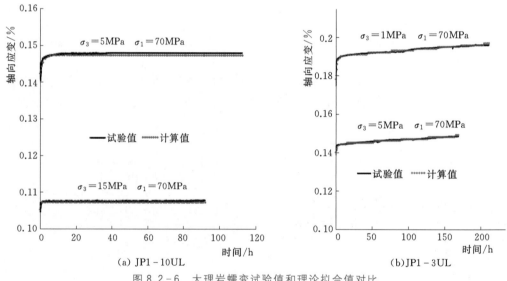

(a) JP1-10UL　　　　(b) JP1-3UL

图 8.2-6　大理岩蠕变试验值和理论拟合值对比

8.3　围岩与支护结构长期力学响应及稳定性评价

采用上述围岩稳定时效变形的分析方法，对施工完成后的洞室群长期运行工况进行模拟分析，获得了地下厂房洞室群围岩与支护结构的长期力学行为特征，并对围岩长期稳定性进行了评价。

8.3.1　位移特征

在洞室群开挖完毕后，地下厂房经过长期运行，在赋存环境和附加荷载基本不变的情况下，随着围岩卸载调整的逐步完成，洞室变形逐步趋于收敛，其中大部分区域围岩深部的变形基本在运行 0.5～1 年内收敛，表层围岩变形在运行 1～2 年内已处于收敛状态，局部受断层影响区域围岩变形在运行 3～5 年内逐步趋于收敛。运行 100 年后的洞室群各部位围岩变形位移值见表 8.3－1～表 8.3－3 和图 8.3－1。地下厂房长期运行稳定后，各机组段主厂房和主变室顶拱区域变形为 20～68mm；主厂房上游边墙变形一般为 20～90mm，主厂房下游边墙变形一般为 21～95mm；主变室上游边墙变形一般为 20～90mm，主变室下游边墙变形一般为 20～90mm，变形超过 100mm 的区域主要出现在 2～6 号机组

表 8.3－1 主厂房开挖完成后和运行 100 年后围岩变形位移值 单位：mm

断面桩号	0+031.70		0+079.00		0+126.80	
开挖步	开挖完成时	长期运行稳定时	开挖完成时	长期运行稳定时	开挖完成时	长期运行稳定时
上游边墙高程 1626.00m	35.21	37.97	41.07	45.32	64.34	68.45
上游边墙高程 1634.00m	61.43	66.62	60.75	65.40	69.46	75.62
上游边墙高程 1640.00m	53.73	58.41	55.66	59.44	99.63	105.62
上游边墙高程 1648.00m	71.85	78.49	75.87	78.66	108.26	112.68
上游岩锚梁下部高程 1657.00m	69.83	74.12	73.72	78.41	117.32	125.39
上游岩锚梁上部高程 1660.00m	56.78	65.71	58.84	68.08	89.31	102.81
顶拱	38.04	39.36	37.95	38.26	66.91	67.28
下游岩锚梁上部高程 1660.00m	85.90	92.21	92.28	98.89	109.79	116.28
下游岩锚梁下部高程 1657.00m	96.30	103.07	104.66	110.98	123.77	130.11
下游边墙高程 1648.00m	73.46	79.14	102.38	108.53	89.07	94.53
下游边墙高程 1640.00m	37.37	45.61	92.24	106.25	77.92	89.83
下游边墙高程 1634.00m	31.03	36.38	88.47	101.81	70.09	80.20
下游边墙高程 1626.00m	31.51	37.41	62.64	68.42	87.48	93.73

表 8.3－2 主变室开挖完成后和运行 100 年后围岩变形位移值 单位：mm

断面桩号	0+031.70		0+079.00		0+126.80	
开挖步	开挖完成时	长期运行稳定时	开挖完成时	长期运行稳定时	开挖完成时	长期运行稳定时
上游边墙高程 1667.00m	84.94	89.21	88.41	93.83	63.29	67.46
上游拱座	54.32	58.58	62.55	67.30	64.50	69.37
拱顶	50.21	51.32	56.99	57.14	65.84	64.13
下游拱座	54.46	57.19	53.32	56.98	61.32	65.38
下游边墙高程 1667.00m	94.47	103.24	—	—	210.70	225.32
下游边墙高程 1653.00m	68.97	77.61	—	—	110.38	127.81

表 8.3-3　　　　　尾调室开挖完成后和运行 100 年后围岩变形位移值　　　　　单位：mm

断面	1号尾调室		2号尾调室	
开挖步	开挖完成时	长期运行稳定时	开挖完成时	长期运行稳定时
上游边墙高程 1634.00m	46.09	49.31	55.30	57.86
上游边墙高程 1654.00m	91.13	97.62	125.94	133.30
上游边墙高程 1664.00m	79.40	84.31	106.00	111.30
上游边墙高程 1674.00m	113.23	117.92	103.67	108.85
顶拱	43.39	44.51	23.13	24.39
下游边墙高程 1674.00m	18.69	22.33	80.42	91.68
下游边墙高程 1664.00m	22.50	26.61	90.73	103.43
下游边墙高程 1654.00m	24.31	29.22	69.34	79.05
下游边墙高程 1634.00m	26.79	31.59	66.35	75.64

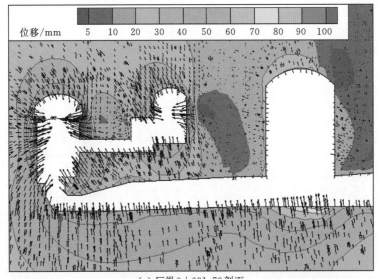

（a）厂纵0+031.70剖面

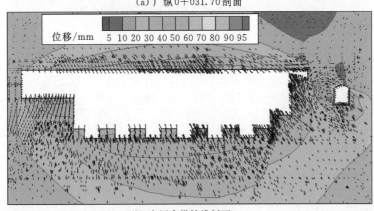

（b）主厂房纵轴线剖面

图 8.3-1（一）　洞室群典型断面围岩位移等值线云图和位移矢量图（长期运行稳定后）

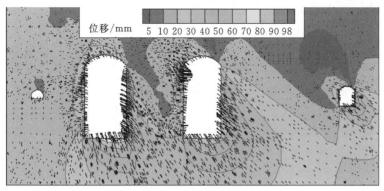

（c）尾调室纵轴线剖面

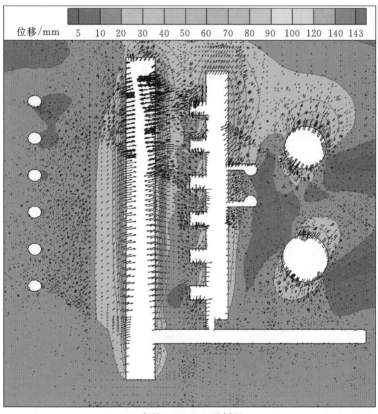

（d）高程 1650.00m 平剖面

图 8.3-1（二）　洞室群典型断面围岩位移等值线云图和位移矢量图（长期运行稳定后）

段下游边墙高程 1656.00～1672.00m 处。两个尾调室顶拱部位最终变形为 10～50mm；边墙部位最终变形为 17～135mm，较大值所在位置基本位于尾调室 f_{14}、f_{18} 断层以及煌斑岩脉（X）出露部位。

总体来看，洞室群长期运行后，围岩变形大部分区域的增量较小，局部受断层影响区域的增量较大，但对洞室群整体的长期稳定不构成明显的影响。

8.3.2 应力特征

在洞室群开挖完毕后，地下厂房洞室群经过长期运行，在赋存环境和附加荷载基本不变的情况下，洞室群各部位的应力量值和方位未发生明显变化（见图8.3-2）。应力松弛区仍然主要分布在主洞室上下游边墙以及受断层影响区域和洞室交叉部位，特别是受断层影响区域和洞室交叉部位分布范围相对较大。压应力集中区仍然主要位于垂直河谷方向洞室的下游拱腰和上游边墙墙脚附近，其中主厂房的应力集中区主要分布在下游拱腰和拱座部位，以及上游边墙下部和机窝附近；主变室的应力集中区也主要分布在下游拱腰和拱座部位，以及上游边墙下部及墙脚部位。对于平行于河谷方向的洞室，应力集中区主要分布在河谷一侧的拱腰和山内一侧的边墙墙脚附近，如母线洞、尾水管和导流洞等部位。尾调室为圆筒形，应力集中区主要分布在穹顶偏河谷一侧以及山体一侧边墙下部和墙脚部位。

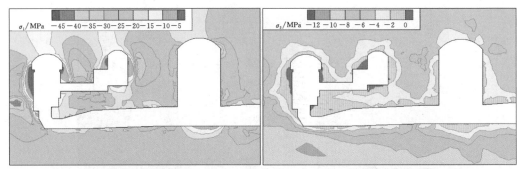

最大主应力云图 最小主应力云图

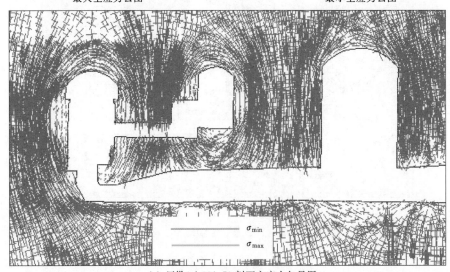

（a）厂纵0+031.70剖面主应力矢量图

图8.3-2（一） 洞室群典型断面围岩主应力等值线云图
和应力矢量分布图（长期运行稳定后）

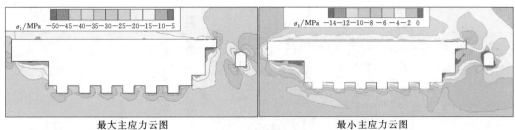

最大主应力云图　　　　　　　　　　　最小主应力云图

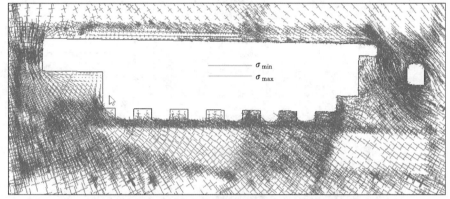

（b）主厂房纵轴线剖面主应力矢量图

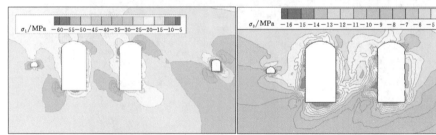

最大主应力云图　　　　　　　　　　　最小主应力云图

（c）尾调室纵轴线剖面主应力矢量图

图 8.3-2（二）　洞室群典型断面围岩主应力等值线云图
和应力矢量分布图（长期运行稳定后）

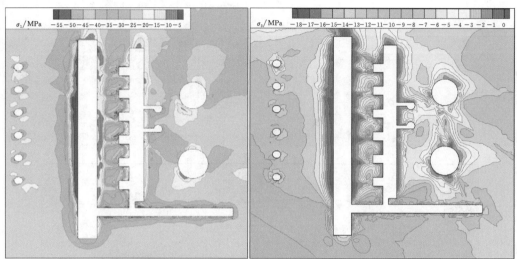

最大主应力云图   最小主应力云图

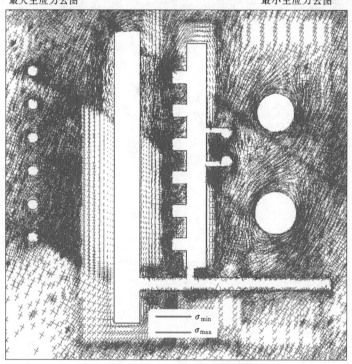

(d) 高程 1650.00m 平剖面主应力矢量图

图 8.3－2（三） 洞室群典型断面围岩主应力等值线云图
和应力矢量分布图（长期运行稳定后）

8.3.3 塑性区特征

在洞室群开挖完毕后，地下厂房洞室群经过长期运行，在赋存环境和附加荷载基本不变的情况下，随着围岩卸载调整的逐步完成和洞室长期运行变形逐步稳定，洞室群各部位的围岩塑性区的分布范围和塑性区深度没有明显变化，洞室表层围岩的塑性卸载破损程度随时间发展仍然有所增加,洞室深部岩体的塑性卸载破损程度没有明显变化,岩体承载力降低有限,对洞室群长期稳定的影响不显著(见图8.3-3和图8.3-4)。围岩塑性区的分布

(a) 厂纵0+031.70 剖面

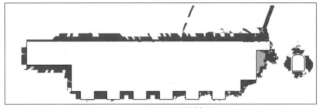

(b) 主厂房纵轴线剖面

(c) 尾调室纵轴线剖面

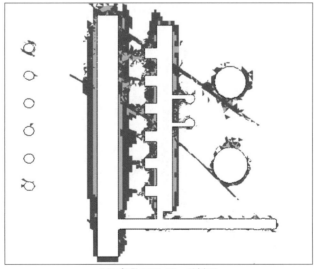

(d) 高程 1650.00m 平剖面

图 8.3-3 洞室群典型断面围岩塑性区分布图

(褐红色区域为压剪区,绿色区域为拉剪区,长期运行稳定后)

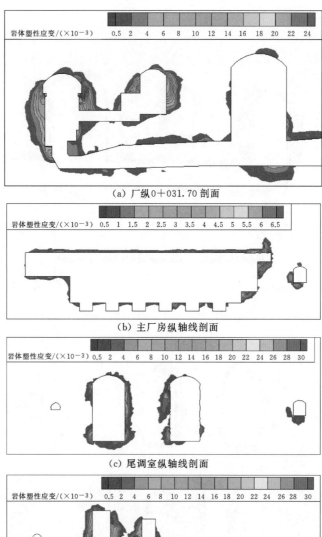

(a) 厂纵 0+031.70 剖面

(b) 主厂房纵轴线剖面

(c) 尾调室纵轴线剖面

(d) 高程 1650.00m 平剖面

图 8.3-4　洞室群典型断面围岩塑性应变分布图（长期运行稳定后）

范围和深度总体特征主要表现为洞室群从山内侧到山外侧，即从小桩号到大桩号，塑性区范围具有逐步增加的趋势；断层的存在对塑性区分布和范围有着显著影响，在断层上下盘影响带附近的岩体，其屈服范围沿断层有较为明显的延伸，特别是大桩号的 f_{14} 和 f_{18} 两条断层附近及其之间的岩体部位，主厂房和主变室位于 3～6 号机组段之间的岩墙整体开挖完成后屈服区接近于贯通，母线洞前段靠主厂房一侧的底板至尾水管顶部间的岩体屈服连通；1 号尾调室主要受 f_{14} 断层和煌斑岩脉（X）影响，塑性区主要分布于其穿过的岩体区域附近；2 号尾调室主要受 f_{18} 断层和煌斑岩脉（X）影响，塑性区主要分布在上游侧边墙和 f_{18} 断层穿过的下游侧区域附近；在洞室群交叉口附近塑性区分布范围明显较大，包括主厂房与母线洞、主厂房与引水洞、主厂房与尾水管，以及主变室与母线洞、主变室与出线洞等交叉口，还有尾调室与尾水洞交叉口等区域；主厂房与主变室顶拱附近下游拱腰部位塑性区范围偏大，主厂房与主变室边墙为上游边墙中下部和下游边墙中上部塑性区范围较大，母线洞为山外侧顶拱拱座附近和山内侧边墙下部塑性区范围较大。

洞室群围岩塑性应变除了表层岩体塑性卸载破损程度随时间发展有所增加外，其值大于 0.5×10^{-3} 的区域没有明显变化，洞室深部岩体的塑性卸载破损程度也没有明显变化，对洞室群长期稳定的影响不显著。洞室围岩破损较为显著的区域包括主厂房与主变室之间的岩墙，断层及其影响带，特别是位于大桩号的 f_{14}、f_{18} 断层附近及其之间的岩体部位，以及洞室群交叉口、主厂房与主变室上游边墙的中下部和下游边墙的中上部，尤其是位于 3 号机组段至 6 号机组段部位的岩体，1 号尾调室的 f_{14} 断层和煌斑岩脉（X）穿过的上下游边墙区域，2 号尾调室的 f_{18} 断层穿过的上下游边墙区域以及与煌斑岩脉（X）相交区域。

8.3.4 支护结构受力分析

在洞室群开挖完毕后，地下厂房洞室群经过长期运行，在赋存环境和附加荷载基本不变的情况下，随着围岩变形逐步趋于稳定，相对于整体施工完成后，锚杆和锚索等支护结构的应力随时间仍有所增加，但增加幅度有限，总体上大部分支护结构受力仍在设计要求的范围内，部分锚杆屈服，少部分锚索接近或达到抗拉强度（见图 8.3-5～图 8.3-7）。

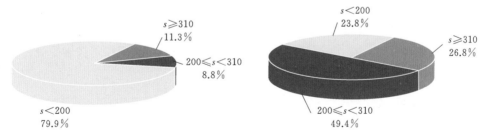

图 8.3-5　洞室群普通锚杆应力分布　　图 8.3-6　洞室群预应力锚杆应力分布
（单位：MPa，长期运行稳定后）　　　（单位：MPa，长期运行稳定后）

在洞室群的支护结构中，普通锚杆大部分应力在 200MPa 以内，约占普通锚杆总量的 79.9%，相对于整体施工完成后数量减少了 1.2%；应力大于等于 200MPa 而小于 310MPa 的普通锚杆数量约占普通锚杆总量的 8.8%，相对于整体施工完成后数量增加了

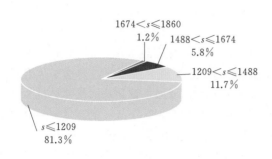

图 8.3 - 7　洞室群预应力锚索受力情况分布
（单位：MPa，长期运行稳定后）

0.6%；大于等于 310MPa 的普通锚杆数量约占普通锚杆总量的 11.3%，相对于整体施工完成后数量也增加了 0.6%。

对于预应力锚杆，设计锚固力为 120kN，应力小于 200MPa 的数量约占预应力锚杆总量的 23.8%，相对于整体施工完成后数量减少了 1.5%；应力大于等于 200MPa 而小于 310MPa 的预应力锚杆数量约占预应力锚杆总量的 49.4%，相对于整体施工完成后数量增加了 1.2%；应力大于 310MPa 的预应力锚杆数量约占预应力锚杆总量的 26.8%，相对于整体施工完成后数量增加了 0.3%。

总体来看，屈服的锚杆主要分布在主厂房、主变室和尾调室等洞室三大断层（f_{13}、f_{14} 和 f_{18}）和煌斑岩脉（X）影响部位，主厂房和主变室顶拱下游侧以及上下游边墙，1号尾调室山内侧、山外侧边墙和上游边墙，2号尾调室山内侧边墙和上游边墙。

对于预应力锚索，大部分应力小于等于 1209MPa，为锚索抗拉强度 1860MPa 的 40%～65%，数量约占预应力锚索总量的 81.3%，相对于整体施工完成后数量减少了 2.5%；应力大于 1209MPa 而小于等于 1488MPa（为锚索抗拉强度的 80%）的预应力锚索数量约占预应力锚索总量的 11.7%，相对于整体施工完成后数量增加了 2.0%；应力大于 1488MPa 而小于等于 1674MPa（为锚索抗拉强度的 90%）的预应力锚索数量约占预应力锚索总量的 5.8%，相对于整体施工完成后数量增加了 0.4%；应力大于 1674MPa 而小于等于 1860MPa 的预应力锚索数量约占预应力锚索总量的 1.2%，相对于整体施工完成后数量增加了 0.1%。可见，大部分预应力锚索的应力在合理的范围内。

综上，洞室群整体开挖完成后，地下厂房洞室群经长期运行，洞室围岩变形稳定，大部分锚固结构的受力在合理的范围内，约有 81% 的锚杆类支护结构以及 81.3% 的预应力锚索受力满足设计要求。就目前的预测结果来看，锦屏一级地下厂房洞室群围岩的长期稳定性可以得到保证。需要指出的是，对于应力大于 1209MPa 的锚索，也即在锚索抗拉强度的 65% 以上的锚索，锚固力超过了《水电工程预应力锚固设计规范》（DL/T 5176—2003）规定的设计强度，存在一定的安全风险，故在后续运行过程中对锚索受力仍然需要进行长期持续的观测，以确保支护结构的长期安全。

8.3.5　围岩长期稳定性评价

锦屏一级地下厂房洞室群围岩处于极低强度应力比的地质环境，在开挖过程中，存在滞后和持续的变形破坏现象，反映了高应力下锦屏工程大理岩时效变形破坏的工程特殊性。针对这一特性研发了非定常黏弹塑流变模型，对地下厂房洞室群进行了围岩长期稳定和支护结构安全分析，揭示了洞室群围岩变形破坏的时空分布规律、支护结构受力的时效演化特征等。

（1）根据地下厂房洞室群实际分层开挖支护时序、围岩现场监测及检测成果，对流变模型力学参数进行了反演，获得了围岩不同分区的流变力学参数。利用反演获得的流变力学参数对洞室群进行开挖模拟，所获得的围岩计算位移随时间的演化规律及发展趋势与实测值吻合较好，不同时间点和开挖期的计算位移量值与实测位移量值基本保持一致，采用反演分析方法获得的围岩流变力学参数较为合理，以这些反演参数值进行地下厂房洞室群围岩流变力学行为分析是可行的。

（2）综合现场监测检测和洞室群长期稳定分析成果，洞室群大部分区域的围岩变形和锚索支护力在开挖完成 0.5～1 年内基本收敛，局部区域的表层围岩变形在 1～2 年内处于收敛状态，受到断层和煌斑岩脉控制区域的变形和锚索荷载增长时间较长，在 3～5 年内逐步趋于收敛。支护结构的受力随时间有所增加，但大部分在设计要求的范围内，表明系统支护及动态调整的加强支护在维持围岩稳定方面均起到了积极的作用，对围岩时效变形增长起到了有效控制。地下厂房洞室群围岩变形、塑性区的深度分布范围以及围岩应力量值和方向，在长期运行过程中（计算至 100 年）变化微小，表明洞室群围岩处于长期稳定状态。洞室群围岩与支护结构是稳定安全的。

8.4 洞室群围岩安全预警与风险评价

8.4.1 洞室围岩安全预警评价

8.4.1.1 围岩安全预警评价指标

大型地下厂房洞室群围岩长期安全控制指标的建立是围岩长期安全分析与监控体系的重要环节。由于地下工程施工过程中，岩性、岩体结构、地应力、地下水环境等诸多因素的复杂性及动态变化，地下洞室围岩稳定评判至今没有一个完善和成熟的指标或准则，施工过程中的开挖支护方案的动态调整缺乏相应依据。

根据洞室围岩变形破坏的特点和机制，以围岩变形速率、变形量级作为监控指标，以围岩变形速率为主控指标，提出了洞室围岩监测施工期和运行期安全控制预警评价等级及相应对策（见表 8.4-1 和表 8.4-2）。在应用安全监控指标时，优先选用每天的变形速率，而将变形总量作为参考指标。要求每次进行安全监测测试后，及时进行变形速率的计算，以便及时发现并上报变形速率的非正常变化。

表 8.4-1　　　　　　　　安全预警等级评价与控制指标（施工期）

预警等级	Ⅰ	Ⅱ	Ⅲ	Ⅳ	Ⅴ
	绿色	黄色	橙色	红色	深红色
变形速率指标/(mm/d)	<0.1	[0.1, 0.5)	[0.5, 1)	[1, 3)	≥3
累计变形量指标/mm	<10	[10, 20)	[20, 50)	[50, 100)	≥100
评价	稳定	较稳定	较危险	危险	很危险
动态调控对策	正常施工	注意观察，正常施工	加密观测，适时加强支护	暂停开挖，立即支护，进行专题研究	停止施工，加强支护与保护，进行专题研究

注　预警等级以变形速率为主控指标，以累计变形量为参考指标。

表 8.4-2   安全预警等级评价与控制指标（永久运行期）

预警等级	I n	II n	III n	IV n
	绿色	黄色	橙色	红色
变形速率指标 /(mm/周)	<0.05	[0.05, 0.1)	[0.1, 0.5)	≥0.5
	增量变形有 减小趋势	增量变形有 增大趋势	增量变形有 增大趋势	增量变形 增大趋势明显
评价	稳定	较稳定	较危险	危险
动态调控对策	—	注意观察	加密观测	加密观测，必要时可 补充加强支护

该监控指标的数据来源于实测的围岩变形监测数据，操作简单实用，变形数据精度高、易于量测，且以变形量和变形速率作为围岩监控的指标已被工程界普遍接受。这些评价指标和方法已成功应用于锦屏一级地下厂房围岩动态反馈分析和安全预警监控中。

8.4.1.2 围岩安全预警及评价

根据厂房围岩变形监测数据，对主厂房、主变室开挖期实测围岩变形速率进行了统计，如图 8.4-1～图 8.4-4 所示。成果分析如下：

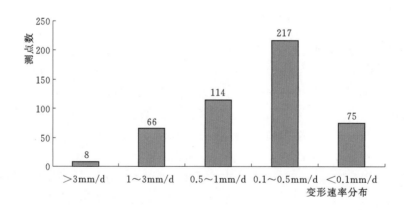

图 8.4-1 主厂房围岩变形速率分布图（施工期）

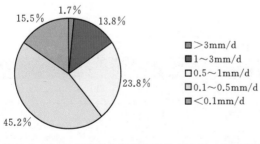

图 8.4-2 主厂房围岩变形速率分布比例（施工期）

（1）主厂房变形速率普遍较大，8 个测点变形速率大于 3mm/d，出现 V 级深红色警情，占总数的 1.7%；变形速率在 1～3mm/d 的测点为 66 个，出现 IV 级红色警情，占总数的 13.8%；变形速率在 0.5～1mm/d 的测点为 114 个，出现 III 级橙色警情，占总数的 23.8%；变形速率在 0.1～0.5mm/d 的测点为 217 个，占总数的 45.2%；变形速率小于 0.1mm/d 的测点为 75 个，占总数的 15.5%。变形速率较大的部位包括：主厂房纵 0+031.70 下游吊车梁高程 1659.00m 处、主厂房厂纵 0+00.00

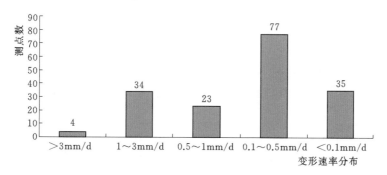

图 8.4 - 3　主变室围岩变形速率分布图（施工期）

下游边墙高程 1666.00m 处、纵 0＋126.80 上游边墙高程 1650.50m 处、纵 0＋126.80 下游吊车梁高程 1659.00m 处等。

（2）主变室变形速率普遍较大，4 个测点变形速率大于 3mm/d，出现Ⅴ级深红色警情，占总数的 2.3%；变形速率在 1～3mm/d 的测点为 34 个，出现Ⅳ级红色警情，占总数的 19.7%；变形速率在

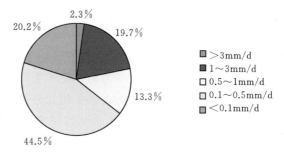

图 8.4 - 4　主变室围岩变形速率分布比例（施工期）

0.5～1mm/d 的测点为 23 个，出现Ⅲ级橙色警情，占总数的 13.3%；变形速率在 0.1～0.5mm/d 的测点为 77 个，占总数的 44.5%；变形速率小于 0.1mm/d 的测点为 35 个，占总数的 20.2%。

可见，地下厂房洞室开挖期大部分变形和变形速率在Ⅲ级预警以内，小部分围岩变形和变形速率达到Ⅳ级预警，局部围岩变形和变形速率达到Ⅴ级预警，在一定程度上反映了高地应力-低强度应力比条件下开挖大型地下洞室所表现出的围岩变形特征。

根据 2012—2015 年的监测数据，从 2012—2015 年，主厂房顶拱、上游边墙和下游边墙的变形监测数据变化很小，年变形速率呈逐年递减趋势，分别为 0.05～0.04mm/a（2015 年为 0.0mm/a）、0.02～0.04mm/a（2015 年为 0.02mm/a）和 0.01～0.18mm/a（2015 年为 0.08mm/a）。在局部断层和煌斑岩脉（X）影响区域，主厂房端墙自 2012 年至 2015 年变形速率同样逐年减小，0.05～0.50mm/a（2015 年为 0.05mm/a）；主变室最大变形部位累计位移最大值为 245.40mm［桩号 0＋126.80、高程 1668.00m 处的 M_{PS2-8}^4（补）］，2012—2015 年每年变化量分别为 4.61mm、1.76mm、0.69mm 和 0.84mm，其位移变化量逐年减小，位移已收敛。1 号尾调室开挖结束后围岩变形平均年变化量分别为 0.18mm、0.23mm、0.08mm、0.15mm、0.09mm；2 号尾调室开挖结束后围岩变形平均年变化量分别为 0.54mm、0.48mm、0.17mm、0.06mm、0.07mm，变形已收敛，围岩基本稳定。

长期稳定性分析预测了运行 100 年后洞室群的稳定状况，详见 8.3 节。总体来看，洞室群长期运行后，围岩变形大部分区域的增量较小，围岩稳定可控。

8.4.2 洞室锚固结构受力长期安全风险评价

根据现场锚固体系监测成果，对锚固系统开挖完成和之后 2 年的变化特点进行分析，建立基于现场实测的支护结构风险等级与对策，评价洞室开挖完成后长期受力特征与变化规律。

1. 支护结构安全系数

国内外关于锚杆（索）支护安全系数的规定不同，总体上来说，根据锚固设计要求（包括工程重要性、失效后危害程度、锚固工程有效期等）确定锚杆（索）安全系数。适宜的安全系数主要应考虑锚杆（索）结构设计中的不确定因素和风险程度。多数国家锚杆（索）安全系数的取值主要考虑了锚杆（索）的工作年限与锚杆（索）破坏后所造成的危害程度。各国锚杆（索）安全系数的取值也是比较接近的，表 8.4 - 3 给出的最小安全系数是满足锚杆处于安全工作状态的最基本要求。

实际工程中锚索抗拉安全系数存在小于理论值的情况，通常存在以下因素：①由于钢绞线的受力不均匀（锚索工作时各根钢绞线的拉应力可能相差 15% 左右），以及钢绞线可能因腐蚀使截面面积减小，从而导致锚索局部钢绞线的断裂；②若钢绞线应力水平较高（控制应力大于钢绞线极限抗拉力的 60%），材料的松弛量大，会造成锚索较大的预应力损失；③对高抗拉强度的钢绞线而言，拉应力大于其抗拉强度的 60%，易发生应力腐蚀，甚至会引起钢绞线的断裂。《水电工程预应力锚固设计规范》（DL/T 5176—2003）给出了洞室锚固支护安全系数，见表 8.4 - 4。

表 8.4 - 3 　　　　　　　　　　锚杆（索）抗拉安全系数

国家	规 范 名 称	最小安全系数	
		临时锚杆	永久锚杆
中国	《岩土锚杆与喷射混凝土支护工程技术规范》（GB 50086—2015）	1.25	1.485
	《岩土锚杆（索）技术规程》（CECS 22：2005）	1.6	1.8
	《水电工程预应力锚固设计规范》（DL/T 5176—2003）	1.5	1.8
美国	《DC35.1 - 04：预应力岩层与土层锚杆的建议》〔美国后张预应力混凝土学会（PTI）2004 年发布〕	1.67	1.67
日本	《地锚设计、施工标准及说明》（JGS 4101—2012，日本岩土工程学会）	1.54	1.67

表 8.4 - 4 　　《水电工程预应力锚固设计规范》中洞室锚固支护安全系数

结构物的等级	结构系数	相当安全系数 F_s		
		$\Psi=1.0$	$\Psi=0.95$	$\Psi=0.85$
I	1.3	1.80	1.71	1.53
II		1.64	1.56	1.39
III		1.47	1.40	1.25

2. 支护结构风险指标

预应力锚索的实际承载能力与钢绞线受力的均匀性、长期高应力状态下的应力腐蚀、锚索制安质量及工程地质条件等众多因素有关。依据《水电工程预应力锚固设计规范》（DL/T 5176—2003）对于锚束结构设计的具体规定及条文解释，预应力锚索设计时，在设计张拉力作用下，钢材强度的利用系数宜为 0.60～0.65。国内外的锚固工程都将锚束材料抗拉强度标准值的 60%～65% 作为锚束允许设计应力。《水工预应力锚固设计规范》（SL 212—2012）中指出：“在锚固工程的监测结果中，经常发生实测锚固力大于 20% 和小于 10% 的情况，当实测锚固力大于设计锚固力的 20% 时，说明锚索中的钢丝或钢绞线的平均应力将超过钢材抗力强度标准值的 70%，如果增加趋势没有减缓，这对预应力锚索而言将是十分危险的”。也就是说锚索材料利用系数达到强度标准值的 70%，对应的强度储备系数为 1.42。锚索材料利用系数为 0.625 时，对应的强度储备系数为 1.60。锚索材料利用系数为 0.83 时，对应的强度储备系数为 1.20。锚索实测与极限强度的对应关系见表 8.4-5。

表 8.4-5　　　　　　　　锚索实测与极限强度的对应关系表

锁定系数 （锁定值/设计值）	实际钢材利用系数	实测锚固力/ 锁定锚固力	实测利用系数 （实测值/极限强度）	强度储备系数 （极限强度/实测值）
1.0	0.625	1.2	0.750	1.33
	0.625	1.4	0.875	1.14
	0.625	1.6	1.000	1.00
	0.625	1.8	1.125	0.89
0.8	0.500	1.2	0.600	1.67
	0.500	1.4	0.700	1.43
	0.500	1.6	0.800	1.25
	0.500	1.8	0.900	1.11
0.7	0.4375	1.2	0.525	1.90
	0.4375	1.4	0.613	1.63
	0.4375	1.6	0.700	1.43
	0.4375	1.8	0.788	1.27
0.6	0.375	1.2	0.450	2.22
	0.375	1.4	0.525	1.90
	0.375	1.6	0.600	1.67
	0.375	1.8	0.675	1.48
0.5	0.3125	1.2	0.375	2.67
	0.3125	1.4	0.438	2.29
	0.3125	1.6	0.500	2.00
	0.3125	1.8	0.563	1.78

由于高应力区岩体变形大，为了防止锚索拉断，设计降低了锚索初始锁定吨位。随着洞室群不断下挖，变形能逐步释放，后期施加的锚索在一定程度上允许围岩有相对较大的变形，减轻了上部锚索荷载增长过快的趋势。在不同锁定系数条件下，根据锚索实测值相对锁定值的比例，对应的极限强度的比例见表 8.4-5。实际开挖过程中，

设计根据变形情况进行锁定系数调整，降低了锁定锚固力，上部几层取值为 0.8，此后降低到 0.5～0.8，使得锚索失效的风险明显降低。

综合来看，以现场实测锚固应力与锚索极限拉力确定的实际材料强度利用系数和由此计算得到的强度储备安全系数为依据，同时考虑锚索钢绞线受力不均与压力分散型锚索各锚固单元自由段拉伸长度不同而造成的潜在风险以及施工中的不利因素，确定锚索支护结构风险等级评价指标与对策，见表 8.4-6。

表 8.4-6　　　　　　　　　锚索支护结构风险等级评价指标与对策

等级	强度储备安全系数 k	实际材料强度利用系数	风险度	对策
1	$k>1.60$	$\leqslant 0.625$	正常	正常观测
2	$1.40<k\leqslant1.60$	(0.625，0.71]	风险低	加强观测
3	$1.20<k\leqslant1.40$	(0.71，0.83]	风险高	预警
4	$1.10<k\leqslant1.20$	(0.83，0.91]	非常高	补充加固
5	$k\leqslant1.10$	>0.91	极度高	暂停施工，加强支护

3. 支护结构风险评价

根据监测资料，建立主厂房上、下游边墙锚索支护结构安全系数分布等色区图，分别如图 8.4-5 和图 8.4-6 所示。下游边墙风险明显大于上游边墙，锚固力时效变化明显，图中安全系数小于 1.2（等级 3）的部位为风险非常大的区域，大于等于 1.6（等级 1）的区域为支护正常工作区域，图中没有安全系数小于 1.1（等级 4）的区域。下游边墙最小安全系数为 1.13（下游侧 0+168.50，高程 1665.00m），上游边墙最小安全系数为 1.19（上游侧 0+200.00，高程 1648.00m）。需要说明的是，钢绞线在计算中一般将其截面折合成单圆，然后按照匀质杆件进行计算。实际上钢绞线的受力情况不同于匀质圆杆，表现在：从整体上看，钢绞线的弹性模量不同于钢丝的弹性模量，钢绞线受拉后，产生一定的扭矩，钢绞线要比等截面面积的匀质圆杆柔软；从局部上看，各钢丝并非像匀质杆件那样均匀受力，内丝与外丝中的应力并不相同。

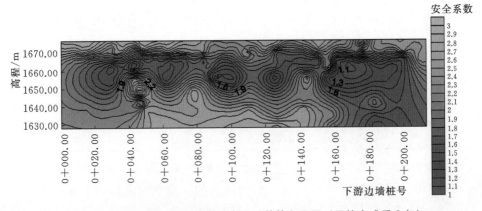

图 8.4-5　主厂房下游边墙锚索安全系数等色区图（开挖完成后 2 年）

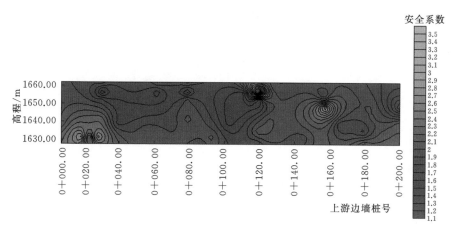

图8.4-6　主厂房上游边墙锚索安全系数等色区图（开挖完成后2年）

　　同样，由于锚固结构和现场地质条件复杂以及施工条件差异，锚索实际的极限承载能力并不严格等于设计极限值，不仅同一钢绞线各钢丝受力不均匀，而且由于实际从临空面到各锚头的距离不同导致锚索中各股钢绞线受力也明显不同，例如，三峡工程现场岩锚试验中进行的破坏试验表明，1000kN级锚索由7根钢绞线组成，锚束理论极限荷载为1822kN，实际破坏吨位为1620～1660kN，即在锚束理论极限强度的0.89～0.91时破断；3000kN级锚索由19根钢绞线组成，锚束理论极限荷载为4947.6kN，实际破坏吨位为4310～4330kN，即在锚束理论极限强度的0.87～0.88时破断。定义不均匀系数为最大最小值与平均值的比值，1000kN级锚索受力不均匀系数为0.91～1.09，3000kN级为0.84～1.16。又如，丰满坝基加固锚索不均匀系数为0.8～1.17；锦屏二级地下厂房锚索出现断裂现象，各股钢绞线之间和钢绞线内各钢丝受力伸长不一。说明由于存在不均匀性，锚束的极限荷载并不是理想的各根绞线极限荷载的直接相加。对照建立的支护结构风险等级，三峡试验锚索在等级3～等级4并接近等级4时就出现破坏，与锦屏一级地下厂房中监测到的锚索应力持续增长后突然陡降的现象对应，即受到各股钢绞线不均匀受力与各锚固单元自由伸长长度不同影响部分钢筋线断裂。因此，所建立的支护结构风险等级与现场监测情况基本吻合，是合适的。

第 9 章

结论与展望

锦屏一级水电站总装机容量为 3600MW，地下厂房系统由引水洞、主厂房、母线洞、主变洞、尾水调压室及尾水洞等洞室组成，右岸厂区围岩地应力水平高，岩石强度应力比低，属于极高地应力区，断层构造发育、地质条件复杂。洞室群开挖过程中，发生了岩体的卸载回弹错动、薄片状片帮剥落、厚板状劈裂与弯折内鼓以及混凝土喷层、支护结构开裂等破坏现象，主要集中在主厂房及主变室洞室的下游拱腰和上游侧边墙区域、母线洞及尾水连接洞洞室的外侧顶拱和内侧下部区域、右岸导流洞靠近副厂房区域等，这是围岩破裂扩展、累积破坏的过程，直接威胁洞室群围岩整体稳定，超出了现有岩石力学的理论水平和工程设计经验。

锦屏一级水电站是首座在强度应力比低于 2.0 的围岩条件下成功建设的大型地下厂房，工程难度极大。本书分析阐述了地下厂房工程设计建设中的关键技术，并进行了系统总结，开展了洞室群的布置设计，充分考虑各向地应力的影响，研究了主体洞室群的间距、体形以及支护措施，并考虑主体洞室与其他枢纽建筑物的相互影响，试验研究了不同路径下的大理岩破坏特性，揭示了大理岩脆性破裂与三轴应力下卸载扩容的力学机制，研发了基于 FLAC³ᴰ 和 PFC 的连续-非连续宏细观耦合的岩体破裂扩展数值模拟技术，建立了大型地下洞室围岩稳定耗散能理论的分析方法，分析了围岩时效变形特征，提出了围岩最优锚固时机、合理支护强度、锚索（锚杆）锁定系数等支护设计方法，开展了围岩稳定动态反馈分析，提出了"浅表固壁-变形协调-整体承载"时效变形的稳定控制技术，采用了反映岩石卸载时效机制的非定常黏弹塑性流变模型及相应的数值分析方法，建立了支护结构安全及围岩变形长期稳定评价的控制指标，评价了地下厂房洞室群围岩-支护体系长期稳定性，为锦屏一级地下厂房工程施工及运行安全提供了技术保障。

以拉西瓦、小湾、溪洛渡、锦屏一级、官地、大岗山、向家坝、锦屏二级等为代表的一大批大型水电站地下厂房洞室群工程，在 2010 年后相继投产发电和安全运行，标志着我国水电站地下厂房洞室群在高地应力、复杂地质条件、700MW 级别单机的超大洞室群等复杂环境下的建设技术已趋成熟，整体技术水平居于世界前列。正在建设或即将建设的白鹤滩、乌东德、双江口、叶巴滩、雅鲁藏布江下游等水电站地下洞室群工程，将面临深山峡谷、高地应力、复杂地质条件、高海拔、高寒等诸多影响工程建设的技术难题和挑战。需重点关注与研究的问题如下：

（1）各个工程的特点及岩性不同，开挖卸载后力学特性有较大的差异，应研究高应力条件下围岩峰值强度、残余强度理论和相关参数取值方法，解决传统莫尔-库仑强度参数的围压效应，以及对围岩非线性特性认识不足的问题。

（2）建立能够客观体现岩体地应力状态的地应力评价体系和流程，近年来大量工程实践都受到地应力取值的困扰，并对地下厂房围岩稳定安全产生较大影响，及时解决这一问题是现实的和必要的。

（3）建立适合于高应力条件下分析围岩稳定的判断方法和准则，包括经验性方法、数值方法等，如基于真三轴试验成果，充分考虑第二主应力的作用，建立更接近实际的本构关系和围岩破坏准则，保证数值分析成果的现实合理性，克服数值分析与实际工程脱节的痼疾。

（4）在现行地下工程支护设计相关工作的基础上，进一步研究支护系统的变形适应性，如支护结构的材质、效能、支护时机、强度等。

（5）结合监测资料和围岩稳定数值分析，进一步研究围岩稳定安全的评价标准，形成地下工程围岩稳定安全评价体系。

我国大型地下厂房工程建设技术发展任重而道远，需要不断研究，深化认识，进一步认识围岩破坏灾变孕育演化规律，研究围岩变形及稳定控制新技术，开展风险识别、风险评价与防控措施研究，继续攻克地下洞室群工程建设中出现的科学难题，攀登新的技术高峰。

参 考 文 献

［1］ Wawersik W R，Fairhurst C. A study of brittle rock fracture in laboratory compression experiments ［J］. Int. Rock Mech. Min. Sci. ，1970 (7)：561 - 575.

［2］ 王芝银，李云鹏. 地下工程围岩黏弹塑性参数反分析 ［J］. 水利学报，1990 (9)：11 - 16.

［3］ 林卓英，吴玉山，关玲俐. 岩石在三轴压缩下脆—延性转化的研究 ［J］. 岩土力学，1992，13 (2，3)：45 - 53.

［4］ 蔡美峰，孔广亚，贾立宏. 岩体工程系统失稳的能量突变判断准则及其应用 ［J］. 北京科技大学学报，1997 (4)：325 - 328.

［5］ 张强勇，向文，朱维申. 三维加锚弹塑性损伤模型在溪洛渡地下厂房工程中的应用 ［J］. 计算力学学报，2000，17 (4)：475 - 482.

［6］ 徐松林，吴文，王广印，等. 大理岩等围压三轴压缩全过程研究 I：三轴压缩全过程和峰前峰后卸围压全过程实验 ［J］. 岩石力学与工程学报，2001，20 (6)：763 - 767.

［7］ 杨柯，张立翔，李仲奎. 地下洞室群有限元分析的地应力场计算方法 ［J］. 岩石力学与工程学报，2002，21 (11)：1639 - 1644.

［8］ 盛谦，黄正加，邬爱清. 三峡工程地下厂房随机块体稳定性分析 ［J］. 岩土力学，2002，23 (6)：747 - 749，753.

［9］ 周青春，李海波，杨春和. 地下工程岩爆及其风险评估综述 ［J］. 岩土力学，2003 (S2)：669 - 673.

［10］ 华安增. 地下工程周围岩体能量分析 ［J］. 岩石力学与工程学报，2003，26 (7)：1054 - 1059.

［11］ 李术才，陈卫忠，朱维申. 某地下电站厂房围岩稳定性及锚固效应研究 ［J］. 岩石力学，2003，24 (4)：510 - 513.

［12］ 李莉，何江达，余挺，等. 关于地下厂房纵轴线方位的优化设计 ［J］. 四川大学学报，2003，35 (3)：34 - 41.

［13］ Márcio Muniz de Farias，Álvaro Henrique Moraes Júnior，André Pacheco de Assis. Displacement control in tunnels excavated by the NATM：3 - D numerical simulations ［J］. Tunneling and Underground Space Technology，2004 (19)：283 - 293.

［14］ Karmen Fifer Bizjak，Borut Petkovšek. Displacement analysis of tunnel support in soft rock around a shallow highway tunnel at Golovec ［J］. Engineering Geology，2004，75 (1)：89 - 106.

［15］ 王祥秋，杨林德，高文华. 软弱围岩蠕变损伤机理及合理支护时间的反演分析 ［J］. 岩石力学与工程学报，2004，23 (5)：793 - 796.

［16］ 康天合，郑铜镖，李焕群. 循环荷载作用下层状节理岩体锚固效果的物理模拟研究 ［J］. 岩石力学与工程学报，2004，23 (10)：1724 - 1729.

［17］ 孙红月，尚岳全，张春生. 大型地下洞室围岩稳定性数值模拟分析 ［J］. 浙江大学学报，2004，38 (1)：70 - 73，85.

［18］ 梅松华，盛谦，冯夏庭，等. 龙滩水电站左岸地下厂房区三维地应力场反演分析 ［J］. 岩石力学与工程学报，2004，23 (23)：4007.

［19］ 谢和平，鞠杨，黎立云. 基于能量耗散与释放原理的岩石强度与整体破坏准则 ［J］. 岩石力学与工程学报，2005，24 (17)：3003 - 3010.

［20］ 周辉，张传庆，冯夏庭，等. 隧道及地下工程围岩的屈服接近度分析 ［J］. 岩石力学与工程学报，

2005，24（17）：3083-3087.

[21] 杨圣奇，苏承东，徐卫亚. 大理岩常规三轴压缩下强度和变形特性的试验研究 [J]. 岩土力学，2005，26（3）：475-478.

[22] 朱珍德，王战鹏，朱明礼. 锦屏电站深埋隧洞大理岩卸荷力学特性试验研究 [J]. 岩土力学，2006，27（S1）：487-492.

[23] 苏国韶，冯夏庭，江权，等. 高地应力下地下工程稳定性分析与优化的局部能量释放率新指标研究 [J]. 岩石力学与工程学报，2006，25（12）：2453-2460.

[24] 李宁，陈蕴生，陈方方，等. 地下洞室围岩稳定性判断方法新探讨 [J]. 岩石力学与工程学报，2006，25（9）：1941-1944.

[25] 薛娈鸾，陈胜宏. 瀑布沟工程地下厂房区地应力场的二次计算研究 [J]. 岩石力学与工程学报，2006，25（9）：1881-1886.

[26] 孙开畅，孙志禹. 向家坝水电站地下厂房洞室群围岩稳定分析 [J]. 长江科学院院报，2006，23（5）：29-32.

[27] 高红，郑颖人，冯夏庭. 岩土材料能量屈服准则研究 [J]. 岩石力学与工程学报，2007，26（12）：2437-3443.

[28] 朱维申，孙爱花，王文涛，等. 大型洞室群高边墙位移预测和围岩稳定性判别方法 [J]. 岩石力学与工程学报，2007，26（9）：1729-1736.

[29] Sung O Choi，Hee-Soon Shin. Stability analysis of a tunnel excavated in a weak rock mass and the optimal supporting system design [J]. International Journal of Rock Mechanics and Mining Sciences，2004，41（S1）：876-881.

[30] 汪波，何川，俞涛. 苍岭隧道岩爆预测的数值分析及初期支护时机探讨 [J]. 岩土力学，2007，28（6）：1181-1186.

[31] 唐旭海，张建海，蒋峰，等. 关于锚固支护设计的统计方法研究 [J]. 四川大学学报（工程科学版），2007，39：176-181.

[32] 张恩宝，张建海，赵文光，等. 溪洛渡水电站右岸地下厂房洞室群稳定性及错动带位置敏感性研究 [J]. 水电站设计，2007，23（1）：10-14.

[33] 付成华，陈胜宏. 基于突变理论的地下工程洞室围岩失稳判据研究 [J]. 岩土力学，2008，29（1）：167-172.

[34] 刘志春，李文江，朱永全，等. 软岩大变形隧道二次衬砌施作时机探讨 [J]. 岩石力学与工程学报，2008，27（3）：580-588.

[35] Guan Z，Jiang Y，Tanabashi Y，et al. A new rheological model and its application in mountain tunnelling [J]. Tunnelling & Underground Space Technology，2008，23（3）：292-299.

[36] 杨臻，郑颖人，张红，等. 岩质隧洞围岩稳定性分析与强度参数的探讨 [J]. 地下空间与工程学报，2009，5（2）：283-290，319.

[37] 李仲奎，周钟，汤雪峰，等. 锦屏一级水电站地下厂房洞室群稳定性分析与思考 [J]. 岩石力学与工程学报，2009，28（11）：2167-2175.

[38] Rudolf Schwingenschloegl，Christoph Lehmann. Swelling rock behaviour in a tunnel：NATM-support vs. Q-support - A comparison [J]. Tunnelling and Underground Space Technology，2009，24（3）：356-362.

[39] 张春生，陈祥荣，侯靖，等. 锦屏二级水电站深埋大理岩力学特性研究 [J]. 岩石力学与工程学报，2010，29（10）：1999-2009.

[40] 李仲奎，周钟，徐千军，等. 锦屏一级水电站地下厂房时空智能反馈分析的实现与应用 [J]. 水力发电学报，2010（3）：179-185.

[41] 尹小涛，葛修润，李春光，等. 加载速率对岩石材料力学行为的影响 [J]. 岩石力学与工程学报，

2010，29（S1）：2610-2615.

[42] 朱泽奇，盛谦，刘继国，等. 坚硬围岩初期支护合理时机研究［J］. 地下空间与工程学报，2010，6（6）：1240-1245.

[43] Fulvio，Tonon. Sequential excavation，NATM and ADECO：What they have in common and how they differ［J］. Tunnelling and Underground Space Technology，2010（25）：245-265.

[44] 伍国军，褚以惇，陈卫忠，等. 地下工程锚固界面力学模型及其时效性研究［J］. 岩土力学，2011，32（1）：238-243.

[45] 孙峰，冯夏庭，张传庆，等. 基于能量增减法的深埋绿片岩隧洞稳定性评价方法［J］. 岩土力学，2012，33（2）：467-475.

[46] 吴梦军，张永兴，刘新荣，等. 基于现场测试的大跨扁平连拱隧道最佳支护时机研究［J］. 水文地质工程地质，2012，39（1）：53-57.

[47] 周先齐，王伟. 向家坝大型地下厂房长期稳定性研究［J］. 地下空间与工程学报，2012，8（5）：1026-1033，1047.

[48] 陆银龙，王连国，张蓓，等. 软岩巷道锚注支护时机优化研究［J］. 岩土力学，2012，33（5）：1395-1401.

[49] 周勇，柳建新，方建勤，等. 岩体流变情况下隧道合理支护时机的数值模拟［J］. 岩土力学，2012，33（1）：268-272，279.

[50] 蒋水华，彭铭，李典庆，等. 考虑时效特性的锚固岩质边坡变形可靠度分析［J］. 岩石力学与工程学报，2013，32（6）：1270-1278.

[51] 周辉，杨艳霜，刘海涛. 岩石强度时效性演化模型［J］. 岩土力学，2014，35（6）：1521-1527.

[52] 王华宁，曾广尚，蒋明镜. 考虑岩体时效深埋隧洞施工过程的理论解析——开挖、锚喷与衬砌支护的全过程模拟与解答［J］. 岩土工程学报，2014，36（7）：1334-1343.

[53] 程良奎，张培文，王帆. 岩土锚固工程的若干力学概念问题［J］. 岩石力学与工程学报，2015，34（4）：668-682.

[54] Shengwu Song，Xuemin Feng，Chenggang Liao，et al. Measures for controlling large deformations of underground caverns under high in-situ stress condition—A case study of Jinping Ⅰ hydropower station［J］. Journal of Rock Mechanics and Geotechnical Engineering，2016，8（5）：605-618.

索　引

《大国重器　中国超级水电工程·锦屏卷》编辑出版人员名单

总责任编辑　营幼峰

副总责任编辑　黄会明　王志媛　王照瑜

项目负责人　王照瑜　刘向杰　李忠良　范冬阳

项目执行人　冯红春　宋　晓

项目组成员　王海琴　刘　巍　任书杰　张　晓　邹　静

　　　　　　李丽辉　夏　爽　郝　英　李　哲

《地下厂房洞室群围岩破裂及变形控制》

责任编辑　王照瑜　刘向杰

文字编辑　王照瑜

审稿编辑　黄会明　柯尊斌　刘向杰

索引制作　周　钟

封面设计　芦　博

版式设计　吴建军　孙　静　郭会东

责任校对　梁晓静　黄　梅

责任印制　崔志强　焦　岩　冯　强

排　　版　吴建军　孙　静　郭会东　丁英玲　聂彦环

Contents

Preface Ⅰ

Preface Ⅱ

Foreword

during the compilation of this book. China Water & Power Press has also dedicated to the publication of this book. We hereby present devout thanks to all of them!

Due to our limited knowledge and insufficient in writing this book, there might be some mistakes and flaws in this book, and you criticism and correction would be appreciated.

Authors
December 2020

and analysis method for brittle rock under high stress conditions are proposed. Long – term stability of surrounding rock and the long – term safety of support-ing structures are analyzed and evaluated. In Chapter 9, key technologies of the fracture and deformation control of surrounding rock of Jinping – 1 underground caverns are summarized, and some prospects in underground caverns are put forward.

In the book, Chapter 1 was written by Zhou Zhong and Xing Wan-bo. Chapter 2 was written by Xing Wanbo, Huang Shuling, and Liu Zhongxu. Chapter 3 was written by Huang Shuling, Zhang Jianhai, and Zhou Zhong. Chapter 4 was written by Liao Chenggang, Zhou Zhong, Tang Xuefeng, and Zhang Jianhai. Chapter 5 was written by Zhang Jianhai, Liao Chenggang, and Xing Wanbo. Chapter 6 was written by Xing Wanbo, Huang Shuling, and Liao Chenggang. Chapter 7 was written by Liao Chenggang, Xing Xianglin, and Hou Dongqi. Chapter 8 was written by Zhou Zhong, Liao Chenggang, and Huang Shuling, and Chapter 9 was written by Zhou Zhong and Liao Chenggang. Zhou Zhong is responsible for the organization, planning and approval of this book, and its final compilation by Liao Chenggang and Xing Wanbo. The whole book was reviewed by Professor Li Zhongkui of Tsing-hua University.

This book is a condensation of the research results of the feasibility study, the tender construction drawing design phase and the scientific research of the Jinping – 1 Hydropower Station. The participating scientific research units in-clude Changjiang River Scientific Research Institute of Changjiang Water Re-sources Commission, Sichuan University, Jiahua Geosciences (Wuhan) Digital Technology Co., Ltd. (Itasca) and Tsinghua University. The construction phase research of the Jinping – 1 Hydropower Station was funded by Yalong River Hydropower Development Co., Ltd. All achievements were supported and assisted by the authorities at all levels. China Renewable Energy Engineer-ing Institute and Yalong River Hydropower Development Co., Ltd. Here, we would like to express our sincere thanks to the above units.

Moreover, leaders and colleagues at all levels from Power China Chengdu Engineering Corporation Limited have given substantial support and help and a complete set of technology for the deformation and stability control of surrounding rock deformation of underground caverns is formed. There are nine chapters in this book. In Chapter 1, the research status of underground cavern group of hydropower station is reviewed, and the technical difficulties of Jinping – 1 underground powerhouse caverns are brought out. In Chapter 2, the basic geological conditions and geological structure characteristics of rock mass in the plant area analyzed, rock mass classification is done, and the distribution rules and characteristics of in – situ stress are revealed. In Chapter 3, the failure characteristics of marble under different stress paths are experimentally studied, the brittle – ductile and time – dependent mechanical characteristics of marble are revealed. Then the deteriorating process and evolution law of mechanical characteristics of surrounding rock are proposed. In Chapter 4, the layout principle of underground powerhouse caverns is established. With the layout scheme, layout framework comparison and support strength of caverns are studied, and the excavation, support design and surrounding rock stability of underground powerhouse are proposed. In Chapter 5, the theory and method of dissipation energy analysis on surrounding rock stability is established, revealing the variation law of deformation and failure energy dissipation of surrounding rock. Additionally, the reasonable supporting time of surrounding rock and locking ratio of prestressd cable are proposed. In Chapter 6, failure phenomena and unloading loosening characteristics of surrounding rock of caverns are analyzed, then failure and propagation analysis method of surrounding rock is put forward. With the method and the correspondingly analyses, progressive failure and propagation law analysis of surrounding rock are revealed, and then the surrounding rock stability of caverns is evaluated. In Chapter 7, the displacement back analysis method with master – slave parallel genetic algorithm is established, with which the numerical feedback analysis on surrounding rock stability during construction is carried out. Then the deformation and stability control techniques of surrounding rock in underground caverns under high ground stress are proposed. In Chapter 8, the influencing factors of the long – term safety of the supporting structure are analyzed, and then the viscoelastic – plastic constitutive model with non – constant parameters under the condition of extremely low strength stress ratio. These projects have accumulated rich practical experience in scientific research, design, construction and operation management, and have formed a world-leading technology system for the construction of large underground cavern groups.

The installed capacity of Jinping – 1 Hydropower Station is 3600MW. The underground powerhouse cavern group is composed of more than 40 caverns including main powerhouse, main transformer chamber and tailrace surge chamber. The main powerhouse is 276.99m long, with the maximum span of 28.90m and a height of 68.80m. The tailrace surge chamber is with the maximum diameter of 41.00m and a height of 80.50m, which is the largest diameter cylindrical sarge shaft in the world. With the maximum principal geo-stress of 35.7MPa in the powerhouse area, and the rock strength stress ratio of 1.5 – 4.0, the cavern group is a large underground powerhouse cavern group with extremely high ground stress and extremely low strength stress rati-o. During the construction process, the cavern group experienced large deform-ation of the surrounding rock (most of the measured deformation is 50 – 100mm, and the maximum deformation is 245mm), deep unloading relaxation (the average depth is 9m, and the maximum depth is 16m), and high anchor cable loading level, which is beyond the level and experience of domestic and foreign engineering and academic circles. The problem of controlling the de-formation of the surrounding rocks of large underground powerhouse caverns under the condition of extremely low strength stress ratio is complex and tech-nically difficult, which has become one of the major key technical problems re-stricting the construction of projects and has attracted wide attention of experts and scholars in the fields of hydropower engineering, rock mechanics, engi-neering geology, underground space and geological disaster prevention and control.

In this book, closely focusing on the engineering needs, a large number of research work such as theoretical methods, scientific experiments, and engi-neering design are carried out, as a result of which technical problems of sur-rounding rock fracture and time – dependent deformation of underground caverns under high in – situ stress are solved in Jinping – 1 Hydropower Station.

Most of China's hydraulic resources are distributed in the southwest mountains, deep mountain valleys and large rivers, such as Jinsha River, Yalong River, Dadu River, Nujiang River, Lancang River, Wujiang River and Hongshui River. Theoretical reserves of hydraulic energy resources are 694400 MW, and the technically exploitable installed capacity is 541640MW, which ranks the first in the world. However, the geological conditions in the southwest region are very complex and the natural ecological environment is exceptionally fragile. Under the strong internal and external dynamics, the unique landscape of high mountains and valleys has been formed, with high mountains, steep slopes and very limited ground space. Therefore, the utilization of underground space can effectively solve the problem faced by hub layout, and underground powerhouse cavern group has become the first choice in hydropower building hub layout. The unique high ground stress environment and complex geological structure in southwest China have led to the problem of controlling the stability of the surrounding rocks of the cavern group, which has posed a great challenge to the construction of projects.

Since the 1950s, China's underground powerhouse construction has grown from a difficult start to the present day, more than 120 underground powerhouses have been built or are under construction, including more than 30 large underground cavern group projects with the installed capacity over 1200MW and main powerhouse span over 25m, including Ertan, Pubugou, Longtan, Three Gorges (right bank), Laxiwa, Xiluodu, Guandi, Jinping 1, Nuozhadu, Houziyan and other underground cavern group projects of hydropower station. Among them, the underground cavern group of Jinping – 1 is the first and most representative project with the highest technical difficulty built

I am glad to provide the preface and recommend this series of books to the readers.

Zhong Denghua
Academician of the Chinese Academy of Engineering
December 2020

mental protection. All these have technologically supported the successful construction of the Jinping – 1 Hydropower Station Project.

The Jinping – 1 Hydropower Station Project is located in an alpine and gorge region with steep topography, deep river valley, faults development, high in – situ stress, limited space and scarce social resources. I have led the team of Tianjin University to study on the "Key Technologies in Modeling and Analysis of Hydropower Engineering Geology" in the feasibility study stage of the Jinping – 1 Project. We have researched the theoretical method to model and analyze the hydropower engineering geology based on such engineering and technical issues as complex geological structure, great amount of information, real – time analysis and quick feedback in accordance with the engineering design and construction of major hydropower projects. Moreover, we have proposed a 3D unified modeling technology for hydropower engineering geology by coupling multi – source data, which wins the Second National Prize for Progress in Science and Technology. We have studied the "concrete construction quality and real – time control system for construction progress for high arch dam", proposed a dynamic acquisition system of dam construction information and a real – time control system for high arch dam concrete construction progress and an integrated system for high arch dam concrete construction information, and established a dynamic real – time control and warning mechanism for quality so that the dam construction quality and progress are always under control, providing technical support for the efficient and high – quality construction of Jinping – 1 Hydropower Station. I have visited the construction site for many times and remember the experience here vividly. Seeing the successful construction of Jinping – 1 Hydropower Station, I am deeply impressed by the hardships during the construction of Jinping – 1 Hydropower Station and proud of the great achievements.

This series of books, as a set of systematic and cross – discipline engineering books, is a systematic summary of the technical research and engineering practice of Jinping – 1 Hydropower Station by the designers of Chengdu Engineering Corporation Limited. I do believe that the publication of this series of books will be beneficial to the hydropower engineering technicians and make new contributions to the hydropower development.

charge and energy dissipation for high arch dam hub in narrow valley, safety monitoring analysis of high arch dams, and technical difficulties in research on and practice of aquatic ecosystem protection. Also, these books study the influence of deep cracks in the left bank on dam construction conditions, and establishes a rock body quality classification system under the influence of deep cracks. Moreover, the researchers propose the deformation stability analysis method for arch dam foundation controlled by the deformation coefficient of arch end, take measures to reinforce the arch dam resistance body, and also put forward the design concept and method for crack prevention of the arch dam structure. The researchers adopt the dissipated energy analysis method for surrounding rock stability, expanding analysis method for surrounding rock failure and long – term stability analysis method, reveal the evolutionary mechanism of progressive failure of surrounding rock of underground powerhouse and evaluate the long – term stability and safety of underground cavern surrounding rocks. For flood discharge and energy dissipation of high arch dams, the researchers propose and realize the energy dissipation technology by means of outflowing by multiple outlets without collision, which significantly reduces the effects of flood discharge atomization, and develop the method to mitigate aeration through super high – flow spillway tunnels and dissipate energy through dovetail – shaped flip buckets. The feedback analysis is performed for the working behavior safety monitoring of high arch dams and safety evaluation is conducted for the deformation and stress behavior during the operation period. Also, a safety monitoring system is established for the working behavior of the super high arch dam during the initial impoundment period and operation period. Jinping – 1 Hydropower Station sets up the environmental protection consciousness of " ecological priority without exceeding the bottom line ", adheres to the social consensus of " harmonious coexistence between human – beings and the nature ", coordinates the relationship between hydropower development and ecological protection and plans the ecological optimization and scheduling, long – term tracking monitoring and dynamic adjustment of countermeasures, which solves the difficulties in the significant hydro – fluctuation reservoir and protection of aquatic organisms in the Yalong River bent section, and actively promotes the sustainable development of ecological and environ-

Such hydropower projects with high arch dams were designed and completed at the beginning of the 21st century, including Jinping – 1, Xiluodu and Dagangshan ones. In addition, the high arch dams of Yebatan and Mengdigou were designed. Among them, the Jinping – 1 Hydropower Station, with the highest arch dam all over the world, is faced with quite complex engineering geological conditions and the greatest difficulty in foundation treatment. Also, the Xiluodu Hydropower Station is provided with the most flood discharge outlets on the dam body and the largest flood discharge capacity and the greatest difficulty in the design of arch dam structure. The seismic fortification horizontal acceleration of Dagangshan Project is 0.557g, which is the most difficult in seismic design of arch dam. PowerChina Chengdu Engineering Corporation Limited has a complete set of core technologies in the design of arch dam shape, anti – sliding stability of arch dam abutment, aseismic design of arch dam, foundation treatment and design of arch dam under complex geological conditions, flood discharge and energy dissipation design of hub, temperature control and structure crack prevention design and three – dimensional design. It is bestowed with the international – leading design technology of high arch dams.

The Jinping – 1 Hydropower Station, with the highest arch dam all over the world, is located in a region with complex engineering geological conditions. Thus, it is faced with great technical difficulty. Chengdu Engineering Corporation Limited is brave in innovation and never stops. For the key technical difficulties involved in Jinping – 1 Hydropower Station, it cooperates with famous universities and scientific research institutes in China to carry out a large number of scientific researches during construction, make scientific and technological breakthroughs, and solve the major technical problems restricting the construction of Jinping – 1 Hydropower Station in combination with the on – site construction and geological conditions. In the series of books under the National Press Foundation, including Great Powers – China Super Hydropower Project (Jinping Volume), the researchers summarize the major engineering geological difficulties in Jinping – 1 Hydropower Station, key technologies for design of super high arch dams, surrounding rock failure and deformation control for underground powerhouse cavern group, key technologies for flood dis-

Preface II

The Yalong River extends for thousands of miles and the construction of high dams is vigorously developing. The Yalong River originates from the snow – covered mountains of the Qinghai – Tibet Plateau and flows into the deep valleys and ravines of the folded belt of the Hengduan Mountains after joining with many streams and rivers. It rushes down with majestic grandeur and magnificence and meets the world's highest dam in the great river bay of Jinping Mountains on Panxi Region, forming an area with high gorges and flat lakes, which is known as the Jinping – 1 Hydropower Station. Among the existing dam types, the arch dam transmits the water thrust to the mountains on both sides of the river through the pressure arch by making full use of the high compressive strength of concrete. It has a good loading and adjustment ability, which, to some extent, can adapt to the changes of complex geological conditions, structural form and load case. The arch dam is featured by good anti – seismic property, small work quantities and economical investment as well as strong overload capacity and favorable economic security. Jinping – 1 Hydropower Station is located in an alpine and gorge region, the rock body of dam foundation rock is dominated by marbles and the upper elevation part of left bank is composed of sandstones and slates, with the width – to – height ratio of the valley being 1. 64. Therefore, a concrete double – arch dam is the best choice.

Currently, the design and construction technology of high arch dams has gained rapid development. PowerChina Chengdu Engineering Corporation Limited designed and completed the Ertan and Shapai High Arch Dams at the end of the 20th century. The Ertan Dam, with a maximum dam height of 240m, is the first concrete dam reaching 200m in China. The roller compacted concrete dam of Shapai Hydropower Station, with a maximum dam height of 132m, was the highest roller compacted concrete arch dam all over the word at that time.

arch dam hub in narrow valley, safety monitoring analysis of high arch dams, and design & scientific research achievements from the research on and practice of aquatic ecosystem protection. These books are deep in research and informative in contents, showing theoretical and practical significance for promoting the design, construction and development of super high arch dams in China. Therefore, I recommend these books to the design, construction and management personnel related to hydropower projects.

Ma Hongqi
Academician of the Chinese Academy of Engineering
December 2020

and warning system during engineering construction, water storage and opera-
tion period. Aquatic ecosystem protection in the development and construction
of hydropower stations, especially which of Yalong River Bent Section at
Jinping Site, is of great significance. This research elaborates the ecological and
environmental protection issues including the maintenance of eco – hydrological
process, the influence of water temperature in large reservoirs, water intake by
layers, fish enhancement and releasing, the protection of fish habitat in Yalong
River Bent at Jinping site, and the ecological operation of cascade power
station. The main technological research achievements of Jinping – 1 Hydro-
power Station reach the international leading level. The engineering design and
scientific research project of Jinping – 1 Hydropower Station have won one Na-
tional Award for Technological Invention, 5 National Prizes for Progress in Sci-
ence and Technology, 16 first or special prices at provincial or ministerial level
for progress in science and technology, and 12 first prizes at provincial or minis-
terial level for excellent design. Jinping – 1 Hydropower Station was awarded
the title of "highest dam" by Guinness World Records in 2016, and won Zhan
Tianyou civil engineering award in 2017, FIDIC Project Awards for
Outstanding Achievements in 2018, and the National Quality Engineering Gold
Award in 2019. The Jinping – 1 Hydropower Station has been operating safely
for 6 years, and its innovative technological achievements have been popularized
and applied in many hydropower projects such as Dagangshan, Wudongde,
Baihetan and Yebatan ones. Jinping – 1 Hydropower Station is considered as a
new milestone in the construction of high arch dams, especially those with a
height of about 300m.

As the leader of the expert group under the special advisory group for the
construction of Jinping – 1 Hydropower Station, I have witnessed the whole
construction progress of Jinping – 1 Hydropower Station. I am glad to see the
compilation and publication of the National Press Foundation – Great Powers –
China Super Hydropower Project (Jinping Volume). This series of books
summarize the study on major engineering geological difficulties in Jinping – 1
Hydropower Station, key technologies for design of super high arch dams, sur-
rounding rock failure and deformation control for underground powerhouse cav-
ern group, key technologies for flood discharge and energy dissipation for high

River Bent where the geological conditions are extremely complex. It encounters with major engineering geological challenges like regional stability, influence of deep cracks on the dam construction conditions, selection of engineering geological characteristics and parameters of rock body, stability of super high arch dam foundation rock and deformation and failure of underground cavern. The dam foundation is developed with lamprophyre vein and multiple large – scale faults and other fractured weak zones. The rock body on left bank is strongly unloaded due to the influence of specific structure and lithology. The large unloading depth and the development of deep cracks bring unprecedented challenges to the deformation control of arch dam foundation, reinforcement treatment and structural crack prevention design. The researchers put forward the optimize method of arch dam shape under complex geological conditions, propose the dam foundation reinforcement design technology of deformation resistance coefficient at arch end, and analyze and evaluate the influence of long – term deformation of side slope on arch dam structure. For the underground powerhouse cavern group, this research focuses on the failure of surrounding rock and time – dependent deformation caused by extremely low strength – stress ratio and poor geological structure, and analyzes the rock characteristics of triaxial loading – unloading and rheology, reveals the evolutionary mechanism of progressive failure of surrounding rock of underground power-house, and proposes a complete set of technologies to stabilize and control the deformation of surrounding rock of underground cavern group. The flood dis-charge and energy dissipation of high arch dam through collision has solved the difficulty involved in flood discharge and energy dissipation for high arch dam. However, the flood discharge atomization endangers the normal operation of E & M equipment and the stability of side slope. The research puts forward the energy dissipation technology by means of outflowing by multiple outlets with-out collision, which significantly reduces the effects of flood discharge atomiza-tion on bank slope. Under such complex environments as high waterhead, high seepage pressure, continuous deformation of high side slope at the dam abut-ment on the left bank and complicated geological conditions, the difficulties in safety monitoring and warning technology exceeds those in the existing projects at home and abroad. The research has been completed for safety monitoring

Arch dams are famous for their reasonable structure, beautiful shape, high safety capacity and small work quantities. When the geological conditions permit, an arch dam is usually preferred where a high dam is built over a narrow valley with a width – to – height – ratio less than 3. From the construction of Meishan Multi – arch Dam in 1950s to the end of the 20th century, China had completed 11 concrete arch dams with a height of more than 100m, accounting for half of the total arch dams in the world, ranking first all over the world. The Ertan Double – arch Dam completed in 1999 with a dam height of 240m ranks the fourth throughout the world, indicating that Chinese high arch dams have reached the international advanced level in terms of design & construction. Hydropower works in China have been rapidly developed in the 21st century. Currently, a number of high arch dams with a height of about 300m have been available, including Xiaowan Project with a dam height of 294.5m, Jinping – 1 Project with a dam height of 305.0m and Xiluodu Project with a dam height of 285.5m. These projects not only have the characteristic of high dam height, large reservoir and large dam body volume, but also the flood discharge power and installed capacity scale are among the best in the world, which indicates that China's high arch dam design & construction technology has reached the international leading level.

The Jinping – 1 Hydropower Station is one of the most challenging hydropower projects, and developing Yalong River Bent at Jinping site has been the dream of several generations of Chinese hydropower workers. Jinping – 1 Hydropower Station is characterized by alpine and gorge region, high arch dam, high waterhead, high side slope, high in – situ stress and deep unloading. It is a huge hydropower project with the most complicated geological conditions, the worst construction environment and the greatest technological difficulty, ranking the first in the world in terms of arch dam height, complexity of super high arch dam foundation treatment, energy dissipation without collision between surface spillways and deep level outlets, deformation control for underground cavern group under low ratio of high in – situ stress to strength, height of hydropower station intakes where water is taken by layers and overall layout for construction of super high arch dam in alpine and gorge region. Jinping – 1 Hydropower Station is situated in the deep alpine and gorge region of Yalong

Preface I

The wonderful motherland, beautiful mountains and rivers, peaks rising one higher than another. The Yalong River, as originating from the southern foot of the Bayan Har Mountains which are characterized by range upon range of pinnacles, runs along the Hengduan Mountains, experiencing ups and downs all the way and joining Jinsha River from north to south. Jinping – 1 Hydro-power Station, located in Liangshan Yi Autonomous Prefecture, Sichuan Province, is the controlled reservoir cascade in the middle and lower reaches of Ya-long River developed and planned for hydropower. Jinping – 1 Hydropower Station is huge in scale, and is a super hydropower project in China, with total install capacity of 3600MW and annual power generation capacity of 16.62 billion kWh. With a height of 305.0m, the dam is the highest arch dam in the world. The reservoir is provided with a full supply level of 1880.00m. The Jinping – 1 Hydropower Station is bestowed with annual regulation performance. The construction of Jinping – 1 Hydropower Station focuses on the concepts of "green Jinping, ecological Jinping and scientific Jinping". Mainly for power generation, Jinping – 1 Hydropower Station stores water in flood season and mitigates the flood control burdens on the middle and lower reaches of the Yangtze River. Also, it can improve the downstream navigation, sediment retaining and ecological environment protection and other comprehensive benefits. The "Jin-guan Direct Current Transmission" Project composed of Jinping – 1, Jinping – 2 Hydropower Stations and Guandi Hydropower Station, is the key of West – East Electricity Transmission Project, which can realize the optimal allocation of power resources throughout China. The completion of the station has improved the external and internal traffic conditions of the reservoir area, completed the development of resettlement and supporting works construction, and promoted the development of local energy, mineral and agricultural resources.

Informative Abstract

This book, *Failure and Deformation Control on Surrounding Rock of Underground Powerhouse Caverns*, is a fascicule of *Great Power-China Super Hydropower Projects (Jinping Volume)*, which is a project of the National Publication Fund. Based on the cavern group project of the underground power-house of Jinping – 1 Hydropower Station, the geological conditions and charac-teristics of geo-stress field were analyzed in this book according to the phenom-ena of surrounding rock failure and time-dependent deformation as well as the problem of deformation stability control which are caused by extremely low strength stress ratio and unfavorable geological body under complex geological conditions. Through triaxial loading and unloading tests and rheological tests, the failure and time-dependent mechanical characteristics of marble were stud-ied, and the design schemes for layout and support of cavern group were pro-posed in this book. Through various analysis methods for energy dissipation sta-bility, fracture and propagation, dynamic monitoring feedback and long-term stability of surrounding rock, the progressive failure evolution mechanism and energy dissipation law of the surrounding rock of Jinping – 1 underground powe-rhouse were revealed, forming a complete set of technologies for the deforma-tion stability control of the surrounding rock of the cavern group. The stability of the construction period and long-term safety of the surrounding rock-support system in the cavern group were evaluated. This book provides a sys-tematic summary of the successful experience and innovative achievements in the design and construction of Jinping – 1 underground powerhouse cavern group.

This book can be used for reference by engineers, technicians and scientific researchers in disciplines of hydropower and water conservancy engineering, underground engineering and geotechnical engineering, as well as the teachers and students of related disciplines in universities and colleges.

Great Powers - China Super Hydropower Project

(*JinPing Volume*)

Failure and Deformation Control on Surrounding Rock of Underground Powerhouse Caverns

Zhou Zhong   Liao Chenggang   Xing Wanbo   Zhang Jianhai   Huang Shuling   et al.

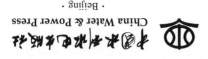
中国水利水电出版社
China Water & Power Press
· Beijing ·